찐!합격

ON

당신도 이번에 반드시 합격합니다!

무료강의

NEW

소방안전관리자 1급

기출문제 총집합

우석대학교 소방방재학과 교수 / 한국소방안전원 초빙교수 역임 **공하성** 지음

BM (주)도서출판 **성안당**

BM 성안당
깜짝 알림

소방안전관리자 1급!!

한번에 합격할 수 있습니다.

저는 소방분야에서 20여 년간 몸담았고 학생들에게 소방안전관리자 교육을 꾸준히 해왔습니다. 그래서 다년간 한국소방안전원에서 초빙교수로 소방안전관리자 교육을 하면서 어떤 문제가 주로 출제되고, 어떻게 공부하면 한번에 합격할 수 있는지 잘 알고 있습니다.

이 책은 한국소방안전원 교재를 함께보면서 공부할 수 있도록 구성했습니다. 하루 8시간씩 받는 강습 교육은 매우 따분하고 힘든 교육입니다. 이때 강습 교육을 받으면서 이 책으로 함께 시험 준비를 하면 효과 '짱'입니다.

이에 이 책은 강습 교육과 함께 공부할 수 있도록 본문 및 문제에 한국소방안전원 교재페이지를 넣었습니다. 강습 교육 중 출제가 될 수 있는 중요한 문제를 이 책에 표시하면서 공부하면 학습에 효과적일 것입니다.

문제번호 위의 별표 개수로 출제확률을 확인하세요.

출제확률 30%	출제확률 70%	출제확률 90%

한번에 합격하신 여러분들의 밝은 미소를 기억하며······.
이 책에 대한 모든 영광을 그분께 돌려드립니다.

저자 공하성 올림

▶▶ **기출문제 작성에 도움 주신 분**
　　　 박제민(朴帝玟)

❶ ▸▸ 시행처

한국소방안전원(www.kfsi.or.kr)

❷ ▸▸ 진로 및 전망

- 빌딩, 각 사업체, 공장 등에 소방안전관리자로 선임되어 소방안전관리자의 업무를 수행할 수 있다.
- 건물주가 자체 소방시설을 점검하고 자율적으로 화재예방을 책임지는 자율소방 제도를 시행함에 따라 소방안전관리자에 대한 수요가 증가하고 있는 추세이다.

❸ ▸▸ 시험접수

- 시험접수방법

구 분	시·도지부 방문접수(근무시간 : 09:00~18:00)	한국소방안전원 사이트 접수(www.kfsi.or.kr)
접수 시 관련 서류	• 응시수수료 결제(현금, 신용카드 등) • 사진 1매 • 응시자격별 증빙서류(해당자에 한함)	• 응시수수료 결제(신용카드, 무통장입금 등) • 증빙자료 접수 불가

- 시험접수 시 기본 제출서류
  - 시험응시원서 1부
  - 사진 1매(가로 3.5cm×세로 4.5cm)

❹ ▸▸ 시험과목

1과목	2과목
소방안전관리자 제도	소방시설(소화·경보·피난구조·소화용수·소화활동설비)의 구조·점검·실습·평가
소방관계법령	소방계획 수립 이론·실습·평가 (화재안전취약자의 피난계획 등 포함)
건축관계법령	자위소방대 및 초기대응체계 구성 등 이론·실습·평가
소방학개론	작동기능점검표 작성 실습·평가
화기취급감독 및 화재위험작업 허가·관리	업무수행기록의 작성·유지 및 실습·평가
공사장 안전관리 계획 및 감독	구조 및 응급처치 이론·실습·평가

1과목	2과목
위험물 · 전기 · 가스 안전관리	소방안전 교육 및 훈련 이론 · 실습 · 평가
종합방재실 운영	화재 시 초기대응 및 피난 실습 · 평가
피난시설, 방화구획 및 방화시설의 관리	
소방시설의 종류 및 기준	
소방시설(소화 · 경보 · 피난구조 · 소화용수 · 소화활동설비)의 구조	

⑤ ▸▸ 출제방법

- 시험유형 : 객관식(4지 선택형)
- 출제문항수 : 50문항(과목별 25문항)
- 배점 : 1문제 4점
- 시험시간 : 1시간(60분)

⑥ ▸▸ 합격기준 및 시험일시

- 합격기준 : 매 과목 100점을 만점으로 하여 매 과목 40점 이상, 전 과목 평균 70점 이상
- 시험일정 및 장소 : 한국소방안전원 사이트(www.kfsi.or.kr)에서 시험일정 참고

⑦ ▸▸ 합격자 발표

홈페이지에서 확인 가능

⑧ ▸▸ 지부별 연락처

지부(지역)	연락처	지부(지역)	연락처
서울지부(서울 영등포)	02-2671-9076~8	부산지부(부산 금정구)	051-553-8423~5
서울동부지부(서울 신설동)	02-3298-6951	대구경북지부(대구 중구)	053-429-6911, 7911
인천지부(인천 서구)	032-569-1971~2	울산지부(울산 남구)	052-256-9011~2
경기지부(수원 팔달구)	031-257-0131~3	경남지부(창원 의창구)	055-237-2071~3
경기북부지부(경기 파주시)	031-945-3118, 4118	광주전남지부(광주 광산구)	062-942-6679~81
대전충남지부(대전 대덕구)	042-638-4119, 7119	전북지부(전북 완주군)	063-212-8315~6
충북지부(청주 서원구)	043-237-3119, 4119	제주지부(제주시)	064-758-8047, 064-755-1193
강원지부(횡성군)	033-345-2119~20	-	-

CONTENTS 차례

CONTENTS

제2권

갈 수 있는 한 최대한 멀리 가보지 않는다면 어떻게 나의 한계를
알 수 있겠는가?
최대한 멀리 나아가보자. 나의 한계가 어디까지인지

— A.E. 하치너 —

제1권

" 힘들다고 포기하거나 주저하지 마십시오. 당신은 반드시 해낼 수 있습니다. "

- 공하성 -

소방안전관리제도

당신도 해낼 수 있습니다.

제 1 편   소방안전관리제도

Key Point

✱ 소방안전관리제도
소방안전관리에 관한 전문
지식을 갖춘 자를 해당 건
축물에 선임토록 하여 소방
안전관리를 수행하는 민간
에서의 소방활동

**✱ 특정소방대상물 vs 소
방대상물**
① **특정소방대상물**
　다수인이 출입·근무하
　는 장소 중 소방시설 설
　치장소
② **소방대상물**
　소방차가 출동해서 불을
　끌 수 있는 것
　㉠ **건**축물
　㉡ **차**량
　㉢ **선**박(항구에 매어 둔
　　 선박)
　㉣ 선박건조구조물
　㉤ **산**림
　㉥ **인**공구조물 및 **물**건

중요성 기억법
건차선 산인물

✱ 지하구 [교재 1권 P.12]
2급 소방안전관리대상물

---

01 특정소방대상물 소방안전관리

1 소방안전관리자 및 소방안전관리보조자를 선임하는 특정 소방대상물 [교재 1권] [PP.11-13]

소방안전관리대상물	특정소방대상물
특급 소방안전관리대상물 (동식물원, 철강 등 불연성 물품 저장·취급창고, 지하 구, 위험물제조소 등 제외)	• **50층 이상**(지하층 제외) 또는 지상 **200m 이상 아파트** • **30층 이상**(지하층 포함) 또는 지상 **120m 이상**(아파트 제외) [유사01 보기①] • 연면적 **10만m² 이상**(아파트 제외)
1급 소방안전관리대상물 (동식물원, 철강 등 불연성 물품 저장·취급창고, 지하 구, 위험물제조소 등 제외)	• **30층 이상**(지하층 제외) 또는 지상 **120m 이상 아파트** 　[문01 보기①②]　지하층 포함 ✕ • 연면적 **15000m² 이상**인 것(아파트 제외) [문01 보기③] • **11층 이상**(아파트 제외) 　11층 미만 ✕ • 가연성 가스를 **1000톤 이상** 저장·취급하는 시설 　[문01 보기④]
2급 소방안전관리대상물	• 지하구 • 가스제조설비를 갖추고 도시가스사업 허가를 받아야 하는 시설 또는 가연성 가스를 **100~1000톤 미만** 저장·취급하는 시설 • **옥내소화전설비, 스프링클러설비** 설치대상물 　[유사01 보기③] • **물분무등소화설비**(호스릴방식 제외) 설치대상물 • 공동주택(옥내소화전설비 또는 스프링클러설비가 설치된 공동주택 한정) • 목조건축물(국보·보물) [유사01 보기④]
3급 소방안전관리대상물	• **자동화재탐지설비** 설치대상물 • **간이스프링클러설비**(주택전용 제외) 설치대상물

유사 기출문제

기출문제

01 ★★
교재 1권 P.12

층수가 17층인 특정소방대상물(아파트 제외)의 소방안전관리대상물로서 옳지 않은 것은?

① 30층 이상(지하층 포함)인 아파트
② 지상으로부터 높이가 120m 이상인 아파트
③ 연면적 15000m² 이상인 특정소방대상물(아파트 제외)
④ 가연성 가스를 1000톤 이상 저장·취급하는 시설

해설
- ① 지하층 포함 → 지하층 제외
- 17층(아파트 제외)이므로 1급 소방안전관리대상물

정답 ①

☑중요 최소 선임기준 교재 1권 PP.11-14

소방안전관리자	소방안전관리보조자
• 특정소방대상물마다 **1명**	• 300세대 이상 아파트 : 1명(단, 300세대 초과마다 1명 이상 추가) • 연면적 **15000m²** 이상 : 1명(단, 15000m² 초과마다 1명 이상 추가) • 공동주택(기숙사), 의료시설, 노유자시설, 수련시설 및 숙박시설(바닥면적 합계 1500m² 미만이고, 관계인이 24시간 상시 근무하고 있는 숙박시설 제외) : 1명

02 ★★★
교재 1권 PP.11 -14

연면적이 43000m²인 어느 특정소방대상물이 있다. 소방안전관리자와 소방안전관리보조자의 최소선임기준은 몇 명인가?

① 소방안전관리자 : 1명, 소방안전관리보조자 : 1명
② 소방안전관리자 : 1명, 소방안전관리보조자 : 2명
③ 소방안전관리자 : 2명, 소방안전관리보조자 : 1명
④ 소방안전관리자 : 2명, 소방안전관리보조자 : 2명

해설 (1) 소방안전관리자 : **1명**

(2) 소방안전관리보조자수 $= \dfrac{\text{연면적}}{15000\text{m}^2} = \dfrac{43000\text{m}^2}{15000\text{m}^2} = 2.8 ≒ 2$명(소수점 버림)

- 소수점 발생시 소수점을 버린다는 것을 잊지 말 것

정답 ②

Key Point

유사 기출문제

01 ★★★ 교재 1권 PP.11-13

특정소방대상물에 대한 설명으로 틀린 것은?

① 지하층을 포함한 30층 이상의 특정소방대상물은 특급 소방안전관리대상물이다.
② 지하층을 제외한 30층 이상의 아파트는 1급 소방안전관리대상물이다.
③ 옥내소화전설비가 설치되어 있으면 2급 소방안전관리대상물이다.
④ 보물로 지정된 목조건축물은 3급 소방안전관리대상물이다.

해설 ④ 3급 → 2급

정답 ④

02 ★★★ 교재 1권 P.14

연면적이 45000m²인 어느 특정소방대상물이 있다. 소방안전관리보조자의 최소선임기준은 몇 명인가?

① 소방안전관리보조자 : 1명
② 소방안전관리보조자 : 2명
③ 소방안전관리보조자 : 3명
④ 소방안전관리보조자 : 4명

해설 소방안전관리보조자수 $= \dfrac{45000\text{m}^2}{15000\text{m}^2} = 3$명

정답 ③

★★★
03 1600세대의 아파트에 선임하여야 하는 소방안전관리보조자는 최소 몇 명인가?

교재 1권
P.14

① 3명　　　　　　　　　　② 4명
③ 5명　　　　　　　　　　④ 6명

해설
소방안전관리보조자수$= \dfrac{\text{세대수}}{300\text{세대}}$
$= \dfrac{1600\text{세대}}{300\text{세대}} = 5.33 \fallingdotseq 5$명(소수점 버림)

정답 ③

2 소방안전관리자의 선임자격

(1) 특급 소방안전관리대상물의 소방안전관리자 선임자격 　교재 1권 P.11

자 격	경 력	비 고
• 소방기술사 • 소방시설관리사	경력 필요 없음	특급 소방안전관리자 자격증을 받은 사람
• 1급 소방안전관리자(소방설비기사)	5년	
• 1급 소방안전관리자(소방설비산업기사)	7년	
• 소방공무원	20년	
• 소방청장이 실시하는 특급 소방안전관리 대상물의 소방안전관리에 관한 시험에 합격한 사람	경력 필요 없음	

* **특급 소방안전관리자**
교재 1권 P.11
소방공무원 20년

(2) 1급 소방안전관리대상물의 소방안전관리자 선임자격 　교재 1권 P.12

자 격	경 력	비 고
• 소방설비기사 • 소방설비산업기사	경력 필요 없음	1급 소방안전관리자 자격증을 받은 사람
• 소방공무원	7년	
• 소방청장이 실시하는 1급 소방안전관리 대상물의 소방안전관리에 관한 시험에 합격한 사람 • 특급 소방안전관리대상물의 소방안전관 리자 자격이 인정되는 사람	경력 필요 없음	

* **1급 소방안전관리자**
교재 1권 P.12
소방공무원 7년

04 다음 보기에서 설명하는 소방안전관리자로 옳은 것은?

교재 1권 P.12

- 소방설비기사 또는 소방설비산업기사 자격이 있는 사람으로 해당 소방안전관리자 자격증을 받은 사람
- 소방공무원으로 7년 이상 근무한 경력이 있는 사람으로 해당 소방안전관리자 자격증을 받은 사람

① 특급 소방안전관리자
② 1급 소방안전관리자
③ 2급 소방안전관리자
④ 3급 소방안전관리자

 해설

② 1급 소방안전관리자에 대한 설명

정답 ②

05 다음의 소방안전관리대상물에 선임대상으로 옳지 않은 것은? (단, 해당 소방안전관리자 자격증을 받은 경우이다.)

교재 1권 P.12

지상 11층 이상, 지하 5층, 바닥면적 2000m²의 건축물에 스프링클러설비, 포 소화설비가 설치되어 있다.

① 소방설비산업기사의 자격이 있는 사람
② 소방공무원으로 7년 이상 근무한 경력이 있는 사람
③ 위험물기능사 자격을 가진 사람으로서 '위험물안전관리법'제15조 제1항에 따라 안전관리자로 선임된 사람
④ 소방설비기사의 자격이 있는 사람

 해설

- ③ 2급 소방안전관리자 선임대상
- **지상 11층** 이상이므로 **1급 소방안전관리대상물**(1급 소방안전관리자)

정답 ③

유사 기출문제

04★★ 교재 1권 P.12

연면적 20000m²인 특정소방대상물의 소방안전관리 선임자격이 없는 사람은? (단, 해당 소방안전관리자 자격증을 받은 경우이다.)

① 소방설비기사 자격이 있는 사람
② 소방설비산업기사의 자격이 있는 사람
③ 소방공무원으로서 7년 이상 근무한 경력이 있는 사람
④ 대학에서 소방안전관련학과를 전공하고 졸업한 사람(법령에 따라 이와 같은 수준의 학력이 있다고 인정되는 사람 포함)으로 2년 이상 2급 또는 3급 소방안전관리대상물의 소방안전관리자로 근무한 실무경력이 있는 사람

 해설

- ④ 해당없음
- 연면적 15000m² 이상이므로 **1급 소방안전관리대상물**(1급 소방안전관리자)

정답 ④

(3) 2급 소방안전관리대상물의 소방안전관리자 선임조건 교재 1권 P.13

자 격	경 력	비 고
• 위험물기능장 • 위험물산업기사 • 위험물기능사	경력 필요 없음	2급 소방안전관리자 자격증을 받은 사람
• 소방공무원	3년	
• 「기업활동 규제완화에 관한 특별조치법」에 따라 소방안전관리자로 선임된 사람 (소방안전관리자로 선임된 기간으로 한정)		
• 소방청장이 실시하는 2급 소방안전관리대상물의 소방안전관리에 관한 시험에 합격한 사람	경력 필요 없음	
• 특급 또는 1급 소방안전관리대상물의 소방안전관리자 자격이 인정되는 사람		

* 2급 소방안전관리자 교재 1권 P.13
소방공무원 3년

기출문제

06 2급 소방안전관리대상물의 소방안전관리자로 선임될 수 있는 자격기준으로 알맞은 것은? (단, 해당 소방안전관리자 자격증을 받은 경우이다.) 교재 1권 P.13

① 전기기능사 자격을 가진 사람
② 위험물기능사의 자격을 가진 사람
③ 경찰공무원으로 2년 이상 근무한 경력이 있으며 2급 소방안전관리자시험에 합격한 사람
④ 의용소방대원으로 2년 이상 근무한 경력이 있으며 2급 소방안전관리자시험에 합격한 사람

 해설
①·③·④ 해당없음

정답 ②

(4) 3급 소방안전관리대상물의 소방안전관리자 선임조건 　교재 1권　P.13

＊3급 소방안전관리자　교재 1권　P.13
소방공무원 1년

자 격	경 력	비 고
● 소방공무원	1년	
●「기업활동 규제완화에 관한 특별조치법」에 따라 소방안전관리자로 선임된 사람(소방안전관리자로 선임된 기간으로 한정)	경력 필요 없음	3급 소방안전관리자 자격증을 받은 사람
● 소방청장이 실시하는 3급 소방안전관리대상물의 소방안전관리에 관한 시험에 합격한 사람		
● 특급, 1급 또는 2급 소방안전관리대상물의 소방안전관리자 자격이 인정되는 사람		

기출문제

★★★
07 소방안전관리자의 선임자격에 대한 설명으로 옳은 것은? (단, 해당 소방안전관리자 자격증을 받은 경우이다.)

교재 1권
PP.11
-13

① 소방공무원으로 10년 이상 근무한 경력이 있는 사람은 특급 소방안전관리자로 선임이 가능하다.
② 소방공무원으로 5년 이상 근무한 경력이 있는 사람은 1급 소방안전관리자시험 응시가 가능하다.
③ 소방공무원으로 3년 이상 근무한 경력이 있는 사람은 2급 소방안전관리자로 선임이 가능하다.
④ 의용소방대원으로 1년 이상 근무한 경력이 있는 사람은 3급 소방안전관리자로 선임이 가능하다.

해설

① 10년 이상 → 20년 이상
② 5년 이상 → 7년 이상
④ 1년 이상 → 2년 이상

정답 ③

제 2 편

소방관계법령

상대성 원리

아인슈타인이 '상대성 원리'를 발견하고 강연회를 다니기 시작했다. 많은 단체 또는 사람들이 그를 불렀다.

30번 이상의 강연을 한 어느 날이었다. 전속 운전기사가 아인슈타인에게 장난스럽게 이런 말을 했다.

"박사님! 전 상대성 원리에 대한 강연을 30번이나 들었기 때문에 이제 모두 암송할 수 있게 되었습니다. 박사님은 연일 강연하시느라 피곤하실 텐데 다음번에는 제가 한번 강연하면 어떨까요?"

그 말을 들은 아인슈타인은 아주 재미있어하면서 순순히 그 말에 응하였다.

그래서 다음 대학을 향해 가면서 아인슈타인과 운전기사는 옷을 바꿔 입었다.

운전기사는 아인슈타인과 나이도 비슷했고 외모도 많이 닮았다.

이때부터 아인슈타인은 운전을 했고 뒷자석에는 운전기사가 앉아 있게 되었다. 학교에 도착하여 강연이 시작되었다.

가짜 아인슈타인 박사의 강의는 정말 훌륭했다. 말 한마디. 얼굴표정. 몸의 움직임까지도 진짜 박사와 흡사했다.

성공적으로 강연을 마친 가짜 박사는 많은 박수를 받으며 강단에서 내려오려고 했다. 그때 문제가 발생했다. 그 대학의 교수가 질문을 한 것이다.

가슴이 '쿵'하고 내려앉은 것은 가짜 박사보다 진짜 박사 쪽이었다.

운전기사 복장을 하고 있으니 나서서 질문에 답할 수도 없는 상황이었다.

그런데 단상에 있던 가짜 박사는 조금도 당황하지 않고 오히려 빙그레 웃으며 이렇게 말했다.

"아주 간단한 질문이오. 그 정도는 제 운전기사도 답할 수 있습니다."

그러더니 진짜 아인슈타인 박사를 향해 소리쳤다.

"여보게나? 이 분의 질문에 대해 어서 설명해 드리게나!"

그 말에 진짜 박사는 안도의 숨을 내쉬며 그 질문에 대해 차근차근 설명해 나갔다.

인생을 살면서 아무리 어려운 일이 닥치더라도 결코 당황하지 말고 침착하고 지혜롭게 대처하는 여러분들이 되시기 바랍니다.

제 **1** 장 소방기본법

 Key Point

01 소방기본법의 목적 교재 1권 P.22

(1) 화재**예방 · 경계** 및 **진압** 문어 보기①

(2) 화재, 재난 · 재해 등 위급한 상황에서의 **구조 · 구급활동** 문어 보기①

(3) 국민의 **생명 · 신체** 및 **재산보호** 문어 보기② 유사어 보기①

(4) 공공의 안녕 및 질서유지와 **복리증진**에 이바지 문어 보기③ 유사어 보기②

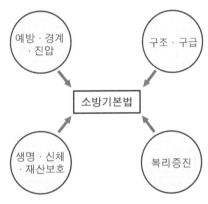

┃소방기본법의 목적 ┃

**✻ 소방기본법의 궁극적인
목적** 교재 1권 P.22
공공의 안녕 및 질서유지와
복리증진에 이바지

유사 기출문제

01 ★★
교재 1권 PP.9~10, P.22, P.53
다음 사항 중 틀린 것은?
① 소방기본법은 국민의 생
명, 신체 및 재산을 보
호하는 것이 목적이다.
② 소방시설 설치 및 관리
에 관한 법률은 공공의
안녕 및 질서유지와 복
리증진이 그 목적이다.
③ 화재의 예방 및 안전관
리에 관한 법률은 화재
예방의 핵심요소인 소
방시설 등의 안전관리
업무를 중점으로 강제
하고 있다.
④ 민간자율 소방역량을
강화시키기 위한 제도
이다.
 ② 소방시설 설치 및
관리에 관한 법률
→ 소방기본법

정답 ②

기출문제

01 ★★ **소방기본법의 목적이 아닌 것은?**
교재 1권 P.22
① 화재예방, 경계, 진압과 재난 · 재해 및 위급한 상황에서의 구조 및
구급활동
② 국민의 생명 및 재산보호
③ 공공의 안녕 및 질서유지와 복리증진에 이바지
④ 사회와 기업의 복리증진

Key Point

해설

④ 사회와 기업의 → X

정답 ④

비교 **목적**

소방기본법 교재1권 P.22	화재의 예방 및 안전관리에 관한 법률, 소방시설 설치 및 관리에 관한 법률 교재1권 P.34, P.53
공공의 안녕 및 질서유지와 복리증진	공공의 안전과 복리증진

02 소방대 교재 1권 P.24

★ **관계인** 교재 1권 P.23
① **소**유자
② **관**리자
③ **점**유자

공하성 기억법
소관점

(1) **소**방공무원 문02 보기①
(2) **의**무소방대원 문02 보기②
(3) **의**용소방대원 문02 보기③

공하성 기억법 의소(의용소방대)

용어 **소방대**

화재를 **진압**하고 화재, 재난·재해, 그 밖의 위급한 상황에서의 **구조·구급**활동 등을 하기 위하여 구성된 조직체

기출문제 ●

★★★
02 다음 중 화재를 진압하고 화재, 재난·재해, 그 밖의 위급한 상황에서 구조·구급활동 등을 하기 위하여 구성된 조직체가 아닌 것은?

교재 1권
P.24

① 소방공무원
② 의무소방원
③ 의용소방대원
④ 자체소방대원

★ **자체소방대원**
위험물제조소에 근무하는 사람으로 소방대에 해당되지 않음

해설

④ 해당없음

정답 ④

Key Point

중요 소방대상물   교재1권 P.23

소방차가 출동해서 불을 끌 수 있는 것

(1) **건**축물   문03 보기①

(2) **차**량   문03 보기②

(3) **선**박(항구에 **매어 둔 선박**)   문03 보기③
　　　　항해 중인 선박 ✕

(4) 선박건조구조물   문03 보기④

(5) **산**림

(6) **인**공구조물 또는 **물**건

공하성 **기억법**　건차선 산인물

| 운항 중인 선박 |

기출문제

★★★
03 소방기본법 용어 정의 중 소방대상물이 아닌 것은?
교재1권
P.23
① 건축물
② 차량
③ 선박(항해 중인 선박)
④ 선박건조구조물

해설
③ 항해 중인 선박 → 항구에 매어 둔 선박

정답 ③

유사 기출문제

03★★★   교재1권 P.23
소방기본법의 소방대상물이
아닌 것은?

① 산림
② 차량
③ 건축물
④ 지하 매설물

해설
④ '지하 매설물'처럼
땅속에 묻혀 있는
것은 해당없음

정답 ④

Key Point

중요 소방신호의 종류와 방법

종 별 \ 신호방법	타종신호	사이렌 신호
경계신호	**1타**와 연 **2타**를 반복	**5초** 간격을 두고 **30초**씩 **3회**
발화신호	**난타**	**5초** 간격을 두고 **5초**씩 **3회**
해제신호	상당한 간격을 두고 **1타**씩 반복	**1분간 1회**
훈련신호	연 **3타** 반복	**10초** 간격을 두고 **1분**씩 **3회**

공하성 기억법

	타	사
경계	1+2	5+30=3
발	난	5+5=3
해	1	1=1
훈	3	10+1=3

03 한국소방안전원

* 한국소방안전원의 설립
목적 교재 1권 P.31
민 · 관의 소방발전

1 한국소방안전원의 설립목적 교재 1권 P.31

(1) **소방기술**과 안전관리기술의 향상 및 홍보
(2) **교육 · 훈련** 등 행정기관의 위탁사업의 추진 문04 보기③
(3) 민 · 관의 소방발전

한국소방안전원

2 한국소방안전원의 업무 교재 1권 P.31

(1) 소방기술과 안전관리에 관한 **교육** 및 **조사 · 연구** 문04 보기① , 문05 보기①
(2) 소방기술과 안전관리에 관한 각종 **간행물 발간** 문05 보기②

(3) 화재예방과 안전관리 의식 고취를 위한 **대국민 홍보**
(4) 소방업무에 관하여 **행정기관**이 **위탁**하는 업무 문05 보기③
(5) 소방안전에 관한 **국제협력** 문04 보기②
(6) **회원**에 대한 **기술지원** 등 정관으로 정하는 사항

기출문제

04 다음 중 한국소방안전원의 설립목적 및 업무가 아닌 것은?

교재 1권 P.31

① 소방기술과 안전관리에 관한 교육
② 소방안전에 관한 국제협력
③ 교육 등 행정기관의 위탁사업의 추진
④ 소방용품에 대한 형식승인의 연구, 조사

해설
④ '**소방용품**'은 한국소방산업기술원의 업무

정답 ④

05 한국소방안전원의 업무내용이 아닌 것은?

교재 1권 P.31

① 소방기술과 안전관리에 관한 교육 및 조사·연구
② 소방기술과 안전관리에 관한 각종 간행물 발간
③ 행정기관이 위탁하는 업무
④ 소방관계인의 기술 향상

해설
④ 해당없음

정답 ④

3 한국소방안전원의 회원자격 교재 1권 PP.31-32

(1) **소**방안전관리자
(2) **소**방기술자
(3) **위**험물안전관리자

공하성 기억법 소위(소위 계급)

유사 기출문제

05★★★ 교재 1권 P.31
한국소방안전원의 업무로서 옳지 않은 것은?
① 소방기술과 안전관리에 관한 교육 및 조사·연구
② 소방기술과 안전관리에 관한 각종 간행물 발간
③ 화재예방과 안전관리 의식 고취를 위한 대국민 홍보
④ 소방기술과 안전관리에 관한 방염성능검사 업무
해설
④ 방염성능검사 업무 → 각종 간행물 발간
정답 ④

★ 한국소방안전원의 회원자격 교재 1권 PP.31-32

제2장

화재의 예방 및 안전관리에 관한 법률

Key Point

01 화재의 예방 및 안전관리에 관한 법률의 목적 　교재 1권　P.34

(1) 화재로부터 국민의 생명·신체 및 **재산보호** 문01 보기②
(2) **공공**의 **안전**과 **복리증진** 이바지 문01 보기②

기출문제 •-------------------------------

* **소방시설 등**
　교재 1권　P.53

① 소화설비
② 경보설비
③ 피난구조설비
④ 소화용수설비
⑤ 소화활동설비

* **소방기본법의 목적**
　교재 1권　P.22

① 화재**예방**·**경계** 및 **진압**
② 화재, 재난·재해 등 위급한 상황에서의 **구조**·**구급활동**
③ 국민의 **생명**·**신체** 및 **재산보호**
④ 공공의 안녕 및 질서유지와 **복리증진**에 이바지

01 교재 1권 P.34

화재의 예방 및 안전관리에 관한 법률의 목적에 대한 설명으로 옳은 것을 모두 고르시오.

　㉠ 화재를 예방·경계·진압하는 목적이 있다.
　㉡ 국민의 재산을 보호하는 목적이 있다.
　㉢ 공공의 안녕 및 질서유지를 목적으로 한다.
　㉣ 복리증진에 이바지함을 목적으로 한다.

① ㉠, ㉡
② ㉡, ㉣
③ ㉠, ㉡, ㉢
④ ㉠, ㉡, ㉢, ㉣

해설
　㉠, ㉢ : 소방기본법의 목적

정답 ②

02 화재안전조사

1 화재안전조사의 정의 교재 1권 P.34

소방청장, **소방본부장**, **소방서장**이 소방대상물, 관계지역 또는 관계인에 대하여 소방시설 등이 소방관계법령에 적합하게 설치·관리되고 있는지, 소방대상물에 화재발생위험이 있는지 등을 확인하기 위하여 실시하는 **현장조사·문서열람·보고요구** 등을 하는 활동

중요 ▶ 소방관계법령

소방기본법	소방시설 설치 및 관리에 관한 법률	화재의 예방 및 안전관리에 관한 법률
● 한국소방안전원 문02 보기① ● 소방대장 문02 보기③ ● 소방대상물 문02 보기④ ● 소방대 ● 관계인	● 건축허가 등의 동의 ● 피난시설, 방화구획 및 방화시설 ● 방염 ● 자체점검	● 화재안전조사 문02 보기② ● 화재예방강화지구(시·도지사) ● 화재예방조치(소방관서장)

기출문제 ●

★★
02 소방기본법에 대한 설명으로 틀린 것은?

교재 1권 PP.23 -24, P.31, P.34

① 한국소방안전원　　　② 화재안전조사
③ 소방대장　　　　　　④ 소방대상물

해설　② 화재안전조사 : 화재의 예방 및 안전관리에 관한 법률

정답 ②

2 화재안전조사의 실시대상 교재 1권 P.35

(1) 소방시설 등의 자체점검이 **불성실**하거나 불완전하다고 인정되는 경우
(2) **화재예방강화지구** 등 법령에서 화재안전조사를 하도록 규정되어 있는 경우

Key Point

✱ 개인의 주거 화재안전조사
① 관계인의 승낙이 있는 경우
② 화재발생의 우려가 뚜렷하여 긴급한 필요가 있는 때

유사 기출문제

02★★★
교재 1권 P.31, P.34, P.58, P.62

소방기본법에 대한 설명으로 옳은 것은?

① 방염
② 자체점검
③ 화재안전조사
④ 한국소방안전원

해설
①·② 소방시설 설치 및 관리에 관한 법률
③ 화재의 예방 및 안전관리에 관한 법률
④ 소방기본법

정답 ④

✱ 화재안전조사 실시자 교재 1권 P.34

① 소방청장
② 소방본부장
③ 소방서장

* 화재안전조사 관계인의 승낙이 필요한 곳
주거(주택)

(3) **화재예방안전진단**이 **불성실**하거나 불완전하다고 인정되는 경우

(4) **국가적 행사** 등 주요 행사가 개최되는 장소 및 그 주변의 관계 지역에 대하여 소방안전관리 실태를 조사할 필요가 있는 경우

(5) **화재**가 **자주 발생**하였거나 발생할 우려가 뚜렷한 곳에 대한 조사가 필요한 경우

(6) **재난예측정보**, 기상예보 등을 분석한 결과 소방대상물에 화재의 발생 위험이 크다고 판단되는 경우

(7) 화재, 그 밖의 긴급한 상황이 발생할 경우 인명 또는 재산 피해의 우려가 **현저하다고** 판단되는 경우

3 화재안전조사의 항목 교재 1권 P.35

(1) **화재**의 **예방조치** 등에 관한 사항

(2) 소방안전관리 업무 수행에 관한 사항

(3) **피난계획**의 수립 및 시행에 관한 사항

(4) **소방 · 통보 · 피난** 등의 훈련 및 소방안전관리에 필요한 교육에 관한 사항

(5) **소방자동차 전용구역**의 설치에 관한 사항

(6) 시공, 감리 및 감리원의 배치에 관한 사항

(7) 소방시설의 설치 및 관리에 관한 사항

(8) **건설현장 임시소방시설**의 설치 및 관리에 관한 사항

(9) **피난시설**, **방화구획** 및 **방화시설**의 관리에 관한 사항

(10) **방염**에 관한 사항

(11) 소방시설 등의 **자체점검**에 관한 사항

(12) 「**다중이용업소의 안전관리에 관한 특별법**」, 「**위험물안전관리법**」, 「**초고층 및 지하연계 복합건축물 재난관리에 관한 특별법**」의 안전관리에 관한 사항

(13) 그 밖에 소방대상물에 화재의 발생 위험이 있는지 등을 확인하기 위해 **소방관서장**이 화재안전조사가 필요하다고 인정하는 사항

기출문제

03

교재 1권
P.35

화재안전조사 항목에 대한 사항으로 옳지 않은 것은?

① 특정소방대상물 및 관계지역에 대한 강제처분·피난명령에 관한 사항

② 소방안전관리 업무수행에 관한 사항

③ 소방시설 등의 자체점검에 관한 사항

④ 피난계획의 수립 및 시행에 관한 사항

해설
> ① 해당없음

정답 ①

4 화재안전조사 방법 교재 1권 P.36

종합조사	부분조사
화재안전조사 항목 전체에 대해 실시하는 조사	**화재안전조사** 항목 중 일부를 확인하는 조사

5 화재안전조사 절차 교재 1권 P.36

(1) 소방관서장은 조사대상, 조사시간 및 조사사유 등 조사계획을 소방관서의 인터넷 홈페이지나 전산시스템을 통해 **7일** 이상 공개해야 한다.

(2) 소방관서장은 사전 통지 없이 화재안전조사를 실시하는 경우에는 화재안전조사를 실시하기 전에 관계인에게 조사사유 및 조사범위 등을 현장에서 설명해야 한다.

(3) 소방관서장은 화재안전조사를 위하여 소속 공무원으로 하여금 **관계인**에게 **보고** 또는 **자료**의 **제출**을 요구하거나 소방대상물의 위치·구조·설비 또는 관리 상황에 대한 조사·질문을 하게 할 수 있다.

* 화재안전조사계획 공개 기간 교재 1권 P.36
7일

Key Point

＊ 화재안전조사 교재 1권 P.34

소방청장, 소방본부장 또는 소방서장(소방관서장)이 소방대상물, 관계지역 또는 관계인에 대하여 소방시설 등이 소방관계법령에 적합하게 설치·관리되고 있는지, 소방대상물에 화재의 발생 위험이 있는지 등을 확인하기 위하여 실시하는 현장조사·문서열람·보고요구 등을 하는 활동 문04 보기①

기출문제 ●

★★★
04 다음 중 화재안전조사에 대한 설명으로 옳은 것은?
교재 1권 P.34

① 소방관서장으로 하여금 관할구역에 있는 소방대상물, 관계지역 또는 관계물에 대하여 소방시설 등이 소방관계법령에 적합하게 설치·관리되고 있는지 조사하는 것이다.
② 관계공무원으로 하여금 관리상황을 조사하게 할 수 있다.
③ 한국가스공사와 합동조사반을 편성하여 실시할 수 있다.
④ 화재안전조사 항목에 위험물 제조·저장·취급 등 안전관리에 관한 사항이 포함된다.

해설
　　②·③·④ 해당없음

정답 ①

＊ 화재안전조사 조치명령권자 교재 1권 P.36
① 소방청장
② 소방본부장
③ 소방서장

6 화재안전조사 결과에 따른 조치명령 교재 1권 PP.36-37

(1) 명령권자
　　소방관서장(소방**청**장·소방**본**부장·소방**서**장)

공하성 기억법 **청본서안**

(2) 명령사항
　① **개수**명령 문05 보기②
　　 재축명령 ×
　② **이전**명령 문05 보기④
　③ **제거**명령 문05 보기③
　④ **사용**의 **금지** 또는 제한명령, 사용폐쇄
　⑤ **공사**의 **정지** 또는 중지명령

기출문제 ●

★★
05 화재안전조사 결과에 따른 조치명령사항이 아닌 것은?
교재 1권 PP.36 -37
① 재축명령　　　　　② 개수명령
③ 제거명령　　　　　④ 이전명령

해설
　　① 해당없음

정답 ①

7 화재예방강화지구의 지정 　교재 1권 P.38

(1) 지정권자 : 시·도지사

(2) 지정지역
　① **시장**지역
　② **공장·창고** 등이 밀집한 지역
　③ **목조건물**이 밀집한 지역
　④ **노후·불량건축물**이 **밀집**한 지역
　⑤ **위험물**의 **저장** 및 **처리시설**이 **밀집**한 지역
　⑥ **석유화학제품**을 **생산**하는 공장이 있는 지역
　⑦ **소방시설·소방용수시설** 또는 **소방출동로**가 **없는** 지역
　⑧ 물류시설의 개발 및 운영에 관한 법률에 따른 물류단지
　⑨ 산업입지 및 개발에 관한 법률에 따른 **산업단지**
　⑩ **소방청장, 소방본부장** 또는 **소방서장**이 화재예방강화지구로 지정
　　할 필요가 있다고 인정하는 지역

> **비교** 화재로 오인할 만한 불을 피우거나 **연막소독시 신고지역** 　교재 1권 P.25
> (1) **시장**지역
> (2) **공장·창고** 밀집지역
> (3) **목조건물** 밀집지역
> (4) **위험물**의 **저장** 및 **처리시설** 밀집지역
> (5) **석유화학제품**을 생산하는 공장지역
> (6) **시·도**의 **조례**로 정하는 지역 또는 장소
>
> **기억법** 시공 목위석시연

8 화재예방조치 등 　교재 1권 P.38

(1) **모닥불, 흡연** 등 화기의 취급 행위의 금지 또는 제한
(2) **풍등** 등 소형열기구 날리기 행위의 금지 또는 제한
(3) **용접·용단** 등 불꽃을 발생시키는 행위의 금지 또는 제한
(4) **대통령령**으로 정하는 화재발생위험이 있는 행위의 금지 또는 제한
(5) 목재, 플라스틱 등 가연성이 큰 물건의 제거, 이격, 적재 금지 등
(6) 소방차량의 통행이나 소화활동에 지장을 줄 수 있는 물건의 이동

Key Point

* 관계인의 업무

교재 1권 P.41

① 피난시설・방화구획 및 방화시설의 유지・관리
② 소방시설, 그 밖의 소방 관련시설의 관리
③ **화기취급**의 감독
④ 소방안전관리에 필요한 업무
⑤ 화재발생시 초기대응

9 관계인 및 소방안전관리자의 업무 교재 1권 P.41

특정소방대상물(관계인)	소방안전관리대상물(소방안전관리자)
① 피난시설・방화구획 및 방화시설의 유지・관리 ② 소방시설, 그 밖의 소방관련시설의 관리 ③ **화기취급**의 감독 ④ 소방안전관리에 필요한 업무 ⑤ 화재발생시 초기대응	① 피난시설・방화구획 및 방화시설의 유지・관리 ② 소방시설, 그 밖의 소방관련시설의 관리 ③ **화기취급**의 감독 ④ 소방안전관리에 필요한 업무 ⑤ **소방계획서**의 작성 및 시행(대통령령으로 정하는 사항 포함) ⑥ **자위소방대** 및 **초기대응체계**의 구성・운영・교육 ⑦ 소방훈련 및 교육 ⑧ 소방안전관리에 관한 업무수행에 관한 기록・유지 ⑨ 화재발생시 초기대응

유사 기출문제

06★★★ 교재 1권 P.41
특정소방대상물의 관계인의 업무로 틀린 것은?

① 자위소방대 및 초기대응체계의 구성・운영・교육
② 피난시설, 방화구획 및 방화시설의 유지・관리
③ 화기취급의 감독
④ 소방시설, 그 밖의 소방관련시설의 관리

해설
① 소방안전관리자의 업무

정답 ①

 기출문제

★★★
06 소방안전관리대상물을 제외한 특정소방대상물의 관계인의 업무가 아닌 것은?

교재 1권 P.41

① 소방계획서의 작성 및 시행
② 피난시설, 방화구획 및 방화시설의 관리
③ 화기취급의 감독
④ 소방시설, 그 밖의 소방관련시설의 관리

해설
① 소방안전관리자의 업무

정답 ①

★★★
07 다음 중 소방안전관리대상물의 소방안전관리자의 업무가 아닌 것은?

교재 1권 P.41

① 피난시설, 방화구획 및 방화시설의 관리
② 소방훈련 및 교육
③ 화기취급의 감독
④ 피난계획에 관한 사항과 대통령령으로 정하는 사항을 제외한 소방계획서의 작성 및 시행

④ 사항을 제외한 → 사항이 포함된

정답 ④

10 소방안전관리자의 선임신고 교재 1권 PP.39-40

선 임	선임신고	신고대상
30일 이내	14일 이내	소방본부장 또는 소방서장

* 30일 이내
교재 1권 P.39, P.104
① 소방안전관리자의 **선임**·**재선임**
② 위험물안전관리자의 **선임**·**재선임**

기출문제

★★★
08 어떤 특정소방대상물에 소방안전관리자를 선임 중 2021년 7월 1일 소방안전관리자를 해임하였다. 해임한 날부터 며칠 이내에 선임하여야 하고 소방안전관리자를 선임한 날부터 며칠 이내에 관할 소방서장에게 신고하여야 하는지 옳은 것은?
교재 1권 PP.39-40

① 선임일 : 2021년 7월 14일, 선임신고일 : 2021년 7월 25일
② 선임일 : 2021년 7월 20일, 선임신고일 : 2021년 8월 10일
③ 선임일 : 2021년 8월 1일, 선임신고일 : 2021년 8월 15일
④ 선임일 : 2021년 8월 1일, 선임신고일 : 2021년 8월 30일

해설 **소방안전관리자의 선임신고**
(1) 해임한 날이 2021년 7월 1일이고 해임한 날(다음 날)부터 **30일** 이내에 소방안전관리자를 선임하여야 하므로 선임일은 7월 14일, 7월 20일은 맞고, 8월 1일은 31일이 되므로 틀리다(7월달은 31일까지 있기 때문이다).
(2) **선임신고일**은 선임한 날(다음 날)부터 **14일** 이내이므로 2021년 7월 25일만 해당이 되고, 나머지 ②, ④는 선임한 날부터 14일이 넘고 ③은 14일이 넘지는 않지만 선임일이 30일이 넘으므로 답은 ①번이 된다.

정답 ①

중요 소방안전관리자의 선임연기 신청자 교재 1권 P.40

2, 3급 소방안전관리대상물의 관계인

교재 1권
P.40

09 특정소방대상물의 소방안전관리에 관한 사항으로 소방안전관리자의 선임연기 신청자격이 있는 사람을 모두 고른 것은?

　⑦ 특급 소방안전관리대상물의 관계인
　ⓛ 1급 소방안전관리대상물의 관계인
　ⓒ 2급 소방안전관리대상물의 관계인
　ⓔ 3급 소방안전관리대상물의 관계인

① ⑦, ⓛ
② ⑦, ⓒ
③ ⓒ, ⓔ
④ ⓛ, ⓒ

 ③ 선임연기 신청자 : **2, 3급** 소방안전관리대상물의 관계인

정답 ③

＊ 소방안전관리 업무대행
교재 1권 P.41
'소방시설관리업체'가 한다.

11 소방안전관리 업무의 대행　교재 1권 PP.41-42

　대통령령으로 정하는 소방안전관리대상물의 **관계인**은 관리업자로 하여금 소방안전관리 업무 중 **대통령령**으로 정하는 업무를 대행하게 할 수 있으며, 이 경우 선임된 소방안전관리자는 관리업자의 대행업무 수행을 감독하고 대행 업무 외의 소방안전관리업무는 직접 수행하여야 한다.

‖ 소방안전관리 업무대행 ‖

┃ 소방안전관리 업무대행 ┃

대통령령으로 정하는 소방안전관리대상물	대통령령으로 정하는 업무
① **11층 이상 1급** 소방안전관리대상물 (단, 연면적 15000m² 이상 및 아파트 제외) 문10 보기③	① **피난시설, 방화구획** 및 **방화시설**의 관리 문10 보기④
② **2급 · 3급** 소방안전관리대상물 문10 보기②	② 소방시설이나 그 밖의 소방관련시설의 관리

Key Point

기출문제 ●

10 다음 중 소방안전관리 업무의 대행에 관한 설명으로 옳은 것은?

교재 1권 PP.41 -42

① 소방안전관리 업무를 대행하는 자를 감독할 수 있는 자를 소방안전관리자로 선임할 수 있다.

② 대통령령으로 정하는 소방안전관리대상물은 특급 소방안전관리대상물을 말한다.

③ 대통령령으로 정하는 소방안전관리대상물은 1급 소방안전관리대상물 중 바닥면적 15000m² 미만을 말한다.

④ 피난시설, 방화구획 및 방화시설의 관리 업무는 행정안전부령으로 정하는 업무에 해당한다.

> **해설**
> ② 특급 → 2급 · 3급
> ③ 바닥면적 15000m² 미만 → 연면적 15000m² 미만으로서 11층 이상인 것(아파트 제외)
> ④ 행정안전부령 → 대통령령

정답 ①

유사 기출문제

10★★ 교재 1권 PP.41-42
소방안전관리업무를 대행할 수 있는 사항으로 옳지 않은 것은?

① 대통령령으로 정하는 1급 소방안전관리대상물 중 연면적 15000m² 미만인 특정소방대상물로서 층수가 11층 미만인 특정소방대상물(아파트는 제외)

② 대통령령으로 정하는 2급 · 3급 소방안전관리대상물

③ 대통령령으로 정하는 피난시설, 방화구획 및 방화시설의 관리

④ 대통령령으로 정하는 소방시설이나 그 밖의 소방관련시설의 관리

> **해설**
> ① 11층 미만 → 11층 이상

정답 ①

---

12 관리의 권원이 분리된 특정소방대상물 교재 1권 PP.42-43

(1) 복합건축물(지하층을 제외한 **11층** 이상 또는 연면적 **30000m²** 이상)

(2) 지하가(지하의 인공구조물 안에 설치된 상점 및 사무실, 그 밖에 이와 비
  ~~지하구~~ ✕
  슷한 시설이 연속하여 지하도에 접하여 설치된 것과 그 지하도를 합한 것)

(3) **도매시장, 소매시장** 및 **전통시장**

기출문제 •

11 다음 보기에서 관리의 권원이 분리된 특정소방대상물을 모두 고르시오.

교재 1권
PP.42
-43

| ㉠ 복합건축물 | ㉡ 지하구 |
| ㉢ 도매시장 | ㉣ 전통시장 |

① ㉠, ㉡   ② ㉠, ㉡, ㉢
③ ㉠, ㉢, ㉣   ④ ㉠, ㉡, ㉢, ㉣

 해설
> ㉠·㉢·㉣ '지하구'는 해당없음으로 ㉠, ㉢, ㉣이 정답

정답 ③

＊20일 교재 1권 P.46
소방안전관리자의 **강**습실시 공고일

공하성 기억법
강2(강의)

13 소방안전관리자의 강습 교재 1권 P.46

구 분	설 명
실시기관	한국소방안전원
교육공고	20일 전

14 소방안전관리자 및 소방안전관리보조자의 실무교육 교재 1권 PP.46-47

(1) 실시기관 : **한국소방안전원**
(2) 실무교육주기 : <u>**선임**된 **날**</u>(다음 날)부터 **6개월** 이내, 그 이후 **2년**마다 **1회**
   합격연월일부터 ✕
(3) 소방안전관리자가 실무교육을 받지 아니한 때 : 1년 이하의 기간을 정하여 자격정지 문15 보기②
(4) 실무교육을 수료한 자 : **교육수료사항**을 **기재**하고 **직인**을 날인하여 교부
(5) 강습·실무교육을 받은 후 **1년 이내**에 선임된 경우 강습교육을 수료하거나 실무교육을 이수한 날에 실무교육을 이수한 것으로 본다.

> • '**선임**된 **날부터**'라는 말은 '**선임한 다음 날부터**'를 의미한다.

실무교육

소방안전 관련업무 경력보조자	소방안전관리자 및 소방안전관리보조자
선임된 날로부터 **3개월** 이내, 그 이후 **2년** 마다 최초 실무교육을 받은 날을 기준일로 하여 매 2년이 되는 해의 기준일과 같은 날 전까지 **1회** 실무교육을 받아야 한다.	선임된 날로부터 **6개월** 이내, 그 이후 **2년** 마다 최초 실무교육을 받은 날을 기준일로 하여 매 **2년**이 되는 해의 기준일과 같은 날 전까지 **1회** 실무교육을 받아야 한다.

기출문제

12
★★
교재 1권
PP.46
-47

다음 중 실무교육에 관한 내용으로 잘못된 것은?

① 합격연월일부터 6개월 이내, 그 이후 2년마다(최초 실무교육을 받은 날을 기준일로 하여 매 2년이 되는 해의 기준일과 같은 날 전까지를 말함) 1회 실무교육을 받아야 한다.

② 소방안전관리 강습 또는 실무교육을 받은 후 1년 이내에 소방안전관리자로 선임된 경우 해당 강습·실무교육을 받은 날에 실무교육을 받은 것으로 본다.

③ 소방안전관리보조자의 경우, 소방안전관리자 강습교육 또는 실무교육이나 소방안전관리보조자 실무교육을 받은 후 1년 이내에 선임된 경우 해당 강습·실무교육을 받은 날에 실무교육을 받은 것으로 본다.

④ 소방안전 관련업무 경력으로 보조자로 선임된 자는 선임된 날부터 3개월 이내, 그 이후 2년마다(최초 실무교육을 받은 날을 기준일로 하여 매 2년이 되는 해의 기준일과 같은 날 전까지를 말함) 1회 실무교육을 받아야 한다.

해설
① 합격연월일부터 → 선임된 날부터

정답 ①

유사 기출문제

12★★★　교재 1권 PP.46-47
어떤 특정소방대상물에 2021년 5월 1일 소방안전관리자로 선임되었다. 실무교육은 언제까지 받아야 하는가?

① 2021년 11월 1일
② 2021년 12월 1일
③ 2022년 5월 1일
④ 2023년 5월 1일

해설 2021년 5월 1일 선임되었으므로, 선임한 날(다음 날)부터 6개월 이내인 2021년 11월 1일이 된다.
정답 ①

Key Point

유사 기출문제

13 ★★★ 교재 1권 PP.46~47
다음 조건을 보고 실무교육에 대한 설명으로 가장 타당한 것을 고르시오.

- 자격번호 : 2022-03-15-0-000001
- 자격등급 : 소방안전관리자 2급
- 강습 수료일 : 2022년 2월 10일
- 자격 취득일 : 2022년 3월 15일
- 기타 : 아직 소방안전관리자로 선임되지는 않음

① 실무교육을 받지 않아도 된다.
② 2022년 8월 10일 전까지 실무교육을 받아야 한다.
③ 2022년 10월 15일 전까지 실무교육을 받아야 한다.
④ 2023년 3월 15일 전까지 실무교육을 받아야 한다.

해설 아직 소방안전관리자로 선임되지 않았기 때문에 실무교육을 받지 않아도 된다.

정답 ①

13 ★★★ 다음 보기에서 소방안전관리자에 대한 설명으로 옳은 것을 모두 고른 것은?

교재 1권
P.14,
P.16,
PP.39
-41,
P.46

㉠ 대통령령으로 정하는 피난시설, 방화구획 및 방화시설의 관리 업무는 대행이 가능하다.
㉡ 소방공무원으로 10년 이상 근무한 경력이 있으면 특급 소방안전관리자로 선임이 가능하다.
㉢ 소방안전관리자 선임은 14일 이내에 선임 후 신고는 30일 이내에 신고하여야 한다.
㉣ 소방안전관리자로 선임되면 2년마다 실무교육을 받아야 한다.
㉤ 3급 소방안전관리자 시험에 응시할 수 있는 자격요건은 의용소방대원, 경찰공무원, 소방안전관리보조자로 2년 이상 근무한 경력이 있을 때 주어진다.

① ㉠, ㉡, ㉤   ② ㉠, ㉣, ㉤
③ ㉠, ㉢, ㉣, ㉤   ④ ㉡, ㉢, ㉣, ㉤

해설

㉡ 특급 소방안전관리자로 선임이 가능하다 → 특급 소방안전관리자 시험의 응시자격이 주어진다.
㉢ 14일 이내 → 30일 이내, 30일 이내 → 14일 이내

정답 ②

14 ★★★ 2022년 1월 15일에 소방안전관리자 강습교육을 수료한 후, 2022년 2월 10일 자격시험에 최종 합격하였고, 2022년 10월 9일에 소방안전관리자로 선임되었다. 언제까지 실무교육을 받아야 하는가?

교재 1권
PP.46
-47

① 2022년 5월 10일
② 2022년 8월 9일
③ 2024년 1월 14일
④ 2024년 8월 9일

해설 (1) 강습교육을 받은 후 1년 이내에 소방안전관리자로 선임되면 강습교육을 받은 날에 실무교육을 받은 것으로 본다.
(2) 강습교육을 2022년 1월 15일에 받고 2022년 10월 9일에 선임되었으므로 1년 이내가 되어 2022년 1월 15일이 최초 실무교육을 받은 날이 된다.
(3) 그 이후 2년마다 실무교육을 받아야 하므로 **2024년 1월 14일**까지 실무교육을 받으면 된다.

정답 ③

✱ 실무교육 교재 1권 P.46
소방안전관리자·소방안전관리보조자가 강습교육을 받은 후 1년 이내에 소방안전관리자로 선임되면 강습교육을 받은 날에 실무교육을 받은 것으로 본다.

15 ★★
교재 1권
PP.46
-47,
P.52

소방안전관리자에 대한 다음 설명으로 옳은 것을 고르시오. (단, 강습수료일은 2021년 4월 5일이다.)

[소방안전관리자의 선임신고]
- 소방안전관리자 이름 : ○○○
- 선임일자 : 2022년 5월 10일
- 기타 : 아직 실무교육은 받지 않음

① 2022년 11월 10일 이전에 실무교육을 받아야 한다.
② 실무교육을 받지 않으면 1차 자격정지된다.
③ 50만원의 과태료를 부담하면 업무가 정지되지 않는다.
④ 강습을 수료한 날을 기준으로 2023년 4월 5일 이전에 실무교육을 받으면 된다.

해설

① · ④ 소방안전관리자 강습수료일은 2021년 4월 5일이고, 선임일은 2022년 5월 10일로서 1년을 초과했으므로 강습수료일을 실무교육을 받은 날로 볼 수 없다. 이때에는 선임된 날부터 6개월 이내에 실무교육을 받아야 하므로 2022년 11월 10일 이전에 실무교육을 받아야 한다.
② 자격정지 → 경고
③ 부담하면 업무가 정지되지 않는다. → 부담해도 업무는 교육을 받을 때까지 정지된다.

정답 ①

03 벌 칙

1 5년 이하의 징역 또는 5000만원 이하의 벌금 [교재 1권 P.32]

(1) 위력을 사용하여 출동한 소방대의 화재진압·인명구조 또는 구급활동을 **방해**하는 행위 문16 보기①
(2) 소방대가 화재진압·인명구조 또는 구급활동을 위하여 현장에 출동하거나 현장에 출입하는 것을 고의로 **방해**하는 행위
(3) 출동한 소방대원에게 폭행 또는 협박을 행사하여 화재진압·인명구조 또는 구급활동을 **방해**하는 행위 문16 보기③

(4) 출동한 소방대의 소방장비를 파손하거나 그 효용을 해하여 화재진압·인명구조 또는 구급활동을 **방해**하는 행위 문16 보기④

(5) 소방자동차의 **출동**을 **방해**한 사람

(6) 사람을 **구출**하는 일 또는 불을 끄거나 불이 번지지 아니하도록 하는 일을 **방해**한 사람

(7) 정당한 사유 없이 소방용수시설 또는 비상소화장치를 사용하거나 소방용수시설 또는 비상소화장치의 효용을 해하거나 그 정당한 사용을 **방해**한 사람

 5방5000

* 3년 이하의 징역 또는 3000만원 이하의 벌금
교재 1권 P.29
화재가 발생하거나 불이 번질 우려가 있는 소방대상물의 강제처분을 방해한 자

16 5년 이하의 징역 또는 5000만원 이하의 벌금으로 옳지 않은 것은?

교재 1권 P.32

① 위력을 사용하여 출동한 소방대의 화재진압·인명구조 또는 구급활동을 방해하는 행위

② 화재가 발생하거나 불이 번질 우려가 있는 소방대상물의 강제처분을 방해한 자

③ 출동한 소방대원에게 폭행 또는 협박을 행사하여 화재진압·인명구조 또는 구급활동을 방해하는 행위

④ 출동한 소방대의 소방장비를 파손하거나 그 효용을 해하여 화재진압·인명구조 또는 구급활동을 방해하는 행위

해설
② 3년 이하의 징역 또는 3000만원 이하의 벌금

정답 ②

(8) 소방시설에 폐쇄·차단 등의 행위를 한 자 교재 1권 P.69

비교 **가중처벌 규정**

사람 상해	사 망
7년 이하의 징역 또는 **7천만원** 이하의 벌금	**10년** 이하의 징역 또는 **1억원** 이하의 벌금

▣ 3년 이하의 징역 또는 3000만원 이하의 벌금

(1) 소방대상물 또는 토지의 강제처분 방해   교재 1권 P.29
(2) **화재안전조사** 결과에 따른 **조치명령**을 정당한 사유 없이 위반한 자
   교재 1권 P.50
(3) **화재예방안전진단** 결과에 따른 보수·보강 등의 **조치명령**을 정당한 사유 없이 위반한 자   교재 1권 P.50
(4) 소방시설이 **화재안전기준**에 따라 설치·관리되고 있지 아니할 때 관계인에게 필요한 조치명령을 정당한 사유 없이 위반한 자   교재 1권 P.69
(5) **피난시설**, **방화구획** 및 **방화시설**의 유지·관리를 위하여 필요한 조치명령을 정당한 사유 없이 위반한 자   교재 1권 P.69
(6) 소방시설 **자체점검** 결과에 따른 이행계획을 완료하지 않아 필요한 조치의 이행 명령을 하였으나, 명령을 정당한 사유 없이 위반한 자
   교재 1권 P.69

▣ 1년 이하의 징역 또는 1000만원 이하의 벌금   교재 1권 P.51, P.69

(1) **소방안전관리자** 자격증을 다른 사람에게 **빌려주거나** 빌리거나 이를 알선한 자   교재 1권 P.51
(2) **화재예방안전진단**을 받지 아니한 자   교재 1권 P.51
(3) 소방시설의 **자체점검** 미실시자   교재 1권 P.69

> **＊ 자체점검 미실시자**
> 1년 이하의 징역 또는 1000만원 이하의 벌금

▣ 300만원 이하의 벌금   교재 1권 P.51, P.69

(1) **화재안전조사**를 정당한 사유 없이 **거부·방해·기피**한 자 문17 보기①
   교재 1권 P.51
(2) **화재예방조치 조치명령**을 정당한 사유 없이 따르지 아니하거나 방해한 자   교재 1권 P.51
(3) **소방안전관리자**, **총괄소방안전관리자**, **소방안전관리보조자**를 **선임**하지 아니한 자 문17 보기②   교재 1권 P.51

Key Point

(4) **소방시설·피난시설·방화시설** 및 **방화구획** 등이 법령에 위반된 것을 발견하였음에도 필요한 조치를 할 것을 요구하지 아니한 소방안전관리자 교재 1권 P.51

(5) **소방안전관리자**에게 **불이익**한 처우를 한 관계인 문17 보기④ 교재 1권 P.51

(6) 자체점검결과 중대위반사항이 발견된 경우 필요한 조치를 하지 않은 관계인 또는 관계인에게 중대위반사항을 알리지 아니한 관리업자 등 교재 1권 P.69

17★★

다음 소방시설 중 소화펌프를 고장시 조치를 하지 않은 관계인의 벌금기준은?

① 50만원 　② 100만원
③ 200만원 　④ 300만원

④ 300만원 벌금 : 소화펌프 고장시 조치를 하지 않은 관계인

정답 ④

* **300만원 이하의 과태료**
교재 1권 P.51

특정소방대상물의 소방안전관리업무를 수행하지 아니한 관계인

* **100만원 이하의 벌금**
교재 1권 P.32

피난명령을 위반한 사람

기출문제

★★★
17 300만원 이하의 벌금이 아닌 것은?

교재 1권 P.51, P.69

① 화재안전조사를 정당한 사유 없이 거부·방해 또는 기피한 자
② 소방안전관리자, 총괄소방안전관리자, 소방안전관리보조자를 선임하지 아니한 자
③ 특정소방대상물의 소방안전관리업무를 수행하지 아니한 관계인
④ 소방안전관리자에게 불이익한 처우를 한 관계인

③ 300만원 이하의 과태료

정답 ③

5 100만원 이하의 벌금 교재 1권 P.32

(1) 정당한 사유 없이 소방대가 현장에 도착할 때까지 사람을 **구**출하는 조치 또는 불을 끄거나 불이 번지지 않도록 하는 조치를 하지 아니한 소방대상물 관계인 문18 보기②

(2) **피**난명령을 위반한 사람

(3) 정당한 사유 없이 물의 사용이나 **수도**의 **개폐장치**의 사용 또는 **조**작을 하지 못하게 하거나 방해한 자 문18 보기③

(4) 정당한 사유 없이 **소방대**의 **생활안전활동**을 방해한 자 문18 보기①

(5) 긴급조치를 정당한 사유 없이 방해한 자

공하성 기억법 구피조1

기출문제

18 다음 중 벌칙이 100만원 이하의 벌금에 해당되지 않는 것은?

교재 1권 P.32

① 정당한 사유 없이 소방대의 생활안전활동을 방해한 자
② 정당한 사유 없이 소방대가 현장에 도착할 때까지 사람을 구출하는 조치 또는 불을 끄거나 불이 번지지 아니하도록 하는 조치를 하지 아니한 소방대상물 관계인
③ 정당한 사유 없이 물의 사용이나 수도의 개폐장치의 사용 또는 조작을 하지 못하게 방해한 자
④ 출동한 소방대의 소방장비를 파손하거나 그 효용을 해하여 화재진압·인명구조 또는 구급활동을 방해하는 행위

해설 ④ 5년 이하의 징역 또는 5000만원 이하의 벌금

정답 ④

유사 기출문제

18★★★ 교재 1권 P.32
다음 중 100만원 이하의 벌금에 해당하지 않는 것은?
① 정당한 사유 없이 소방대의 생활안전활동을 방해한 자
② 피난명령을 위반한 자
③ 정당한 사유 없이 물의 사용이나 수도의 개폐장치의 사용 또는 조작을 하지 못하게 방해한 자
④ 토지의 강제처분을 방해한 자

해설 ④ 3년 이하의 징역 또는 3000만원 이하의 벌금

정답 ④

6 500만원 이하의 과태료 교재 1권 P.25

화재 또는 **구조·구급**이 필요한 상황을 **거짓**으로 알린 사람

7 300만원 이하의 과태료 교재 1권 PP.51-52, P.70

(1) 화재의 **예방조치**를 위반하여 화기취급 등을 한 자 교재 1권 P.51
(2) 특정소방대상물 소방안전관리를 위반하여 **소방안전관리자**를 **겸한 자** 교재 1권 P.51
(3) **소방안전관리업무**를 하지 **아니한** 특정소방대상물의 **관계인** 또는 소방안전관리대상물의 **소방안전관리자** 교재 1권 P.52
(4) **건설현장** 소방안전관리대상물의 **소방안전관리자**의 업무를 하지 아니한 소방안전관리자 교재 1권 P.51

 건설현장 소방안전관리자 업무태만

1차 위반	2차 위반	3차 위반 이상
100만원 과태료	200만원 과태료	300만원 과태료

(5) **피난유도 안내정보**를 제공하지 아니한 자 교재 1권 P.52
(6) **소방훈련** 및 **교육**을 하지 아니한 자 교재 1권 P.52

Key Point

★ 화재예방안전진단 결과
미제출 교재 1권 P.52
300만원 이하 과태료

(7) **화재예방안전진단** 결과를 제출하지 아니한 경우 교재 1권 P.52

 화재예방안전진단 지연제출

1개월 미만	1~3개월 미만	3개월 이상 또는 미제출
100만원 과태료	200만원 과태료	300만원 과태료

(8) **소방시설**을 **화재안전기준**에 따라 설치·관리하지 아니한 자 교재 1권 P.70

(9) 공사현장에 **임시소방시설**을 설치·관리하지 아니한 자 교재 1권 P.70

(10) **피난시설**, **방화구획** 또는 **방화시설**을 **폐쇄·훼손·변경** 등의 행위를
한 자 교재 1권 P.70

 피난시설·방화시설 폐쇄·변경

1차 위반	2차 위반	3차 이상 위반
100만원 과태료	200만원 과태료	300만원 과태료

(11) **관계인**에게 **점검결과**를 제출하지 아니한 관리업자 등 교재 1권 P.70

(12) 점검결과를 보고하지 아니하거나 거짓으로 보고한 관계인 교재 1권 P.70

 점검결과 지연보고기간

10일 미만	10일~1개월 미만	1개월 이상 또는 미보고	점검결과 축소·삭제 등 거짓보고
50만원 과태료	100만원 과태료	200만원 과태료	300만원 과태료

(13) **자체점검 이행계획**을 **기간 내**에 **완료**하지 아니한 자 또는 이행계획 완료
결과를 보고하지 아니하거나 거짓으로 보고한 자 교재 1권 P.70

 자체점검 이행계획 지연보고기간

10일 미만	10일~1개월 미만	1개월 이상 또는 미보고	이행완료 결과 거짓보고
50만원 과태료	100만원 과태료	200만원 과태료	300만원 과태료

(14) **점검기록표**를 **기록**하지 아니하거나 특정소방대상물의 출입자가 쉽게 볼
수 있는 장소에 게시하지 아니한 관계인 교재 1권 P.70

 점검기록표 미기록

1차 위반	2차 위반	3차 이상 위반
100만원 과태료	200만원 과태료	300만원 과태료

8 200만원 이하의 과태료 교재 1권 P.27, P.52

(1) **소방활동구역**을 **출**입한 사람 교재 1권 P.27
(2) 소방자동차의 출동에 **지장**을 준 자

 비교

5년 이하의 징역 또는 5000만원 이하의 벌금 교재1권 P.27	200만원 이하의 과태료
소방자동차의 **출동**을 **방해**한 사람	소방자동차의 **출동**에 **지장**을 준 자

(3) 기간 내에 **소방안전관리자 선임신고**를 하지 아니한 자 또는 소방안전 관리자의 성명 등을 게시하지 아니한 자 교재 1권 P.52

(4) 기간 내에 **건설현장 소방안전관리자 선임신고**를 하지 아니한 자 교재 1권 P.52

비교 **건설현장 소방안전관리자 선임신고 지연기간**

1개월 미만	1~3개월 미만	3개월 이상 또는 미제출
50만원 과태료	100만원 과태료	200만원 과태료

(5) 기간 내에 소방훈련 및 교육 결과를 제출하지 아니한 자 교재 1권 P.52

 기출문제

★★★
19 다음 중 200만원 이하의 과태료 처분에 해당되지 않는 것은?
교재 1권 P.27, P.52
① 소방활동구역에 출입한 사람
② 소방자동차의 출동에 지장을 준 자
③ 기간 내에 소방안전관리자 선임을 하지 아니한 자
④ 한국소방안전원 또는 이와 유사한 명칭을 사용한 자

 해설
- ③ 선임을 → 선임신고를
- 소방안전관리자 선임을 하지 아니한 자 : 300만원 이하의 벌금

정답 ③

Key Point

* **20만원 이하의 과태료** 교재 1권 P.25
① **화재**로 오인할 만한 우려가 있는 불을 피우거나 **연막소독**을 실시하고자 하는 자가 신고를 하지 아니하여 소방자동차를 출동하게 한 자
② 화재로 오인할 만한 불을 피우거나 **연**막소독 시 신고지역
  ㉠ **시장**지역
  ㉡ **공장·창고** 밀집지역
  ㉢ **목조건물** 밀집지역
  ㉣ **위험물**의 저장 및 **처**리시설 밀집지역
  ㉤ **석유화학제품**을 생산하는 공장지역
  ㉥ **시·도**의 **조례**로 정하는 지역 또는 장소

공하성 기억법
시공 목위석시연

* **300만원 이하의 과태료** 교재 1권 P.52
소방안전관리 업무를 하지 아니한 특정소방대상물의 관계인 또는 소방안전관리자

Key Point

20 다음 보기를 보고, 각 벌칙에 해당하는 벌금(또는 과태료)의 값이 적은 순서대로 나열한 것은?

교재 1권
P.32,
P.51,
P.69

㉠ 화재안전조사를 정당한 사유 없이 거부·방해·기피한 자
㉡ 피난명령을 위반한 자
㉢ 소방시설 등에 대한 자체점검을 실시하지 아니하거나 관리업자 등으로 하여금 정기적으로 점검하지 아니한 자
㉣ 소방시설의 기능과 성능에 지장을 주는 폐쇄, 차단 행위를 한 자

① ㉠－㉡－㉢－㉣   ② ㉢－㉡－㉠－㉣
③ ㉡－㉠－㉣－㉢   ④ ㉡－㉠－㉢－㉣

해설

㉠ 300만원 이하의 벌금 교재 1권 P.51
㉡ 100만원 이하의 벌금 교재 1권 P.32
㉢ 1년 이하의 징역 또는 1000만원 이하의 벌금 교재 1권 P.69
㉣ 5년 이하의 징역 또는 5000만원 이하의 벌금 교재 1권 P.69

벌금(또는 과태료)의 값이 적은 순서대로 나열한 것은 ㉡ 100만원 이하의 벌금－㉠ 300만원 이하의 벌금－㉢ 1000만원 이하의 벌금－㉣ 5000만원 이하의 벌금

정답 ④

유사 기출문제

21 ★★★
교재 1권 PP.50-51, PP.69-70

다음 사항 중 가장 높은 벌칙에 해당되는 것은?

① 소방시설 등에 대한 자체점검을 실시하지 아니하거나 관리업자 등으로 하여금 정기적으로 점검하게 하지 아니한 자
② 정당한 사유 없이 화재안전조사 결과에 따른 조치명령을 위반한 자
③ 소방안전관리자, 총괄소방안전관리자, 소방안전관리보조자를 선임하지 아니한 자
④ 소방시설을 설치하지 않았다.

해설

① 1년 이하의 징역 또는 1000만원 이하의 벌금 교재 1권 P.69
② 3년 이하의 징역 또는 3000만원 이하의 벌금 교재 1권 P.50
③ 300만원 이하의 벌금 교재 1권 P.51
④ 300만원 이하의 과태료 교재 1권 P.70
가장 큰 벌칙에 해당하는 것은 ②번이다.

정답 ②

21 다음 중 위반사항과 벌칙이 옳게 짝지어진 것은?

교재 1권
P.25,
P.51,
P.69

① 소방시설의 기능과 성능에 지장을 줄 수 있는 폐쇄·차단 등의 행위를 한 자 → 3년 이하의 징역 또는 3000만원 이하의 벌금
② 소방안전관리자, 총괄소방안전관리자, 소방안전관리보조자를 선임하지 아니한 자 → 300만원 이하의 과태료
③ 소방자동차 전용구역에 주차하거나 전용구역에의 진입을 가로막는 등의 방해행위를 한 자 → 300만원 이하의 과태료
④ 시장지역에서 화재로 오인할 만한 우려가 있는 불을 피우거나 연막소독을 실시하고자 하는 자가 신고를 하지 아니하여 소방자동차를 출동하게 한 자 → 20만원 이하의 과태료

해설

① 5년 이하의 징역 또는 5000만원 이하의 벌금 교재 1권 P.69
② 300만원 이하의 벌금 교재 1권 P.51
③ 100만원 이하의 과태료 교재 1권 P.25

정답 ④

9 100만원 이하의 과태료 　교재 1권　P.52

실무교육을 받지 아니한 **소방안전관리자** 및 **소방안전관리보조자** 문22 보기④
교재 1권　P.52

기출문제 ●--

★★★
22 다음 중 100만원 이하의 과태료에 해당되는 것은?

교재 1권
P.32

① 피난명령을 위반한 자
② 정당한 사유 없이 물의 사용이나 수도의 개폐장치의 사용 또는 조작을 하지 못하게 방해한 자
③ 정당한 사유 없이 소방대가 현장에 도착할 때까지 사람을 구출하는 조치 또는 불을 끄거나 불이 번지지 않도록 조치를 아니한 사람
④ 실무교육을 받지 아니한 소방안전관리자 및 소방안전관리보조자

해설
①·②·③ 100만원 이하의 벌금

정답 ④

* 100만원 이하의 벌금
교재 1권 P.32

① 피난명령을 위반한 자
② 정당한 사유 없이 물의 사용이나 수도의 개폐장치의 사용 또는 조작을 하지 못하게 방해한 자
③ 정당한 사유 없이 소방대가 현장에 도착할 때까지 사람을 구출하는 조치 또는 불을 끄거나 불이 번지지 않도록 조치를 아니한 사람

10 20만원 이하의 과태료 　교재 1권　P.25

아래의 지역 또는 장소에서 **화재**로 **오인**할 만한 우려가 있는 불을 피우거나 **연막소독**을 실시하고자 하는 자가 신고를 하지 아니하여 **소방자동차**를 **출동**하게 한 자 문23 보기①

(1) 시장지역
(2) **공장 · 창고**가 밀집한 지역
(3) **목조건물**이 밀집한 지역
(4) 위험물의 저장 및 처리시설이 밀집한 지역
(5) 석유화학제품을 **생산**하는 공정이 있는 지역
(6) 그 밖에 **시 · 도**의 조례로 정하는 지역 또는 장소

기출문제

23

교재 1권
P.25

화재로 오인할 만한 우려가 있는 불을 피우거나 연막소독을 실시하고자 하는 자가 신고를 하지 아니하여 소방자동차를 출동하게 한 자의 벌칙은?

① 20만원 이하의 과태료
② 50만원 이하의 과태료
③ 100만원 이하의 벌금
④ 200만원 이하의 과태료

해설

① 연막소독으로 소방자동차 출동 : 20만원 이하의 과태료

정답 ①

유사 기출문제

24★★★

교재 1권 P.29, P.32, P.51

다음 중 벌금이 가장 많은 사람은?

① 갑 : 나는 정당한 사유 없이 소방용수시설을 사용하였어.
② 을 : 나는 화재시 피난명령을 위반하였어.
③ 병 : 나는 불이 번질 우려가 있는 소방대상물의 강제처분을 방해하였어.
④ 정 : 나는 소방안전관리자에게 불이익한 처우를 한 관계인이야.

해설

① 5년 이하의 징역 또는 5000만원 이하의 벌금 교재 1권 P.32
② 100만원 이하의 벌금 교재 1권 P.32
③ 3년 이하의 징역 또는 3000만원 이하의 벌금 교재 1권 P.29
④ 300만원 이하의 벌금 교재 1권 P.51

정답 ①

24

교재 1권
P.32,
P.51

다음 사항 중 가장 높은 벌칙에 해당되는 것은?

① 정당한 사유 없이 소방용수시설 또는 비상소화장치를 사용하거나 소방용수시설 또는 비상소화장치의 효용을 해하거나 그 정당한 사용을 방해한 사람
② 화재안전조사를 정당한 사유 없이 거부·방해·기피한 자
③ 긴급조치를 정당한 사유 없이 방해한 자
④ 피난명령을 위반한 자

해설

① 5년 이하의 징역 또는 5000만원 이하의 벌금 교재 1권 P.32
② 300만원 이하의 벌금 교재 1권 P.51
③·④ 100만원 이하의 벌금 교재 1권 P.32

정답 ①

제3장

소방시설 설치 및 관리에 관한 법률

01 소방시설 설치 및 관리에 관한 법률의 목적 교재 1권 P.53

(1) 소방시설 등의 설치·관리와 소방용품 성능관리에 필요한 사항을 규정함으로써 국민의 생명·신체 및 **재산보호** 문01 보기②

(2) **공공**의 **안전**과 **복리증진** 이바지 문01 보기②

기출문제 •--------------------------------

01
교재 1권 P.53

소방시설 설치 및 관리에 관한 법률의 목적에 대한 설명으로 옳은 것을 모두 고르시오.

ㄱ 화재를 예방·경계·진압하는 목적이 있다.
ㄴ 국민의 재산을 보호하는 목적이 있다.
ㄷ 공공의 안녕 및 질서유지를 목적으로 한다.
ㄹ 복리증진에 이바지함을 목적으로 한다.

① ㄱ, ㄴ
② ㄴ, ㄹ
③ ㄱ, ㄴ, ㄷ
④ ㄱ, ㄴ, ㄷ, ㄹ

 해설
　　ㄱ, ㄷ : 소방기본법의 목적

정답 ②

＊ 소방기본법의 목적
교재 1권 P.22
① 화재예방·경계 및 진압
② 화재, 재난·재해 등 위급한 상황에서의 구조·구급활동
③ 국민의 생명·신체 및 재산보호
④ 공공의 안녕 및 질서유지와 복리증진에 이바지

Key Point

* 특정소방대상물 vs 소방대상물 문02 보기④
① 특정소방대상물
다수인이 출입·근무하는 장소 중 소방시설 설치장소
② 소방대상물
소방차가 출동해서 불을 끌 수 있는 것
ㄱ 건축물
ㄴ 차량
ㄷ 선박(항구에 매어 둔 선박)
ㄹ 선박건조구조물
ㅁ 산림
ㅂ 인공구조물
ㅅ 물건
공하성 기억법
건차선 산인물

02 다음 중 용어의 정의에 대한 설명으로 틀린 것은?

교재 1권 P.22, P.24, P.53

① 항구에 매어 둔 선박은 소방대상물이다.
② 소방대는 소방공무원, 의용소방대원, 의무소방원을 말한다.
③ 소방시설에는 소화설비가 해당된다.
④ 특정소방대상물은 건축물, 차량 등을 말한다.

해설

④ 특정소방대상물 → 소방대상물

정답 ④

 중요 용어 교재 1권 P.53

용 어	정 의
소방시설	소화설비·경보설비·피난구조설비·소화용수설비·그 밖에 소화활동설비로서 대통령령으로 정하는 것 문03 보기③
특정소방대상물	① 건축물 등의 규모·용도 및 수용인원 등을 고려하여 소방시설을 설치하여야 하는 소방대상물로서 대통령령으로 정하는 것 ② 다수인이 출입 또는 근무하는 장소 중 소방시설을 설치하여야 하는 장소

 기출문제

03 다음 중 용어의 정의에 대한 설명이 틀린 것은?

교재 1권 PP.22 -24, P.53

① 항구에 매어 둔 선박은 소방대상물에 해당된다.
② 소유자, 관리자, 점유자는 관계인에 해당된다.
③ 소방시설에는 소화설비, 경보설비, 피난구조설비, 소화용수설비, 소화활동설비 등이 해당된다.
④ 소방대에는 소방공무원, 자위소방대원, 의무소방원이 해당된다.

* 소방대 교재 1권 P.24
① 소방공무원
② 의무소방원
③ 의용소방대원
공하성 기억법
의소(의용소방대)

해설

④ 자위소방대원 → 의용소방대원

정답 ④

02 용어의 정의

1 무창층 교재 1권 PP.53-54

* 무창층 교재 1권 PP.53-54
$\frac{1}{30}$ 이하

지상층 중 다음에 해당하는 개구부면적의 합계가 그 층의 바닥면적의 $\frac{1}{30}$ 이하가 되는 층 문04 보기④

| 개구부 : '창문'을 말해요. |

3개 창문의 합이 1m² 이하

바닥면적 30m²

‖ 무창층 ‖

(1) 크기는 지름 **50cm 이상**의 원이 통과할 수 있을 것 문05 보기①

이하 ×

(2) 해당층의 바닥면으로부터 개구부 밑부분까지의 높이가 **1.2m** 이내일 것

1.5m ×

유사04 보기③

화재발생시 사람이 통과할 수 있는 어깨 너비, 키 등의 최소기준을 생각해 봐요.

나! 창문

지름 50cm 이상

1.2m 이내

바닥면

(3) **도로** 또는 **차량**이 진입할 수 있는 **빈터**를 향할 것

41

Key Point

(4) 화재시 건축물로부터 쉽게 **피난**할 수 있도록 개구부에 **창살**이나 그 밖의 장애물이 설치되지 않을 것
(5) 내부 또는 외부에서 **쉽게 부수거나 열** 수 있을 것

기출문제 ●

유사 기출문제

04 ★ [교재 1권 PP.53-54]
소방관계법에 의한 무창층의 정의는 지상층 중 개구부 면적의 합계가 해당층 바닥 면적의 $\frac{1}{30}$ 이하가 되는 층을 말하는데, 여기서 말하는 개구부의 요건으로 틀린 것은?

① 크기는 지름 50cm 이상의 원이 통과할 수 있을 것
② 도로 또는 차량이 진입할 수 있는 빈터를 향할 것
③ 해당층의 바닥면으로부터 개구부 밑부분까지의 높이가 1.5m 이내일 것
④ 내부 또는 외부에서 쉽게 부수거나 열 수 있을 것

 해설
③ 1.5m → 1.2m

정답 ③

04 ★★★ [교재 1권 PP.53-54]
다음 중 무창층에 대한 설명으로 옳은 것은?
① 창문이 없는 층이나 그 층의 일부를 이루는 실
② 지하층의 명칭
③ 직접 지상으로 통하는 출입구나 개구부가 없는 층
④ 지상층 중 개구부면적의 합계가 그 층의 바닥면적의 $\frac{1}{30}$ 이하가 되는 층

해설
④ 무창층 : 지상층 중 개구부면적의 합계가 그 층의 바닥면적의 $\frac{1}{30}$ 이하가 되는 층

정답 ④

05 ★★ [교재 1권 PP.53-54]
다음 중 소방시설 설치 및 관리에 관한 법률에서 정하는 무창층이 아닌 것은?
① 크기가 지름 50cm 이하의 원이 통과할 수 있을 것
② 해당층의 바닥면으로부터 개구부 밑부분까지의 높이가 1.2m 이내일 것
③ 화재시 건축물로부터 쉽게 피난할 수 있도록 창살이나 그 밖의 장애물이 설치되지 않을 것
④ 내부 또는 외부에서 쉽게 부수거나 열 수 있을 것

해설
① 50cm 이하 → 50cm 이상

정답 ①

Key Point

2 피난층　교재 1권 P.55

곧바로 지상으로 갈 수 있는 출입구가 있는 층

이 집은 1층, 2층이 피난층이예요.

2F

1F

∥피난층∥

공하성 기억법　피곧(피곤)

기출문제 ●

★★★
06 피난층에 대한 뜻이 옳은 것은?

교재 1권
P.55

① 곧바로 지상으로 갈 수 있는 출입구가 있는 층
② 건축물 중 지상 1층만을 피난층으로 지정할 수 있다.
③ 직접 지상으로 통하는 계단과 연결된 지상 2층 이상의 층
④ 옥상의 지하층으로서 옥상으로 직접 피난할 수 있는 층

해설　**피난층** : **곧**바로 지상으로 갈 수 있는 출입구가 있는 층

공하성 기억법　피곧(피곤)

정답 ①

＊ 피난층　교재 1권 P.55
❖ 꼭 기억하세요 ❖

Key Point

03 건축허가 등의 동의

＊ 건축허가 등의 동의
교재 1권 P.55

건축허가청에서 건축허가를 하기 전에 소방시설 설치, 화재예방 관련사항을 사전에 조사하여 적법 여부를 확인하는 절차

1 건축허가 등의 동의권자 교재 1권 P.55

소방본부장·소방서장

민원인 (건축주)	건축허가신청 → ← 허가 및 사용승인	건축허가청 (시·군·구청)	건축허가 동의요청 → ← 회신	소방관서 (소방본부·소방서)

＊ 건축허가 등의 취소통보
교재 1권 P.55

7일 이내

＊ 건축허가 등의 동의절차
교재 1권 P.55

동의회신 후 건축허가 등의 동의대장에 기재 후 관리
문07 보기④

2 건축허가 등의 동의기간 등 교재 1권 P.55

내 용	날 짜
동의요구 서류보완	**4일** 이내 문07 보기② 7일 이내 ✕
건축허가 등의 취소통보	**7일** 이내 문07 보기③
건축허가 및 사용승인 동의회신 통보	**5일**(특급 소방안전관리대상물은 **10일**) 이내 문07 보기①
동의시기	건축허가 등을 **하기 전**
동의요구자	건축허가 등의 권한이 있는 행정기관

유사 기출문제

07 ★★ 교재 1권 P.55
건축허가 등의 동의절차에 관한 사항으로 틀린 것은?
① 1급 소방안전관리대상물인 경우에는 10일 이내 동의회신 통보
② 보완이 필요시 4일 이내-보완기간 내 미보완시 동의요구서 반려
③ 허가청에서 허가 등의 취소시 7일 이내 취소통보
④ 동의회신 후 건축허가 등의 동의대장에 기재 후 관리

해설
① 10일 → 5일

정답 ①

기출문제

07 건축허가 등의 동의절차에 관한 사항으로 틀린 것은?

교재 1권 P.55
① 5일(특급 소방안전관리대상물인 경우에는 10일) 이내 동의회신 통보
② 보완이 필요시 7일 이내-보완기간 내 미보완시 동의요구서 반려
③ 허가청에서 허가 등의 취소시 7일 이내 취소통보
④ 동의회신 후 건축허가 등의 동의대장에 기재 후 관리

해설
② 7일 이내 → 4일 이내

정답 ②

08 소방시설의 설치 및 관리 등에 관한 사항 중 건축허가 등의 동의에
대한 설명으로 틀린 것은?

교재 1권
P.55

① 동의시기는 건축허가 등을 한 후이다.
② 동의요구자는 건축허가 등의 권한이 있는 행정기관이다.
③ 허가청에서 허가 등의 취소시 7일 이내 취소통보를 하여야 한다.
④ 5일(특급 소방안전관리대상물인 경우에는 10일) 이내 동의회신을 통
   보하여야 한다.

해설

① 건축허가 등을 한 후 → 건축허가 등을 하기 전

정답 ①

3 건축허가 등의 동의대상물 교재 1권 PP.55~56

연면적 400m² 이상		차고·주차장
학교	100m²	① 바닥면적 200m² 이상
노유자시설, 수련시설	200m²	② 자동차 20대 이상
정신의료기관, 장애인재활시설 (입원실 없는 정신건강의학과 제외)	300m²	

 기억법 2자(이자)

(1) **6층** 이상인 건축물
(2) **항공기격납고, 관망탑, 항공관제탑, 방송용 송수신탑**
(3) 지하층 또는 무창층의 바닥면적 **150m²** 이상(공연장은 **100m²** 이상)
(4) **위험물저장 및 처리시설**
(5) 전기저장시설, 풍력발전소
(6) 조산원, 산후조리원, 의원(입원실 있는 것)
(7) 결핵환자나 한센인이 24시간 생활하는 노유자시설
(8) **지하구** 문09 보기④
    지하가 ×
(9) 요양병원(의료재활시설 제외)
(10) 노인주거복지시설·노인의료복지시설 및 재가노인복지시설, 학대피해노
    인 전용쉼터, 아동복지시설, 장애인거주시설
(11) 정신질환자 관련시설(종합시설 중 24시간 주거를 제공하지 아니하는 시
    설 제외)

＊ 지하구 vs 지하가	
지하구	지하가
지하의 전기통신 등의 케이블통로	① 지하상가 ② 터널

(12) 노숙인자활시설, 노숙인재활시설 및 노숙인요양시설

(13) 공장 또는 창고시설로서 지정수량의 **750배 이상**의 특수가연물을 저장·취급하는 것

(14) 가스시설로서 지상에 노출된 수조의 저장용량의 합계가 **100톤** 이상인 것

유사 기출문제

09★★ [교재 1권] PP.55-56

건축허가 등의 동의대상물의 범위 기준에 대한 설명으로 틀린 것은?

① 1급 소방안전관리대상물인 경우 5일 이내에 동의회신통보를 하여야 한다.
② 장애인재활시설은 연면적 400m² 이상이면 건축허가 등의 동의대상이다.
③ 승강기 등 기계장치에 의한 주차시설로서 자동차 20대 이상을 주차할 수 있는 시설은 건축허가 동의대상이다.
④ 보완이 필요시 4일 이내의 기간을 정하여 보완을 요구할 수 있다.

② 400m² → 300m²

정답 ②

* 건축허가 등의 동의대상
[교재 1권] P.55
신축·증축·개축·재축·이전·용도변경 또는 대수선의 허가 협의 및 사용승인 신청이 필요한 건축물

기출문제

09 [교재 1권] PP.55-56
건축허가 등의 동의를 받아야 하는 건축물 등의 범위로 옳지 않은 것은?

① 연면적 400m² 이상인 건축물[학교시설 100m², 노유자시설 및 수련시설 200m², 정신의료기관(입원실이 없는 정신건강의학과 의원 제외) 300m²]
② 차고·주차장 또는 주차용도로 사용되는 층 중 바닥면적이 200m² 이상인 층이 있는 시설
③ 지하층 또는 무창층이 있는 건축물로서 바닥면적이 150m²(공연장의 경우에는 100m²) 이상인 층이 있는 것
④ 위험물저장 및 처리시설, 지하가

해설
④ 지하가 → 지하구

정답 ④

10 ★★★ [교재 1권] PP.55-56
건축허가 등의 동의대상물의 범위 기준으로 옳지 않은 것은?

① 특급 소방안전관리대상물의 경우 10일 이내에 동의회신을 통보하여야 한다.
② 허가청에서 허가 등의 취소시 7일 이내에 취소통보를 하여야 한다.
③ 차고·주차장으로 사용되는 층 중 바닥면적이 200m² 이상인 층이 있는 시설은 건축허가 등의 동의대상이다.
④ 신축, 증축, 개축, 재축, 철거 등이 건축허가 등의 동의 대상이다.

해설
④ '**철거**'는 해당없음

정답 ④

4 단독주택 및 공동주택(아파트 및 기숙사 제외)에 설치하는 소방시설 교재 1권 P.56

(1) 소화기
(2) 단독경보형 감지기

기출문제

11 ★★ 다음 중 소화기 및 단독경보형 감지기 설치대상물로서 옳은 것은?

교재 1권 P.56

① 단독주택 및 공동주택(아파트 포함)
② 단독주택 및 공동주택(기숙사 포함)
③ 단독주택 및 공동주택(아파트 및 기숙사 제외)
④ 단독주택 및 다중이용업소

해설
③ 단독주택 및 공동주택(아파트 및 기숙사 제외)

정답 ③

유사 기출문제

11 ★★ 교재 1권 P.56
단독주택 및 공동주택(아파트 및 기숙사 제외)의 소유자가 설치하여야 하는 소방시설을 모두 고른 것은?

㉠ 소화기
㉡ 옥내소화전
㉢ 단독경보형 감지기
㉣ 간이소화용구

① ㉠
② ㉠, ㉡
③ ㉠, ㉢
④ ㉠, ㉢, ㉣

해설
③ 소화기, 단독경보형 감지기 설치대상

정답 ③

5 피난시설, 방화구획 및 방화시설의 범위 교재 1권 PP.150-151

(1) 피난시설에는 **복도**, **출입구**(비상구), **계단**(직통계단, 피난계단 등), **피난용 승강기**, **옥상광장**, **피난안전구역** 등이 있다. 문12 보기①②
(2) 피난계단의 종류에는 **내화구조의 벽·바닥**, **60분+ 또는 60분 방화문**, **자동방화셔터** 등이 있다.
(3) 방화시설에는 **내화구조**, **방화구조**, **방화벽**, **마감재료**(불연재료, 준불연재료, 난연재료), **배연설비**, **소방관진입창** 등이 있다. 문12 보기③

기출문제 ●

12
교재 1권
PP.150
-151

피난시설, 방화구획 및 방화시설의 범위에 대한 설명으로 옳지 않은 것은?

① 피난시설에는 계단, 복도, 출입구 등이 있다.
② 피난시설에는 피난용 승강기, 옥상광장, 피난안전구역 등이 있다.
③ 방화시설에는 내화구조, 방화구조, 방화벽 등이 있다.
④ 피난시설, 방화구획 및 방화시설의 폐쇄행위 등을 하면 안 된다.

해설

④ 피난시설, 방화구획 및 방화시설 관련 금지행위(범위가 아님)

정답 ④

‖ 피난계단 ‖

중요 피난계단의 종류 및 피난시 이동경로   교재 1권 P.152

피난계단의 종류	피난시 이동경로
피난계단	옥내 → 계단실 → 피난층
특별피난계단	옥내 → 노대 또는 부속실 → 계단실 → 피난층

＊ **특별피난계단**
교재 1권 PP.154-155
반드시 부속실이 있음

‖ 특별피난계단 ‖

기출문제 ●

13 다음 조건을 참고하여 피난계단수 및 피난계단의 종류를 선정했을 때 옳은 것은?

교재 1권 P.152

- 건물의 서측 및 동측에 계단이 하나씩 설치되어 있다.
- 피난시 이동경로는 옥내 → 노대 또는 부속실 → 계단실 → 피난층이다.

① 총 계단수 : 1개, 피난계단
② 총 계단수 : 2개, 피난계단
③ 총 계단수 : 1개, 특별피난계단
④ 총 계단수 : 2개, 특별피난계단

해설 계단은 서측과 동측 두 곳에 있으므로 피난계단의 수는 **2개**이고, 피난시 이동경로가 **옥내 → 부속실 → 계단실 → 피난층**이므로 **특별피난계단**을 선정

정답 ④

유사 기출문제

13 ★★★ 교재 1권 P.152
다음 중 특별피난계단의 피난시 이동경로를 올바르게 연결한 것은?

㉠ 부속실
㉡ 계단실
㉢ 피난층
㉣ 옥내

① ㉣→㉠→㉡→㉢
② ㉠→㉡→㉢→㉣
③ ㉣→㉢→㉡→㉠
④ ㉠→㉢→㉡→㉢

해설 • 특별피난계단 : 옥내→부속실→계단실→피난층

정답 ①

14 다음 중 피난시 이동경로가 옥내 → 계단실 → 피난층의 순서로 되어 있는 피난계단의 종류는?

교재 1권 P.152

① 직통계단
② 피난계단
③ 일반계단
④ 특별피난계단

해설 ② 피난계단 : 옥내 → 계단실 → 피난층

정답 ②

 6 피난시설, 방화구획 및 방화시설의 훼손행위 교재 1권 P.167

(1) 피난시설, 방화구획 및 방화시설을 **폐쇄**하거나 **훼손**하는 등의 행위
(2) 피난시설, 방화구획 및 방화시설의 주위에 **물건**을 **쌓아두거나 장애물**을 설치하는 행위
(3) 피난시설, 방화구획 및 방화시설의 용도에 장애를 주거나 「소방기본법」에 따른 **소방활동**에 **지장**을 주는 행위
(4) 그 밖에 **피난시설, 방화구획** 및 **방화시설**을 **변경**하는 행위

* 배연설비 교재 1권 P.164
실내의 연기를 외부로 배출시켜 주는 설비

7 피난시설, 방화구획 및 방화시설의 변경행위 [교재 1권] P.167

(1) 임의 구획으로 **무창층**을 발생하게 하는 행위 [문16 보기①]

(2) 방화구획에 **개구부**를 **설치**하여 그 기능에 지장을 주는 행위 [문16 보기②]

(3) **방화문**을 **철거**하고 목재, 유리문 등으로 변경하는 행위 [문16 보기③]
   목재·유리문 등은 철거 ✕

(4) **객관적 판단**하에 누구라도 피난·방화시설을 변경하여 건축법령에 위반하였다고 볼 수 있는 행위 [문16 보기④]

기출문제

* **피난시설** [교재 1권] P.150
대피하기 위해 필요한 완강기, 미끄럼대 등의 시설

15 [교재 1권 P.167] 다음 중 피난시설, 방화구획 및 방화시설의 훼손행위와 변경행위에 해당하는 것은?

① 방화문에 자동개폐장치를 설치하였다.

② 방화문에 고임장치를 설치하였다.

③ 배연설비가 작동되도록 하였다.

④ 방화구획에 개구부를 설치하지 않았다.

해설
② 방화문에 고임장치(도어스톱) 등을 설치하면 안됨

정답 ②

16 [교재 1권 P.167] 다음 중 피난시설, 방화구획 및 방화시설의 변경행위에 해당되지 않는 것은 어느 것인가?

① 임의 구획으로 무창층을 발생하게 하는 행위

② 방화구획에 개구부를 설치하여 그 기능에 지장을 주는 행위

③ 목재, 유리문 등을 철거하고 방화문으로 변경하는 행위

④ 객관적 판단하에 누구라도 피난·방화시설을 변경하여 건축법령에 위반하였다고 볼 수 있는 행위

해설
③ 목재, 유리문 등을 철거하고 방화문으로 → 방화문을 철거하고 목재, 유리문 등으로

정답 ③

8 옥상광장 등의 설치 교재 1권 PP.155~156

(1) 옥상광장 또는 **2층** 이상의 층에 노대 등의 주위에는 높이 **1.2m** 이상의
3층 이상 ✕
난간 설치 문17 보기①②

＊노대 교재 1권 P.155
'베란다' 또는 '발코니'를 말한다.

(2) **5층 이상**의 층으로 옥상광장 설치대상
① 제2종 근린생활시설 중 **공연장·종교집회장·인터넷컴퓨터게임
시설제공업소(바닥면적 합계가 각각 300m² 이상)** 문17 보기③④
② 문화 및 집회시설(전시장 및 동식물원 **제외**)
③ 종교시설, 판매시설, 주점영업, 장례시설

기출문제

17 다음 중 옥상광장 등의 설치에 관한 설명으로 옳지 않은 것은?

교재 1권
PP.155
-156

① 옥상광장에 노대 등의 주위에는 높이 1.2m 이상의 난간을 설치하여야 한다.
② 3층 이상의 층에 노대 등의 주위에는 높이 1.2m 이상의 난간을 설치하여야 한다.
③ 5층 이상의 층이 근린생활시설 중 공연장의 용도로 쓰이는 경우에는 옥상광장 설치대상에 해당된다.
④ 5층 이상의 층이 근린생활시설 중 종교집회장의 용도로 쓰이는 경우에는 옥상광장 설치대상에 해당된다.

해설
② 3층 이상 → 2층 이상

정답 ②

04 방 염

1 방염성능기준 이상의 실내장식물 등을 설치하여야 할 장소 교재 1권 P.59

(1) 조산원, 산후조리원, 공연장, 종교집회장
(2) **11층** 이상의 층(**아파트** 제외) 문18 보기①
아파트 포함 ✕
(3) **체**력단련장 문18 보기②

* 방염성능기준 이상 특정
  소방대상물 [교재 1권] P.59
운동시설(수영장 제외)

(4) 문화 및 집회시설(옥내에 있는 시설)

(5) 운동시설(**수영장** 제외)
    수영장 포함 ✕

(6) **숙**박시설 · **노**유자시설 [문18 보기③④]

(7) 의료시설(요양병원 등), 의원

(8) 수련시설(**숙**박시설이 있는 것)

(9) **방**송국 · 촬영소
    전화통신용 시설 ✕

(10) 종교시설

(11) 합숙소

(12) 다중이용업소(단란주점영업, 유흥주점영업, 노래연습장의 영업장 등)

 기억법   방숙체노

기출문제

18★★   [교재 1권] P.59
방염성능기준 이상의 실내
장식물 등을 설치하여야 할
장소로 옳지 않은 것은?
① 운동시설(수영장 포함)
② 노유자시설
③ 숙박이 가능한 수련시설
④ 다중이용업소

  ┌──────────────┐
    │ ① 수영장 포함 →
    │   수영장 제외
    └──────────────┘

정답 ①

19★★★   [교재 1권] P.59
다음 중 방염성능기준 이상
의 실내장식물을 설치하여
야 할 장소로서 틀린 것은
어느 것인가?
① 노유자시설
② 미용원
③ 교육연구시설 중 합숙소
④ 숙박시설

해설 ┌──────────────┐
    │ ② 미용원 ✕
    └──────────────┘

정답 ②

★★★
18   방염성능기준을 적용하지 않아도 되는 곳은?
[교재 1권] P.59
  ① 60층 아파트   ② 체력단련장
  ③ 숙박시설   ④ 노유자시설

해설 ┌─────────────────────────┐
    │ ① 아파트 제외
    └─────────────────────────┘

정답 ①

★★
19   다음 중 방염성능기준 이상의 실내장식물을 설치하여야 할 장소로
[교재 1권] P.59   알맞은 것을 모두 고른 것은?

  ㉠ 숙박시설   ㉡ 노유자시설
  ㉢ 요양병원   ㉣ 교육연구시설 중 합숙소
  ㉤ 근린생활시설 중 의원

① ㉠, ㉡   ② ㉠, ㉡, ㉢
③ ㉠, ㉡, ㉢, ㉣   ④ ㉠, ㉡, ㉢, ㉣, ㉤

해설 ┌─────────────────────────────────┐
    │ ④ ㉠ 숙박시설 ㉡ 노유자시설 ㉢ 요양병원
    │   ㉣ 교육연구시설 중 합숙소 ㉤ 근린생활시설 중 의원
    └─────────────────────────────────┘

정답 ④

20 다음 중 방염성능기준 이상의 실내장식물을 설치하여야 할 장소로서 틀린 것은 어느 것인가?

① 다중이용업소

② 숙박이 가능한 수련시설

③ 방송통신시설 중 전화통신용 시설

④ 근린생활시설 중 체력단련장

해설

③ 전화통신용 시설 → 방송국·촬영소

정답 ③

2 방염대상물품 교재 1권 PP.59-60

제조 또는 가공공정에서 방염처리를 한 물품	건축물 내부의 천장이나 벽에 설치하는 물품
① 창문에 설치하는 **커튼류**(블라인드 포함)	① 종이류(두께 **2mm 이상**), 합성수지류 또는 섬유류를 주원료로 한 물품 문21 보기②
② 카펫	② **합판**이나 **목재**
③ **벽지류**(두께 **2mm 미만**인 종이벽지 제외)	③ 공간을 구획하기 위하여 설치하는 **간이칸막이**
④ **전시용 합판·목재·섬유판**	④ 흡읍·방음을 위하여 설치하는 **흡음재**(흡음용 커튼 포함) 또는 **방음재**(방음용 커튼 포함)
⑤ **무대용 합판·목재·섬유판**	
⑥ **암막·무대막**(영화상영관·가상체험 체육시설업의 **스크린** 포함)	※ **가구류**(옷장, 찬장, 식탁, 식탁용 의자, 사무용 책상, 사무용 의자 및 계산대)와 너비 **10cm 이하**인 **반자돌림대**, **내부마감재료** 제외
⑦ 섬유류 또는 합성수지류로 제작된 **소파·의자**(단란주점·유흥주점·노래연습장에 한함)	

★ 방염대상물품

교재 1권 PP.59-60

제조 또는 가공공정에서 방염처리를 한 물품	건축물 내부의 천장이나 벽에 설치하는 물품
벽지류(두께 2mm 미만인 종이벽지 제외)	두께 2mm 이상의 종이류

★ 가상체험 체육시설업

실내에 1개 이상의 별도의 구획된 실을 만들어 골프종목의 운동이 가능한 시설을 경영하는 영업(**스크린 골프 연습장**)

방염커튼

Key Point

유사 기출문제

21 ★★
교재 1권 PP.59-60

다음 중 방염에 대한 설명으로 옳은 것은?

① 11층 이상의 아파트는 방염성능기준 이상의 실내장식물을 설치하여야 한다.
② 방염성능기준 이상의 실내장식물을 설치하여야 하는 옥내시설은 문화 및 집회시설, 종교시설, 운동시설(수영장 포함) 등이 있다.
③ 방염처리물품 중에서 선처리물품의 성능검사 실시기관은 한국소방산업기술원이다.
④ 창문에 설치하는 커튼류(블라인드 제외)는 방염대상물품이다.

해설
① 아파트 제외
② 수영장 포함 → 수영장 제외
④ 블라인드 제외 → 블라인드 포함

정답 ③

★ 방염처리된 제품의 사용을 권장할 수 있는 경우
교재 1권 P.60

① 다중이용업소
② 의료시설 ─┐
③ 노유자시설 ─┤ **침**구류
④ 숙박시설 ─┤ **소**파,
⑤ 장례시설 ─┘ **의**자

공하성 기억법

침소의

기출문제 ●

21
★★★
교재 1권 PP.59 -60

다음 방염대상물품 중 제조 또는 가공공정에서 방염처리를 한 물품이 아닌 것은?

① 창문에 설치하는 커튼류(블라인드 포함)
② 종이류(두께 2mm 이상)
③ 암막·무대막(영화상영관에서 설치하는 스크린과 가상체험 체육시설업에 설치되는 스크린을 포함)
④ 섬유류 또는 합성수지류 등을 원료로 하여 제작된 소파·의자(단란주점, 유흥주점 및 노래연습장에 한함)

해설
② 제조 또는 가공공정에서 방염처리를 한 물품이 아니고 건축물 내부의 천장이나 벽에 설치하는 물품이다.

정답 ②

---

3 **방염처리된 제품의 사용을 권장할 수 있는 경우** 교재 1권 P.60

(1) **다**중이용업소·**의**료시설·**노**유자시설·**숙**박시설·**장**례시설에 사용하는 **침**구류, **소**파, **의**자

공하성 기억법 다의 노숙장 침소의

(2) 건축물 **내부**의 **천장** 또는 **벽**에 부착하거나 설치하는 **가구류**

기출문제 ●

22
★★★
교재 1권 P.60

다음 중 방염처리된 제품의 사용을 권장할 수 있는 경우는?

① 의료시설에 설치된 소파
② 노유자시설에 설치된 암막
③ 종합병원에 설치된 무대막
④ 종교시설에 설치된 침구류

해설
① 의료시설에 설치된 침구류, 소파, 의자

정답 ①

Key Point

23 방염에 관한 다음 (   ) 안에 적당한 말을 고른 것은?

 교재 1권 P.59

방염성능기준 이상의 실내장식물 등을 설치하여야 할 장소는 (㉠)이며, 방염대상물품은 (㉡)에 설치하는 스크린이다.

① ㉠ : 운동시설, ㉡ : 골프연습장
② ㉠ : 노유자시설, ㉡ : 야구연습장
③ ㉠ : 아파트, ㉡ : 농구연습장
④ ㉠ : 방송국, ㉡ : 탁구연습장

> **해설**
> ① 방염성능기준 이상의 실내장식물 등을 설치하여야 할 장소는 **운동시설**이며, 방염대상물품은 **스크린 골프연습장**(가상체험 체육시설업)이다.

정답 ①

4 현장처리물품 교재 1권 PP.60-61

방염 현장처리물품의 실시기관	방염 선처리물품의 성능검사 실시기관
시·도지사(관할소방서장)	한국소방산업기술원

기출문제

24 방염에 있어서 현장처리물품의 실시기관은?

 교재 1권 P.61

① 행정안전부장관
② 소방청장
③ 소방본부장
④ 관할소방서장

> **해설**
> ④ 현장처리물품 : 시·도지사(관할소방서장)

정답 ④

유사 기출문제

23 ★★ 교재 1권 PP.59-60

다음 중 방염에 대한 설명으로 옳은 것은?

① 건축물의 옥내에 있는 시설로 운동시설(수영장 포함)은 방염성능기준 이상의 실내장식물을 설치하여야 한다.
② 11층 이상(아파트 제외)인 건축물은 방염성능기준 이상의 실내장식물 등을 설치하여야 한다.
③ 창문에 설치하는 커튼류(블라인드 제외)는 방염대상물품이다.
④ 다중이용업소에서 사용하는 섬유류는 방염처리된 제품의 사용을 권장할 수 있다.

> **해설**
> ① 수영장 포함 → 수영장 제외
> ③ 블라인드 제외 → 블라인드 포함
> ④ 섬유류는 방염대상물품

정답 ②

★ 방염 현장처리물품의 실시기관 교재 1권 P.61
시·도지사(관할소방서장)

05 **소방시설의 자체점검제도**

1 **작동점검과 종합점검** 교재 1권 PP.62-63

┃ 소방시설 등 자체점검의 점검대상, 점검자의 자격, 점검횟수 및 시기 ┃

* **점검시기** 교재 1권 P.63
① 종합점검 : 건축물 사용
  승인일이 속하는 달
② 작동점검 : 종합점검을
  받은 달부터 6월이 되
  는 달

* **작동점검 제외대상**
  교재 1권 P.62
① 위험물제조소 등
② 소방안전관리자를 선임
  하지 않는 대상
③ 특급 소방안전관리대상물

점검 구분	정 의	점검대상	점검자의 자격 (주된 인력)	점검횟수 및 점검시기
작동 점검	소방시설 등을 인위적으로 조작하여 정상적으로 작동하는지를 점검하는 것	① 간이스프링클러설비·자동화재탐지설비가 설치된 특정소방대상물	• 관계인 • 소방안전관리자로 선임된 소방시설관리사 또는 소방기술사 • 소방시설관리업에 등록된 기술인력 중 소방시설관리사 또는 「소방시설공사업법 시행규칙」에 따른 특급 점검자	• 작동점검은 **연 1회** 이상 실시하며, 종합점검대상은 종합점검을 받은 달부터 **6개월**이 되는 달에 실시 • 종합점검대상 외의 특정소방대상물은 사용승인일이 속하는 달의 말일까지 실시
		② ①에 해당하지 아니하는 특정소방대상물	• 소방시설관리업에 등록된 기술인력 중 소방시설관리사 • 소방안전관리자로 선임된 소방시설관리사 또는 소방기술사	
		③ 작동점검 제외대상 • 소방안전관리자를 선임하지 않는 대상 • 위험물제조소 등 • 특급 소방안전관리대상물		

Key Point

점검 구분	정 의	점검대상	점검자의 자격 (주된 인력)	점검횟수 및 점검시기
종합 점검	소방시설 등의 작동점검을 포함하여 소방시설 등의 설비별 주요 구성부품의 구조기준이 화재안전기준과 「건축법」 등 관련 법령에서 정하는 기준에 적합한지 여부를 점검하는 것 (1) 최초점검 : 특정소방대상물의 소방시설 등이 새로 설치되는 경우 건축물을 사용할 수 있게 된 날부터 60일 이내에 점검하는 것 (2) 그 밖의 종합점검 : 최초점검을 제외한 종합점검	④ 소방시설 등이 신설된 경우에 해당하는 특정소방대상물 ⑤ **스프링클러설비**가 설치된 특정소방대상물 ⑥ **물분무등소화설비**(호스릴 방식의 물분무등소화설비만을 설치한 경우는 제외)가 설치된 연면적 **5000m²** 이상인 특정소방대상물(위험물제조소 등 제외) ⑦ 다중이용업의 영업장이 설치된 특정소방대상물로서 연면적이 **2000m²** 이상인 것 ⑧ **제연설비**가 설치된 터널 ⑨ **공공기관** 중 연면적(터널·지하구의 경우 그 길이와 평균 폭을 곱하여 계산된 값)이 **1000m²** 이상인 것으로서 옥내소화전설비 또는 자동화재탐지설비가 설치된 것(단, 소방대가 근무하는 공공기관 제외)	• 소방시설관리업에 등록된 기술인력 중 **소방시설관리사** • 소방안전관리자로 선임된 **소방시설관리사** 또는 **소방기술사**	〈점검횟수〉 ㉠ 연 1회 이상(특급 소방안전관리대상물은 반기에 1회 이상) 실시 ㉡ ㉠에도 불구하고 소방본부장 또는 소방서장은 소방청장이 소방안전관리가 우수하다고 인정한 특정소방대상물에 대해서는 3년의 범위에서 소방청장이 고시하거나 정한 기간 동안 종합점검을 면제할 수 있다(단, 면제기간 중 화재가 발생한 경우는 제외). 〈점검시기〉 ㉠ ④에 해당하는 특정소방대상물은 건축물을 사용할 수 있게 된 날부터 60일 이내 실시 ㉡ ㉠을 제외한 특정소방대상물은 건축물의 사용승인일이 속하는 달에 실시(단, 학교의 경우 해당 건축물의 사용승인일이 1월에서 6월 사이에 있는 경우에는 6월 30일까지 실시할 수 있다.) ㉢ 건축물 사용승인일 이후 ⑦에 따라 종합점검대상에 해당하게 된 경우에는 그 다음 해부터 실시 ㉣ 하나의 대지경계선 안에 2개 이상의 자체점검대상 건축물 등이 있는 경우 그 건축물 중 사용승인일이 가장 빠른 연도의 건축물의 사용승인일을 기준으로 점검할 수 있다.

＊ 종합점검 점검자격

교재 1권 P.63

① 소방안전관리자
 ㉠ 소방시설관리사
 ㉡ 소방기술사
② 소방시설관리업 : 소방시설관리사 참여

Key Point

유사 기출문제

26-1★★★　교재 1권 P.63

건축물 사용승인일이 2021년 3월 3일이라면 종합점검 시기와 작동점검 시기를 순서대로 맞게 말한 것은?

① 2월 15일, 8월 5일
② 3월 15일, 9월 5일
③ 4월 15일, 10월 5일
④ 5월 15일, 11월 5일

해설 자체점검의 실시
(1) 종합점검 : 건축물 사용승인일이 3월 3일이며 3월에 실시해야 하므로 3월 15일이 된다.
(2) 작동점검 : 종합점검을 받은 달부터 6개월이 되는 달(지난 달)에 실시하므로 3월에 종합점검을 받았으므로 6개월이 지난 9월달에 작동점검을 받으면 된다.
정답 ②

26-2★★　교재 1권 P.63

건축물 사용승인일이 2021년 1월 30일이라면 종합점검 시기와 작동점검 시기를 순서대로 맞게 말한 것은?

① 종합점검 시기 : 1월, 작동점검 시기 : 7월
② 종합점검 시기 : 6월, 작동점검 시기 : 12월
③ 종합점검 시기 : 4월, 작동점검 시기 : 10월
④ 종합점검 시기 : 3월, 작동점검 시기 : 9월

해설 (1) 종합점검 : 건축물 사용승인일이 1월 30일이면 1월에 실시해야 하므로 1월에 받으면 된다.
(2) 작동점검 : 종합점검을 받은 달부터 6개월이 되는 달(지난 달)에 실시하므로 1월에 종합점검을 받았으므로 6개월이 지난 7월 달에 작동점검을 받으면 된다.
정답 ①

용어　자체점검

소방대상물의 **규모·용도** 및 설치된 **소방시설**의 **종류**에 의하여 자체점검자의 **자격· 절차** 및 **방법** 등을 달리한다.

 기출문제

★★★
25 다음 중 자체점검에 대한 설명으로 옳은 것은?

교재 1권 PP.62-63

① 소방대상물의 규모·용도 및 설치된 소방시설의 종류에 의하여 자체점검자의 자격·절차 및 방법 등을 달리한다.
② 작동점검시 항시 소방시설관리사가 참여해야 한다.
③ 종합점검시 소방시설별 점검장비를 이용하여 점검하지 않아도 된다.
④ 종합점검시 특급, 1급은 연 1회만 실시하면 된다.

해설
② 항시 소방시설관리사 → 관계인, 소방안전관리자, 소방시설관리업자
③ 점검하지 않아도 된다. → 점검해야 한다.
④ 특급, 1급은 연 1회만 → 특급은 반기별 1회 이상, 1급은 연 1회 이상

정답 ①

★★★
26 건축물 사용승인일이 2021년 5월 1일이라면 종합점검 시기와 작동점검 시기를 순서대로 맞게 말한 것은?

교재 1권 P.63

① 종합점검 시기 : 5월 15일, 작동점검 시기 : 11월 1일
② 종합점검 시기 : 5월 15일, 작동점검 시기 : 12월 1일
③ 종합점검 시기 : 6월 15일, 작동점검 시기 : 11월 1일
④ 종합점검 시기 : 6월 15일, 작동점검 시기 : 12월 1일

해설 자체점검의 실시

종합점검	작동점검
건축물 사용승인일이 속하는 달에 실시	종합점검을 받은 달부터 6월이 되는 달에 실시

(1) **종합점검** : 건축물 사용승인일이 5월 1일이기 때문에 **5월**에 **실시**해야 하므로 5월 15일에 받으면 된다.
(2) **작동점검** : 종합점검을 받은 달부터 6개월이 되는 달(지난 달)에 실시하므로 5월에 종합점검을 받았으므로 **6개월**이 지난 11월달(11월 1일~11월 30일)에만 작동점검을 받으면 된다.

정답 ①

Key Point

27 종합점검 대상인 특정소방대상물의 작동점검을 실시하고자 한다. 이 때 종합점검을 받은 달부터 몇 월이 되는 달에 실시하여야 하는가?

교재 1권 P.63

① 1월   ② 6월
③ 8월   ④ 10월

해설
> ② 작동점검 : 종합점검을 받은 달부터 6개월이 되는 달에 실시

정답 ②

28 다음 보기를 보고, 작동점검일을 옳게 말한 것은?

교재 1권 P.63

- 스프링클러설비가 설치되어 있다.
- 완공일 : 2021년 5월 10일
- 사용승인일 : 2021년 7월 10일

① 2021년 11월 15일   ② 2021년 12월 15일
③ 2022년 1월 15일   ④ 2022년 2월 15일

해설 **자체점검의 실시**
(1) **종합점검** : 건축물 사용승인일이 7월 10일이며 **7월**에 **실시**해야 한다.
(2) **작동점검** : 종합점검을 받은 달부터 6개월이 되는 달(지난 달)에 실시하므로 7월에 종합점검을 받았으므로 6개월이 지난 **2022년 1월**달에 작동점검을 받으면 된다. 그러므로 **2022년 1월 15일**이 답이 된다.

정답 ③

2 자체점검 후 결과조치   교재 1권 P.67

작동점검 · 종합점검 결과 **보관 : 2년**

 기억법   보2(보이차)

* 작동점검 · 종합점검 결과 보관   교재 1권 P.67

2년

3 소방시설 등의 자체점검 실시결과 보고서   교재 1권 PP.66-67

구 분	제출기간	제출처
관리업자 또는 소방안전관리자로 선임된 소방시설관리사 · 소방기술사	**10일** 이내	관계인
관계인	**15일** 이내	소방본부장 · 소방서장

기출문제 ●

29 다음 중 소방시설의 자체점검에 대한 설명으로 옳은 것은?

교재 1권
PP.63
-64

① 자체점검 실시결과 보고를 마친 관계인은 소방시설 등 자체점검 실시결과 보고서를 점검이 끝난 날부터 2년간 자체 보관해야 한다.

② 작동점검은 사용승인일과 같은 날에 실시하여야 한다.

③ 연면적 2000m² 이상인 다중이용업소는 작동점검을 받은 달부터 6개월이 되는 달에 실시한다.

④ 제연설비가 설치된 터널은 종합점검만 실시하면 된다.

해설

② 사용승인일과 같은 날에 → 사용승인일이 속하는 달의 말일까지

③ 작동점검을 → 종합점검을

④ 종합점검만 실시하면 된다 → 작동점검과 종합점검을 실시하여야 한다.

정답 ①

✱ 다중이용업소의 자체
  점검
연면적 2000m² 이상

제4장 다중이용업소의 안전관리에 관한 특별법

Key Point

01 다중이용업 교재 1권 PP.72-74

* 다중이용법
불특정 다수인이 이용하는 영업 중 화재 등 재난발생 시 생명·신체·재산상의 피해가 발생할 우려가 높은 것으로서 대통령령으로 정하는 영업

(1) 휴게음식점영업·일반음식점영업·제과점영업 : **100m²** 이상(지하층은 **66m²** 이상) (단, 주출입구가 1층 또는 지상과 직접 접하는 층에 설치되고 영업점의 주된 출입구가 건축물 외부의 지면과 직접 연결된 경우 제외)

(2) 단란주점영업·유흥주점영업

(3) 영화상영관·비디오물감상실업·비디오물소극장업 및 복합영상물제공업

(4) 학원 수용인원 **300명** 이상

(5) 학원 수용인원 **100~300명** 미만
 ① **기숙사**가 있는 학원
 ② **2 이상** 학원 수용인원 **300명** 이상
 ③ **다중이용업**과 **학원**이 함께 있는 것

(6) **목욕장업**

(7) 게임제공업, 인터넷 컴퓨터게임시설제공업·복합유통게임제공업

(8) 노래연습장업

(9) 산후조리업

(10) **고시원업**

(11) 전화방업

(12) 화상대화방업

(13) 수면방업

(14) 콜라텍업

(15) 방탈출카페업

(16) 키즈카페업

(17) 만화카페업

(18) 권총사격장(실내사격장에 한함)

(19) 가상체험 체육시설업(실내에 **1개** 이상의 별도의 구획된 실을 만들어 골프종목의 운동이 가능한 시설을 경영하는 영업으로 한정)

(20) 안마시술소

＊다중이용업소 소화설비
[교재 1권] P.74

① 소화기
② 자동확산소화기
③ 간이스프링클러설비(캐비닛형, 간이스프링클러설비 포함)

 02 다중이용업소의 안전시설 등 [교재 1권] P.74

시 설		종 류
소방시설	소화설비	• 소화기 • 자동확산소화기 • 간이스프링클러설비(캐비닛형 간이스프링클러설비 포함)
	피난구조설비	• 유도등 • 유도표지 • 비상조명등 • 휴대용 비상조명등 • 피난기구(미끄럼대 · 피난사다리 · 구조대 · 완강기 · 다수인 피난장비 · 승강식 피난기) • 피난유도선
	경보설비	• 비상벨설비 또는 자동화재탐지설비 • 가스누설경보기
그 밖의 안전시설		• **창문**(단, 고시원업의 영업장에만 설치) • **영상음향차단장치**(단, 노래반주기 등 영상음향장치를 사용하는 영업장에만 설치) • **누전차단기**

 기출문제

 01 다중이용업소의 안전시설로서 소방시설에 해당되지 않는 것은?
[교재 1권] P.74

① 소화기
② 자동확산소화기
③ 자동식사이렌설비
④ 가스누설경보기

해설
③ 자동식사이렌설비 → 비상벨설비

정답 ③

 03 다중이용업소의 소방안전교육 [교재 1권] P.75

(1) 실시권한
소방청장 · 소방본부장 · 소방서장

＊ 과태료
지정된 기한 내에 어떤 의무를 이행하지 않았을 때 부과하는 돈

(2) 교육대상자
① 다중이용업주
② 종업원 : 종업원 1명 이상 또는 국민연금가입 의무대상자 1명 이상
③ 다중이용업을 하려는 자

300만원 이하의 과태료 교재 1권 P.79

(1) 소방안전교육을 받지 않거나 종업원이 소방안전교육을 받도록 하지 않은 경우

(2) 안전시설 미설치자 문02 보기②

(3) 설치신고 미실시자

(4) 피난시설·방화구획·방화시설의 폐쇄·훼손·변경

(5) 피난안내도 미비치 문02 보기①

(6) 피난안내영상물 미상영

(7) 다중이용업주의 안전시설 등에 대한 정기점검 등을 위반하여 다음의 어느 하나에 해당하는 자
① 안전시설 등을 점검(위탁하여 실시하는 경우 포함)하지 아니한 자
② 정기점검결과서를 작성하지 아니하거나 거짓으로 작성한 자
③ 정기점검결과를 보관하지 아니한 자 문02 보기③

(8) 소방안전관리업무 태만 문02 보기④

 기출문제

02 다중이용업소의 안전관리에 관한 특별법상 과태료 부과대상에 해당하지 않는 것은?

교재 1권 P.79

① 피난안내도를 갖추어 두지 않은 경우
② 배선용차단기를 설치하지 않은 경우
③ 정기점검결과서를 보관하지 않은 경우
④ 소방안전관리업무를 하지 않은 경우

> **해설**
> ② 배선용차단기 → 누전차단기

정답 ②

제**5**장 초고층 및 지하연계 복합건축물
재난관리에 관한 특별법

01 초고층건축물 vs 지하연계 복합건축물 교재 1권 P.83

초고층건축물	지하연계 복합건축물
① **50층** 이상 ② **200m** 이상	① 지하부분이 지하역사 또는 지하도상가와 연결된 건축물(**11층** 이상 또는 1일 수용인원 **5000명** 이상) ② 문화 및 집회시설 ③ 판매시설 ④ 운수시설 ⑤ 업무시설 ⑥ 숙박시설 ⑦ 유원시설업 ⑧ 종합병원·요양병원

＊ 피난안전구역
건축물의 피난·안전을 위하여 건축물 중간층에 설치하는 대피공간

02 피난안전구역의 설치 교재 1권 P.84

구 분	설 명
초고층건축물	피난층 또는 지상으로 통하는 직통계단과 직접 연결되는 피난안전구역을 지상층으로부터 최대 30개층마다 1개소 이상 설치
30~49층 이하 지하연계 복합건축물	피난층 또는 지상으로 통하는 직통계단과 직접 연결되는 피난안전구역을 해당 건축물 전체 층수의 $\frac{1}{2}$에 해당하는 층으로부터 상하 5개층 이내에 1개소 이상 설치
16층 이상 29층 이하 지하연계 복합건축물	지상층별 거주밀도가 m^{2}당 1.5명을 초과하는 층은 해당 층의 사용형태별 면적의 합의 $\frac{1}{10}$에 해당하는 면적

Key Point

기출문제

★★★
01

교재 1권
P.84

지상 36층 지하연계 복합건축물이 있다. 피난안전구역을 설치할 때 적합하지 않은 층은?

① 12층 　　　　　　　　② 18층
③ 20층 　　　　　　　　④ 23층

해설 **30~49층 이하 지하연계 복합건축물**

$$층수 \times \frac{1}{2} \pm 상 \cdot 하 \ 5개층 = 36층 \times \frac{1}{2} \pm 상 \cdot 하 \ 5개층 = 13\sim23층$$

∴ 12층은 해당없음

정답 ①

03 총괄재난관리자의 총괄 · 관리업무　교재 1권 P.85

(1) 재난 및 안전관리 계획의 수립에 관한 사항

(2) 재난예방 및 피해경감계획의 수립 · 시행에 관한 사항

(3) **통합안전점검** 실시에 관한 사항

(4) 교육 및 훈련에 관한 사항

(5) **홍보계획**의 수립 · 시행에 관한 사항

(6) **종합방재실**의 설치 · 운영에 관한 사항

(7) **종합재난관리체제**의 구축 · 운영에 관한 사항

(8) **피난안전구역** 설치 · 운영에 관한 사항

(9) 유해 · 위험물질의 관리 등에 관한 사항

(10) **초기대응대** 구성 · 운영에 관한 사항

(11) 대피 및 피난유도에 관한 사항

(12) 그 밖에 재난 및 안전관리에 관한 사항으로서 **행정안전부령**으로 정한 사항

참고 | **행정안전부령으로 정한 사항**

• 초고층 건축물 등의 유지 · 관리 및 점검, 보수 등에 관한 사항
• 방범, 보안, 테러 대비 · 대응 계획의 수립 및 시행에 관한 사항

04 총괄재난관리자의 자격 [교재 1권 PP.85-86]

(1) 건축사

(2) 건축·기계·전기·토목·안전관리분야 **기술사**

(3) **특급** 소방안전관리자

(4) 건축·기계·전기·토목·안전관리자 분야 **기사**+**실무경력 5년** 이상
　　건축설비 ×

(5) 건축·기계·전기·토목·안전관리자 분야 **산업기사**+**실무경력 7년** 이상
　　건축설비 ×

(6) 주택관리사+**실무경력 5년** 이상

＊ 총괄재난관리자
[교재 1권 PP.85-86]

기 사	산업기사
5년 이상	7년 이상

 기출문제 ●

02 다음 중 총괄재난관리자의 자격으로 옳지 않은 것은?

[교재 1권 PP.85-86]

① 건축사

② 주택관리사로서 재난 및 안전관리에 관한 실무경력이 5년 이상인 사람

③ 건축설비분야 산업기사로서 재난 및 안전관리에 관한 실무경력이 7년 이상인 사람

④ 기계분야 기사로서 재난 및 안전관리에 관한 실무경력이 5년 이상인 사람

 해설
　③ 건축설비분야 → 건축분야

정답 ③

05 총괄재난관리자의 지정 및 등록 교재 1권 P.86

구 분	설 명
초고층건축물을 건축한 경우	건축물의 사용승인 또는 사용검사 등을 받은 날
용도변경 또는 용도변경에 따른 수용인원 증가로 초고층 건축물 등이 된 경우	용도변경 사실을 건축물 대장에 기록한 날
초고층건축물을 양수·경매·환가 ·압류재산의 매각, 인수한 경우	양수 또는 인수한 날(단, 양수 또는 관리주체가 종전의 총괄재난관리자를 다시 지정한 경우는 제외)
총괄재난관리자를 해임하였거나 퇴직한 경우	해임한 날 또는 퇴직한 날

06 총괄재난관리자에 대한 교육 교재 1권 PP.86-87

＊ 초고층건축물 교육 및 훈련 교재 1권 P.87

매년 1회 이상

교육 주기	교육 내용
최초 **6개월** 이내, 그 후 **2년**마다 **1회** 이상	① 재난관리 일반 ② 법 및 하위법령의 주요 내용 ③ 재난예방 및 피해경감계획 수립에 관한 사항 ④ 관계인, 상시근무자 및 거주자에 대하여 실시하는 재난 및 테러 등에 대한 교육·훈련에 관한 사항 ⑤ 종합방재실의 설치·운영에 관한 사항 ⑥ 종합재난관리체제의 구축에 관한 사항 ⑦ 피난안전구역의 설치·운영에 관한 사항 ⑧ 유해·위험물질의 관리 등에 관한 사항 ⑨ 그 밖에 소방청장이 필요하다고 인정하는 사항

＊ 초고층건축물 교육 및 훈련 실시 후 교재 1권 P.88

결과보고서	서류보관
10일 이내 시·군·구 본부장에게 제출	1년

  중요 초고층건축물 교육 및 훈련계획 교재 1권 P.87

수 립	제 출
매년 12월 15일까지 수집	시·군·구 본부장
＊소화·피난 등의 훈련과 방화관리상 필요한 교육 : 14일 전까지 소방서장과 협의	

07 초고층건축물 초기대응대 구성·운영 교재 1권 P.88

* 초고층건축물 초기대응대 구성 교재 1권 P.88

상주 5명 이상의 관계인(단, 공동주택은 3명 이상)

구 성	수행역할
상주 **5명** 이상의 관계인 (단, **공동주택**은 **3명** 이상)	① 재난발생장소 등 **현황파악**, 신고 및 **관계지역**에 대한 전파 ② **거주자** 및 **입점자** 등의 대피 및 피난 유도 ③ 재난 초기 대응 ④ 구조 및 응급조치 ⑤ 긴급구조기관에 대한 재난정보 제공 ⑥ 그 밖에 재난예방 및 피해경감을 위하여 필요한 사항

08 초고층건축물 초기대응대의 교육 및 훈련내용 교재 1권 P.89

(1) 재난발생장소 확인방법

(2) 재난의 신고 및 관계지역 전파 등의 방법

(3) **초기대응** 및 신체방호방법

(4) 층별 **거주자** 및 **입점자** 등의 **피난유도**방법

(5) **응급구호** 방법

(6) **소방** 및 **피난** 시설 작동방법

(7) **불**을 사용하는 설비 및 기구 등의 열원(熱源)차단방법

(8) **위험물품** 응급조치 방법

(9) 소방대 도착시 현장유도 및 정보제공 등

(10) 안전방호방법

(11) 그 밖에 재난초기대응에 필요한 사항

09 초고층건축물 벌칙 교재 1권 P.89

5년 이하 징역, 5000만원 이하 벌금	300만원 이하 벌금	500만원 이하 과태료	300만원 이하 과태료
① 피난안전구역 　미설치·미운영 ② 피난안전구역 　폐쇄·차단	총괄 재난관리자 미지정	초기대응대 미구성, 미운영	① 총괄재난안전 　관리자 겸직 ② 상시근무자· 　거주자 교육· 　훈련 미실시

 기출문제 ●

★★★ 03 다음 중 초고층 건축물에 총괄재난관리자를 지정하지 아니한 자의 벌칙으로 옳은 것은?

교재 1권 P.89

① 5년 이하의 징역 또는 5천만원 이하의 벌금
② 300만원 이하의 벌금
③ 500만원 이하의 과태료
④ 300만원 이하의 과태료

 해설
　② 총괄재난관리자 미지정 : 300만원 이하 벌금

정답 ②

유사 기출문제

03 ★★★　교재 1권 P.89
초고층건축물에서 초기대응대를 구성 또는 운영하지 아니한 자의 벌칙은?

① 5년 이하의 징역 또는 5천만원 이하의 벌금
② 300만원 이하의 벌금
③ 500만원 이하의 과태료
④ 300만원 이하의 과태료

해설
③ 초기대응대 미구성·미운영 : 500만원 이하 과태료

정답 ③

제 **6** 장 재난 및 안전관리 기본법

01 재난 [교재 1권 P.91]

자연재난	사회재난
태풍, 홍수, 호우(豪雨), **강풍, 풍랑**, 해일(海溢), 대설, 한파, 낙뢰, 가뭄, 폭염, 지진, 황사(黃砂), 조류(藻類) 대발생, 조수(潮水), 화산활동, 소행성·유성체 등 자연우주물체의 추락·충돌, 그 밖에 이에 준하는 자연현상으로 인하여 발생하는 재해	**화재·붕괴·폭발·교통사고**(항공사고 및 해상사고 포함)·화생방사고·환경오염사고 등으로 인하여 발생하는 **대통령령**으로 정하는 규모 이상의 피해와 국가핵심기반의 마비, 감염병 또는 **가축전염병**의 확산 등으로 인한 피해

＊ 국가핵심기반

[교재 1권 P.91]

에너지, 정보통신, 교통수송, 보건의료 등 국가경제, 국민의 안전·건강 및 정부의 핵심기능에 중대한 영향을 미칠 수 있는 시설, 정보기술시스템 및 자산

02 국가안전관리기본계획의 수립 [교재 1권 P.92]

국무총리	중앙행정기관의 장
국가안전관리기본계획 수립지침 작성	① 재난 및 안전관리업무 기본계획 작성 ② 재난관리책임기관 장에게 통보

▌안전관리계획의 구분 및 작성책임▐

안전관리계획의 구분 및 분류	작성 및 책임자
국가안전관리 기본계획(국가단위)	국무총리
국가안전관리 기본계획(부처단위)	중앙행정기관의 장
시·도 안전관리계획	시·도지사
시·군·구 안전관리계획	시장·군수·구청장

03 재난관리책임기관의 재난 방지 조치 [교재 1권 P.94]

(1) 재난에 대응할 **조직**의 **구성** 및 **정비**

(2) 재난의 예측 및 예측정보 등의 제공·이용에 관한 체계의 구축

(3) 재난 발생에 대비한 **교육·훈련**과 재난관리예방에 관한 **홍보**

(4) 재난이 발생할 위험이 높은 분야에 대한 **안전관리체계**의 **구축** 및 **안전관리규정**의 제정

(5) 국가핵심기반의 관리

(6) **특정관리대상지역**에 관한 조치

(7) 재난방지시설의 **점검·관리**

(8) 재난관리자원의 관리 [시행일 : 2024. 1. 18]

(9) 그 밖에 재난을 예방하기 위하여 필요하다고 인정되는 사항

04 국가재난관리기준에 포함되어야 할 사항 [교재 1권 P.94]

＊ 국가재난관리기준의
　재정·운영
　[교재 1권 P.94]
행정안전부장관

(1) 재난분야 **용어정의** 및 **표준체계** 정립

(2) 국가재난 대응체계에 대한 원칙

(3) **재난경감·상황관리·유지관리** 등에 관한 일반적 기준

(4) 재난에 관한 예보·경보의 발령 기준

(5) **재난상황**의 **전파**

(6) 재난발생시 효과적인 지휘·통제 체제 마련

(7) 재난관리를 효과적으로 수행하기 위한 관계기관 간 상호협력 방안

(8) 재난관리체계에 대한 평가 기준이나 방법

＊재난분야 위기관리 매뉴얼
　작성·운용
　[교재 1권 P.94]
재난관리책임기관의 장

(9) 그 밖에 재난관리를 효율적으로 수행하기 위하여 **행정안전부장관**이 필요하다고 인정하는 사항

Key Point

05 재난의 선포절차 및 과정 교재 1권 P.96

＊ 재난사태의 선포·해제
교재 1권 P.96

행정안전부장관

재난발생 우려 또는 재난발생
긴급조치가 필요한 재난

↓

시·도지사 건의
중앙재난안전대책본부장 승인

↓

재난선포요건 검토
(중앙재난안전대책본부 회의 등)

↓

중앙안전관리위원회 개최

↓

중앙안전관리위원회 심의 및 의결

↓

재난사태 선포 : 행정안전부장관

↓

긴급조치 수행

↓

재난사태 해제 : 행정안전부장관

긴급시 중앙위원회 심의 없이
행정안전부장관 선포

↓

미승인시 즉시해제

06 **재난유형별 대응체계** 교재 1권 P.98

Key Point

* 재난유형별 대응체계
교재 1권 P.98

단 계	내 용
관심	징후활동 낮음
주의	징후활동 비교적 활발
경계	징후활동 매우 활발, 농후
심각	징후활동 매우 활발, 확실

단 계	내 용	비 고
관심 (Blue)	**징후**가 있으나, 그 **활동**이 **낮으며** 가까운 기간 내에 국가 위기로 발전할 가능성이 비교적 낮은 상태	징후활동 감시
주의 (Yellow)	**징후활동**이 **비교적 활발**하고 국가위기로 발전할 수 있는 일정 수준의 경향성이 나타나는 상태	대비계획 점검
경계 (Orange)	**징후활동**이 **매우 활발**하고 전개 속도, 경향성 등이 현저한 수준으로서 국가위기로의 발전 가능성이 **농후**한 상태	즉각 대응 태세 돌입
심각 (Red)	**징후활동**이 **매우 활발**하고 전개 속도, 경향성 등이 심각한 수준으로서 **확실**시되는 상태	대규모 인원 피난

 기출문제

 01 재난유형별 대응체계 중 징후활동이 매우 활발하고 전기속도, 경향성 등이 현저한 수준으로서 국가위기로의 발전 가능성이 농후한 상태는 어떤 단계에 해당되는가?

교재 1권 P.98

① 관심   ② 주의
③ 경계   ④ 심각

해설
③ 경계 : 징후활동 매우 활발, 농후

정답 ③

07 재난사태 선포 vs 특별재난지역 선포 　교재 1권　P.96, P.98

재난사태 선포	특별재난지역 선포
행정안전부장관	대통령

08 특별재난의 범위 　교재 1권　P.99

(1) 자연재난으로서 국고지원대상 피해 기준금액의 **2.5배**를 **초과**하는 피해가 발생한 재난

(2) 자연재난으로서 국고지원대상에 해당하는 시·군·구의 관할 읍·면·동의 국고지원대상 피해 기준금액의 $\frac{1}{4}$을 **초과**하는 피해가 발생한 재난

(3) 사회재난 중 재난이 발생한 해당 지방자치단체의 행정능력이나 재정능력으로는 재난의 수습이 곤란하여 **국가적 차원**의 **지원**이 필요하다고 인정되는 재난

(4) 그 밖에 재난발생으로 인한 생활기반상실 등 극심한 피해의 효과적인 수습 및 복구를 위하여 국가적 차원의 특별한 조치가 필요하다고 인정되는 재난

제 **7** 장 위험물안전관리법

Key Point

01 위험물안전관리법

1 지정수량 교재 1권 P.102

위험물의 종류별로 위험성을 고려하여 **대통령령**이 정하는 수량으로서, 제조소 등의 설치허가 등에서 기준이 되는 수량 문01 보기③

★ **위험물** 교재 1권 P.101
인화성 또는 **발화성** 등의 성질을 가지는 것으로서 **대통령령**이 정하는 물품

기출문제

01 교재 1권 P.102
위험물의 종류별로 위험성을 고려하여 대통령령이 정하는 수량으로서 제조소 등의 설치허가 등에서 기준이 되는 수량을 무엇이라 하는가?

① 허가수량　　　　　　② 유효수량

③ 지정수량　　　　　　④ 저장수량

해설
③ 지정수량 : 위험성을 고려하여 대통령령이 정하는 수량

정답 ③

2 위험물의 지정수량 교재 1권 P.102

위험물	지정수량
유 황	100kg
휘발유	200L 문02 보기② 종합성 기억법 휘2
질 산	300kg
알코올류	400L 문02 보기①
등유·경유	1000L 문02 보기③

위험물	지정수량
중 유	2000L 문02 보기④ 공하성 기억법 중2(간부 중위)

기출문제

★★★
02 위험물과 지정수량의 연결이 잘못 연결된 것은?

교재 1권
P.102

① 알코올류-400L   ② 휘발유-200L

③ 등유-1000L   ④ 중유-4000L

해설

④ 중유-2000L

정답 ④

---

* 30일 이내
  교재 1권 PP.39~40, P.104
① 소방안전관리자의 **재선임**(다시 선임)
② 위험물안전관리자의 **재선임**(다시 선임)

3 선임신고 교재 1권 P.40, P.104

14일 이내에 **소방본부장·소방서장**에게 신고

(1) 소방안전관리자

(2) 위험물안전관리자

4 위험물취급자격자의 자격 교재 1권 P.105

위험물취급자격자의 구분	취급할 수 있는 위험물
위험물기능장, 위험물산업기사, 위험물기능사	모든 위험물
위험물안전관리자 교육이수자	제4류 위험물
소방공무원 근무경력 **3년** 이상인 자	제4류 위험물

---

* 위험물안전관리자 대리자 직무대행기간
  교재 1권 P.106

30일 이하

5 위험물안전관리자 대리자 자격요건 교재 1권 P.106

(1) 위험물의 취급에 관한 자격취득자

(2) 안전교육을 받은 자

(3) 제조소 등의 위험물안전관리 업무에서 안전관리자를 지휘·감독하는 직위에 있는 자

6 1인의 위험물안전관리자를 중복 선임할 수 있는 경우
교재 1권 PP.107-108

(1) 보일러·버너 7개 이하의 일반취급소·저장소를 동일인이 설치한 경우

(2) 차량에 고정된 수조 또는 운반용기에 옮겨 담기 위한 5개 이하의 일반취급소(일반취급소간의 **보행거리**가 **300m 이내**인 경우)와 저장소를 동일인이 설치한 경우

(3) 동일구 내에 있거나 상호 **보행거리 100m** 이내의 거리에 있는 저장소로서 동일인이 설치한 경우
  ① **10개** 이하의 **옥내저장소**
  ② **30개** 이하의 **옥외탱크저장소**
  ③ **옥내탱크저장소**
  ④ **지하탱크저장소**
  ⑤ **간이탱크저장소**
  ⑥ **10개** 이하의 **옥외저장소**
  ⑦ **10개** 이하의 **암반탱크저장소**

* **보행거리**
걸어서 갈 수 있는 거리

(4) 다음의 기준에 모두 적합한 5개 이하의 제조소 등을 동일인이 설치한 경우
  ① 각 제조소 등이 동일구 내에 위치하거나 상호 **100m** 이내의 거리에 있을 것
  ② 각 제조소 등에서 저장 또는 취급하는 위험물의 최대수량이 지정수량의 **3000배** 미만(단, 저장소 제외)

(5) **선박주유취급소**의 고정주유설비에 공급하기 위한 위험물을 저장하는 저장소와 당해 선박주유취급소와 제조소를 동일인이 설치한 경우

7 1인의 위험물안전관리자를 중복하여 선임하는 경우 대리자의 자격이 있는 자를 지정하여 위험물안전관리자를 보조하게 하여야 하는 곳 교재 1권 P.108

(1) 제조소

(2) 이송취급소

(3) 일반취급소(단, 인화점이 **38℃** 이상인 **제4류 위험물**만을 지정수량의 **30배 이하**로 취급하는 일반취급소로서 다음 일반취급소 제외)

① **보일러**·버너 또는 이와 비슷한 것으로서 위험물을 소비하는 장치로 이루어진 일반취급소

② 위험물을 용기에 옮겨 담거나 차량에 고정된 수조에 주입하는 일반취급소

8 제조소 등의 사용중지시 행정안전부령으로 정하는 안전 조치 [교재 1권 P.110]

(1) 탱크 배관 등 위험물을 저장 또는 취급하는 설비에서 위험물 및 가연성 증기 등의 제거

(2) 관계인이 아닌 사람에 대한 해당 제조소 등에의 출입금지 조치

(3) 해당 제조소 등의 사용중지 사실의 게시

(4) 그 밖에 위험물의 사고 예방에 필요한 조치

9 위험물의 저장·취급과 관련한 각종 신청 [교재 1권 PP.110-111]

종류 \ 내용	절 차	시 기
임시저장·취급	소방본부장 또는 소방서장의 승인	저장·취급 전
안전관리자 선임신고	소방본부장·소방서장에게 신고	선임 후 **14일** 이내
제조소 등의 설치 또는 변경	시·도지사(소방서장)의 허가 또는 협의(군용위험물시설)	공사착공 전
품명, 수량 또는 지정수량의 변경	시·도지사(소방서장)에게 신고	변경 1일 전
탱크안전성능검사	시·도지사(소방서장 등)에게 검사	완공검사 전
완공검사	시·도지사(소방서장 등)에게 검사	완공 후 사용개시 전
제조소 등의 승계신고	시·도지사(소방서장)에게 신고	양도·인도를 받은 자가 **30일** 이내
제조소 등의 용도폐지신고	시·도지사(소방서장)에게 신고	용도 폐지 후 **14일** 이내
제조소 등의 사용 중지등	시·도지사(소방서장)에게 신고	중지 또는 재개 **14일** 전
예방규정 제출	시·도지사(소방서장)에게 제출	시살 사용개시 전

* 제조소 등의 용도폐지 신고 [교재 1권 P.110]
14일 이내

10 정기점검대상인 제조소 교재 1권 P.112

(1) 지정수량의 **10배** 이상 **제조소 · 일반취급소**

(2) 지정수량의 **100배** 이상 **옥외저장소**

(3) 지정수량의 **150배** 이상 **옥내저장소**

(4) 지정수량의 **200배** 이상 **옥외탱크저장소**

(5) 암반탱크저장소

(6) 이송취급소

(7) **지하탱크저장소**

(8) **이동탱크저장소**

(9) 지하에 매설된 수조가 있는 **제조소 · 주유취급소 · 일반취급소**

11 제조소 등의 정기점검 대상범위 교재 1권 P.113

정기점검구분	점검대상	점검자의 자격	점검기록 보존연한	횟 수
일반점검	정기점검대상	안전관리자	3년	연 1회 이상
구조안전점검	50만L 이상의 옥외수조저장시설	소방청장이 고시하는 점검방법에 관한 지식 및 기능이 있는 자	25년 (구조안전점검검시기 연장신청을 하여 안전조치가 적정한 것으로 인정받은 경우)	–

[비고]
1. 제조소 등의 설치허가에 따른 완공검사합격확인증을 교부받은 날부터 **12년**
2. 최근의 정기검사를 받은 날부터 **11년**
3. 특정 · 준특정옥외저장수조에 안전조치를 한 후 공사에 구조안전검검시기 연장신청을 하여 당해 안전조치가 적정한 것으로 인정받은 경우에는 최근의 정기검사를 받은 날부터 **13년**

* 제조소 등 정기점검 결과제출 교재 1권 P.115
점검한 날부터 30일 이내 시 · 도지사(소방서장)

12 제조소 등 정기점검 기록사항 교재 1권 P.114

(1) 점검을 실시한 제조소 등의 명칭

(2) 점검의 방법 및 결과

(3) 점검 연월일

(4) 점검을 한 안전관리자 또는 점검을 한 수조시험자와 점검에 참관한 안전관리자의 성명

* 제조소 등 정기점검 결과 제출 교재 1권 P.115
점검한 날부터 30일 이내 시 · 도지사(소방서장)

* 벌칙 | 교재 1권 | P.115 |

무기, 3년	무기, 5년	1~10년
위험물 유출, 상해	위험물 유출, 사망	위험물 유출, 위험

13 벌칙 | 교재 1권 | P.115 |

벌 칙	구 분
무기 또는 **3년** 이상의 징역	위험물을 유출하여 사람을 **상해**에 이르게 한 사람
무기 또는 **5년** 이상의 징역	위험물을 유출하여 사람을 **사망**에 이르게 한 사람
1년 이상 **10년** 이하의 징역	위험물을 유출하여 사람에게 **위험**을 발생시킨 사람

중요 ▶ 제조소 등의 점검결과를 기록 · 보존하지 않는 자 | 교재 1권 | P.118 |

1차 위반	2차 위반	3차 위반
250만원 과태료	400만원 과태료	500만원 과태료

제**3**편

건축관계법령

칭찬 10계명

1. 칭찬할 일이 생겼을 때는 즉시 칭찬하라.

2. 잘한 점을 구체적으로 칭찬하라.

3. 가능한 한 공개적으로 칭찬하라.

4. 결과보다는 과정을 칭찬하라.

5. 사랑하는 사람을 대하듯 칭찬하라.

6. 거짓 없이 진실한 마음으로 칭찬하라.

7. 긍정적인 눈으로 보면 칭찬할 일이 보인다.

8. 일이 잘 풀리지 않을 때 더욱 격려하라.

9. 잘못된 일이 생기면 관심을 다른 방향으로 유도하라.

10. 가끔씩 자기 자신을 스스로 칭찬하라.

건축관계법령

✳ 지하층 [교재 1권] [P.125]
건축물의 바닥이 지표면 아래에 있는 층으로서 그 바닥으로부터 지표면까지의 평균 높이가 해당층 높이의 $\frac{1}{2}$ 이상인 것

01 지하층 [교재 1권] [P.125]

건축물의 바닥이 지표면 아래에 있는 층으로서 그 바닥으로부터 지표면까지의 평균 높이가 해당 층 높이의 $\frac{1}{2}$ **이상**인 것

🔍 참고 **지하층의 개념**

$$\frac{1}{2}H \leq h$$

여기서, h : 바닥으로부터 지표면까지의 높이[m]
H : 해당층 높이[m]

기출문제

01

[교재 1권]
[P.125]

지하층이라 함은 건축물의 바닥이 지표면 아래에 있는 층으로서 바닥에서 지표면까지의 평균 높이가 해당 층 높이의 얼마 이상인 것을 말하는가?

① $\frac{1}{2}$ ② $\frac{1}{3}$

③ $\frac{1}{4}$ ④ $\frac{1}{5}$

해설 지하층
건축물의 바닥이 지표면 아래에 있는 층으로서 그 바닥으로부터 지표면까지의 평균 높이가 해당 층 높이의 $\frac{1}{2}$ **이상**인 것

정답 ①

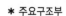

Key Point

＊ 주요구조부
교재 1권 P.126

① 내력벽
② 보
③ 지붕틀
④ 바닥
⑤ 주계단
⑥ 기둥

 02 주요구조부 교재 1권 P.126

(1) 내력**벽**(기초 제외)

(2) **보**(작은 보 제외)

(3) **지**붕틀(차양 제외)

(4) **바**닥(최하층 바닥 제외)

(5) **주**계단(옥외계단 제외)

(6) **기**둥(사잇기둥 제외)

 연상성 **기억법** 벽보지 바주기

기출문제

★★★
02 건축물의 주요구조부에 해당되지 않는 것은?

교재 1권 P.126

① 내력벽　　　　　② 기둥
③ 주계단　　　　　④ 작은 보

해설
④ 작은 보는 해당없음

정답 ④

 03 내화구조와 방화구조 교재 1권 P.133, P.136

내화구조	방화구조	
	구조내용	기 준
① 철근콘크리트조 ② 연와조 ③ 일정 시간 동안 형태나 강도 등이 크게 변하지 않는 구조 ④ 대체로 화재 후에도 재사용이 가능한 구조	• 철망모르타르 바르기	바름두께가 **2cm** 이상인 것
	• 석고판 위에 시멘트 모르타르 또는 회반죽을 바른 것 • 시멘트모르타르 위에 타일을 붙인 것	두께의 합계가 **2.5cm** 이상인 것
	• 심벽에 흙으로 맞벽치기 한 것	두께와 무관함

＊ 연와조 [교재 1권 P.133]
'벽돌조'를 말한다.

기출문제

03 내화구조가 아닌 것은?

[교재 1권 P.133]

① 철골트러스

② 연와조

③ 철근콘크리트조

④ 화재시에 일정 시간 동안 형태나 강도 등이 크게 변하지 않는 구조

> **해설**
>
> ① 철골트러스는 해당없음

정답 ①

중요 내화구조의 기준 [교재 1권 P.134]

내화구분		기 준
벽	모든 벽	① 철골·철근콘크리트조로서 두께가 **10cm** 이상인 것 ② 골구를 철골조로 하고 그 양면을 두께 **4cm** 이상의 철망 모르타르로 덮은 것 ③ 두께 **5cm** 이상의 콘크리트 블록·벽돌 또는 석재로 덮은 것 ④ 철재로 보강된 **콘크리트블록조·벽돌조** 또는 석조로서 철재에 덮은 콘크리트블록의 두께가 **5cm** 이상인 것 ⑤ 벽돌조로서 두께가 **19cm** 이상인 것
	외벽 중 비내력벽	① 철골·철근콘크리트조로서 두께가 **7cm** 이상인 것 ② 골구를 철골조로 하고 그 양면을 두께 **3cm** 이상의 철망 모르타르로 덮은 것 ③ 두께 **4cm** 이상의 콘크리트 블록·벽돌 또는 석재로 덮은 것 ④ 석조로서 두께가 **7cm** 이상인 것
기둥 (작은 지름이 **25cm** 이상인 것)		① 철골을 두께 **6cm** 이상의 철망 모르타르로 덮은 것 ② 두께 **7cm** 이상의 콘크리트 블록·벽돌 또는 석재로 덮은 것 ③ 철골을 두께 **5cm** 이상의 콘크리트로 덮은 것
바닥		① 철골·철근콘크리트조로서 두께가 **10cm** 이상인 것 ② 석조로서 철재에 덮은 콘크리트블록 등의 두께가 **5cm** 이상인 것 ③ 철재의 양면을 두께 **5cm** 이상의 철망 모르타르로 덮은 것

내화구분	기 준
보	① 철골을 두께 **6cm** 이상의 철망 모르타르로 덮은 것 ② 두께 **5cm** 이상의 콘크리트로 덮은 것 ③ 철근콘크리트조
계단	① 철근콘크리트조 또는 철골·철근콘크리트조 ② 무근콘크리트조·콘크리트블록조·벽돌조 또는 석조 ③ **철재로 보강된 콘크리트블록조·벽돌조 또는 석조** ④ **철골조**

건축 교재 1권 PP.126-132

종 류	설 명
신축	건축물이 없는 대지(기존 건축물이 해체되거나 멸실된 대지를 포함)에 새로 건축물을 축조하는 것(부속 건축물만 있는 대지에 새로 주된 건축물을 축조하는 것을 포함하되, 개축 또는 재축에 해당하는 경우를 제외)
증축	기존 건축물이 있는 대지 안에서 건축물의 건축면적·연면적·층수 또는 높이를 증가시키는 것을 말한다. 즉 기존 건축물이 있는 대지에 건축하는 것은 기존 건축물에 붙여서 건축하거나 별동으로 건축하거나 관계없이 증축에 해당
개축	기존 건축물의 **전부** 또는 **일부**(내력벽·기둥·보·지붕틀 중 **3개 이상**이 포함되는 경우)를 철거하고 그 대지 안에 동일한 규모의 범위 안에서 건축물을 **다시 축조**하는 것

재축	건축물이 천재지변이나 기타 재해로 멸실된 경우 그 대지 안에 다음의 요건을 갖추어 다시 축조하는 것
	① 연면적 합계는 종전 규모 이하로 할 것
	② 동수, 층수 및 높이는 다음 어느 하나에 해당할 것
	  ㉠ 동수, 층수 및 높이가 모두 종전 규모 이하일 것
	  ㉡ 동수, 층수 또는 높이의 어느 하나가 종전 규모를 초과하는 경우에는 해당 동수, 층수 및 높이가 건축법령에 모두 적합할 것

이전	건축물의 주요구조부를 해체하지 않고 동일한 대지 안의 다른 위치로 옮기는 것
리모델링	건축물의 노후화를 억제하거나 기능 향상 등을 위하여 대수선하거나 건축물의 일부를 증축 또는 개축하는 행위

＊ 개축 vs 재축

교재 1권 PP.129-130

개 축	재 축
전부 또는 일부 다시 축조	다시 축조

Key Point

기출문제

04 다음 용어의 정의 중 건축에 관한 설명으로 옳지 않은 것은?

교재 1권 P.55

① 신축 : 건축물이 없는 대지(기존 건축물이 철거 또는 멸실된 대지를 포함)에 새로이 건축물을 축조하는 것(부속 건축물만 있는 대지에 새로이 주된 건축물을 축조하는 것을 포함하되, 개축 또는 재축에 해당하는 경우를 제외)을 말한다.

② 증축 : 기존 건축물이 있는 대지 안에서 건축물의 건축면적·연면적·층수 또는 높이를 증가시키는 것을 말한다. 즉, 기존 건축물이 있는 대지에 건축하는 것은 기존 건축물에 붙여서 건축하거나 별동으로 건축하거나 관계없이 증축에 해당한다.

③ 개축 : 건축물이 천재지변, 기타 재해에 의하여 멸실된 경우에 그 대지 안에 종전과 동일한 규모의 범위 안에서 다시 축조하는 것을 말한다.

④ 이전 : 건축물의 주요 구조부를 해체하지 않고 동일한 대지 안의 다른 위치로 옮기는 것을 말한다.

해설

③ 개축 → 재축

정답 ③

05 대수선의 범위 교재 1권 P.132

(1) **내력벽**을 증설 또는 해체하거나 그 벽면적을 **30m²** 이상 수선 또는 변경하는 것

(2) **기둥**을 증설 또는 해체하거나 **3개** 이상 수선 또는 변경하는 것

(3) **보**를 증설 또는 해체하거나 **3개** 이상 수선 또는 변경하는 것

(4) **지붕틀**(한옥의 경우에는 지붕틀의 범위에서 서까래 <u>제외</u>)을 증설 또는 해체하거나 **3개** 이상 수선 또는 변경하는 것

 대수선 교재 1권 P.132
서까래 제외

(5) 방화벽 또는 방화구획을 위한 바닥 또는 벽을 증설 또는 해체하거나 수선 또는 변경하는 것

(6) 주계단·피난계단 또는 특별피난계단을 증설 또는 해체하거나 수선 또는 변경하는 것

(7) 다가구주택의 가구 간 경계벽 또는 다세대주택의 세대 간 경계벽을 증설 또는 해체하거나 수선 또는 변경하는 것

(8) 건축물의 외벽에 사용하는 **마감재료**를 증설 또는 해체하거나 벽면적 **30m²** 이상 수선 또는 변경하는 것

기출문제

05 다음 용어의 정의 중 대수선에 관한 설명으로 옳지 않은 것은?

교재 1권
P.132

① 내력벽을 증설 또는 해체하거나 그 벽면적을 30m² 이상 수선 또는 변경하는 것

② 기둥을 증설 또는 해체하거나 3개 이상 수선 또는 변경하는 것

③ 보를 증설 또는 해체하거나 3개 이상 수선 또는 변경하는 것

④ 지붕틀(한옥의 경우에는 지붕틀의 범위에서 서까래를 포함)을 증설 또는 해체하거나 3개 이상 수선 또는 변경하는 것

해설 ④ 서까래를 포함 → 서까래는 제외

정답 ④

06 **내화구조 및 방화구조** 교재 1권 P.133, P.136

	내화구조	방화구조
정의	① 화재에 견딜 수 있는 성능을 가진 구조 ② 화재시에 일정시간 동안 형태나 강도 등이 크게 변하지 않는 구조 ③ 화재 후에도 재사용이 가능한 정도의 구조	화염의 확산을 막을 수 있는 성능을 가진 구조
종류	① 철근콘크리트조 ② 연와조	① 철망 모르타르 바르기 ② 회반죽 바르기

✱ 내화구조 vs 방화구조

교재 1권 P.133, P.136

내화구조	방화구조
① 철근콘크리트조 ② 연와조	① 철망 모르타르 바르기 ② 회반죽 바르기

Key Point

기출문제 ●

06 다음 중 방화구조의 종류로만 묶여져 있는 것은?

교재 1권
P.136

① 철근콘크리트 · 연와조
② 철망모르타르바르기 · 회반죽 바르기
③ 철근콘크리트조 · 철망모르타르바르기
④ 연와조 · 회반죽 바르기

 해설

① 철큰콘크리트조 · 연와조 – 내화구조
② 철근콘크리트조 – 내화구조
④ 연와조 – 내화구조

정답 ②

07 면적의 산정   교재 1권 | PP.136-144

용 어	설 명		
건축면적	건축물의 **외벽**의 중심선으로 둘러싸인 부분의 수평투영면적		
바닥면적	건축물의 **각 층** 또는 그 일부로서 벽, 기둥, 기타 이와 유사한 구획의 중심선으로 둘러싸인 부분의 수평투영면적		
연면적	하나의 건축물의 각 층의 **바닥면적**의 합계		
건폐율	대지면적에 대한 **건축면적**의 비율		
용적률	대지면적에 대한 **연면적**의 비율		
구역 · 지역 · 지구	구역	도시개발구역, 개발제한구역 등	
	지역	주거지역, 상업지역 등	
	지구	방화지구, 방재지구, 경관지구 등	

✱ 방화지구
밀집한 도심지 등에서 화재가 발생하는 경우 그 피해가 다른 건물로 미칠 것을 고려하여 건축물 구조를 내화구조로 하고 공작물의 주요부는 불연재로 하는 규제 강화지구

기출문제

07 다음 중 건축관계법령에서 정하는 용어에 대한 설명으로 옳지 않은 것은?

교재 1권 PP.136 -144

① 바닥면적 : 건축물의 각 층 또는 그 일부로서 벽, 기둥, 기타 이와 유사한 구획의 중심선으로 둘러싸인 부분의 수평투영면적
② 연면적 : 하나의 건축물의 각 층의 바닥면적의 합계
③ 건폐율 : 대지면적에 대한 바닥면적의 비율
④ 용적률 : 대지면적에 대한 연면적의 비율

 해설

③ 바닥면적 → 건축면적

정답 ③

Key Point

∗ 건폐율 vs 용적률

교재 1권 PP.143-144

건폐율	용적률
건축면적의 비율	연면적의 비율

01 피난시설, 방화구획 및 방화시설의 범위 교재 1권 P.161

(1) 피난시설에는 **계단**, **복도**, **출입구**, 피난용 승강기, 옥상광장, 피난안전 구역 등이 있다.

(2) 피난계단의 종류에는 **직통계단**, **피난계단**, **특별피난계단**이 있다.

★ 직통계단 교재 1권 P.151
건축물의 피난층 외의 층에서 피난층 또는 지상으로 통하는 계단

 02 직통계단 보행거리 기준 교재 1권 P.151

구 분	보행거리
일반기준	• **30m** 이하
건축물의 주요구조부(내화구조 또는 불연재료)	• **50m** 이하 • 16층 이상인 공동주택의 경우 16층 이상의 층 : **40m** 이하
반도체 및 디스플레이 패널 제조공장으로 자동화 생산시설에 자동식 소화설비를 설치한 경우	• **75m** 이하(무인화 공장 : **100m** 이하)

 03 옥상광장 등의 설치 교재 1권 PP.155-156

★ 노대 교재 1권 P.129
'베란다' 또는 '발코니'를 말한다.

(1) 옥상광장 또는 **2층** 이상의 층에 노대 등의 주위에는 높이 **1.2m** 이상의
　　　　　　　　3층 이상 ×
　난간 설치 문01 보기①②

90

Key Point

(2) **5층 이상**의 층으로 옥상광장 설치대상
   ① 근린생활시설 중 **공연장·종교집회장·인터넷컴퓨터게임 시설제공업소**(**바닥면적 합계**가 각각 **300m² 이상**) 문어 보기③④
   ② 문화 및 집회시설(전시장 및 동식물원 **제외**)
   ③ 종교시설, 판매시설, 주점영업, 장례시설

기출문제

01 다음 중 옥상광장 등의 설치에 관한 설명으로 옳지 않은 것은?

교재 1권
PP.155
-156

① 옥상광장에 노대 등의 주위에는 높이 1.2m 이상의 난간을 설치하여야 한다.
② 3층 이상의 층에 노대 등의 주위에는 높이 1.2m 이상의 난간을 설치하여야 한다.
③ 5층 이상의 층이 근린생활시설 중 공연장의 용도로 쓰이는 경우에는 옥상광장 설치대상에 해당된다.
④ 5층 이상의 층이 근린생활시설 중 종교집회장의 용도로 쓰이는 경우에는 옥상광장 설치대상에 해당된다.

해설
   ② 3층 이상 → 2층 이상

정답 ②

04 **피난용 승강기의 설치기준** 교재 1권 P.159

* 피난용 승강기
교재 1권 P.158
화재 등 재난 발생시 거주자의 피난활동에 적합하게 제조·설치된 엘리베이터로서 평상시에는 승객용으로 사용하는 엘리베이터

(1) 승강장의 바닥면적은 승강기 **1대당 6m² 이상**으로 할 것
(2) 각 층으로부터 피난층까지 이르는 승강로를 단일구조로 연결하여 설치할 것
(3) 예비전원으로 작동하는 조명설비를 설치할 것
(4) 승강장의 출입구 부근의 잘 보이는 곳에 해당 승강기가 피난용 승강기임을 알리는 표지를 설치할 것

Key Point

05 방화구획의 기준 [교재 1권] [P.161]

대상건축물	대상규모	층 및 구획방법		구획부분의 구조
주요 구조부가 내화구조 또는 불연재료로 된 건축물	연면적 1000m² 넘는 것	•10층 이하	•바닥면적 1000m² 이내 마다	•내화구조로 된 바닥·벽 •60분+방화문, 60분 방화문 •자동방화셔터
		•매 층 마다	다만, 지하 1층에서 지상으로 직접 연결하는 경사로 부위는 제외	
		•11층 이상	•바닥면적 200m² 이내마다(실내마감을 불연재료로 한 경우 500m² 이내마다)	

- 스프링클러, 기타 이와 유사한 자동식 소화설비를 설치한 경우 바닥면적은 위의 **3배** 면적으로 산정한다.
- **필로티**나 그 밖의 비슷한 구조의 부분을 주차장으로 사용하는 경우 그 부분은 건축물의 다른 부분과 구획할 것

기출문제

유사 기출문제

02★★ [교재 1권] [P.161]
건축물의 피난·방화구조 등의 기준에 관한 규칙상 방화구획의 설치기준 중 스프링클러설비를 설치한 10층 이하의 층은 바닥면적 몇 m² 이내마다 방화구획을 구획하여야 하는가?

① 1,0000 ② 1,500
③ 2,000 ④ 3,000

 ④ 스프링클러소화설비를 설치했으므로
1,000m²×3배=3,000m²

정답 ④

02 ★★★ 건축물에 설치하는 방화구획의 기준에 관한 설명으로 옳지 않은 것은?

[교재 1권] [P.161]

① 스프링클러설비가 설치된 10층 이하의 층은 바닥면적 3000m² 이내마다 구획한다.
② 3층 이상의 층과 지하층은 층마다 구획한다.
③ 11층 이상의 층은 바닥면적 600m² 이내마다 구획한다.
④ 벽 및 반자의 실내에 접하는 부분의 마감이 불연재료이고 스프링클러설비가 설치된 11층 이상의 층은 1500m² 이내마다 구획한다.

  ③ 600m² 이내 → 200m² 이내

정답 ③

06 자동방화셔터

1 개념 교재 1권 P.163

내화구조로 된 벽을 설치하지 못하는 경우 화재시 연기 및 열을 감지하여 자동 폐쇄되는 셔터를 말한다.

2 자동방화셔터가 갖추어야 할 요건 교재 1권 P.162

(1) 피난이 가능한 **60분+방화문** 또는 **60분 방화문**으로부터 **3m** 이내에 별도로 설치할 것

(2) 전동방식이나 수동방식으로 개폐할 수 있을 것

(3) 불꽃감지기 또는 연기감지기 중 하나와 열감지기를 설치할 것

(4) **불꽃**이나 **연기**를 감지한 경우 **일부 폐쇄**되는 구조일 것

(5) **열**을 감지한 경우 **완전 폐쇄**되는 구조일 것

* 자동방화셔터

교재 1권 P.162

일부 폐쇄	완전 폐쇄
불꽃, 연기감지	열감지

기출문제 ●

03 자동방화셔터에 관한 다음 ( ) 안에 알맞은 말로 옳은 것은?

교재 1권 P.161

• 불꽃이나 (㉠)를 감지한 경우 일부 폐쇄되는 구조일 것
• (㉡)을 감지한 경우 완전 폐쇄되는 구조일 것

① ㉠ : 열, ㉡ : 연기
② ㉠ : 연기, ㉡ : 열
③ ㉠ : 열, ㉡ : 스프링클러헤드
④ ㉠ : 연기, ㉡ : 스프링클러헤드

해설 **자동방화셔터**

일부 폐쇄	완전 폐쇄
불꽃, 연기감지	열감지

정답 ②

Key Point

* 방화문 [교재 1권] [P.162]
화재의 확대, 연소를 방지
하기 위해 방화구의 개구부
에 설치하는 문

07 방화문의 구분 [교재 1권] [P.162]

60분+방화문	60분 방화문	30분 방화문
연기 및 불꽃을 차단할 수 있는 시간이 60분 이상이고, 열을 차단할 수 있는 시간이 30분 이상인 방화문	연기 및 불꽃을 차단할 수 있는 시간이 60분 이상인 방화문	연기 및 불꽃을 차단할 수 있는 시간이 30분 이상 60분 미만인 방화문

기출문제 ●

04 30분 방화문에 대한 설명으로 옳은 것은?

[교재 1권] [P.162]

① 연기 및 불꽃을 차단할 수 있는 시간이 60분 이상이고, 열을 차단할 수 있는 시간이 30분 이상인 방화문

② 연기 및 불꽃을 차단할 수 있는 시간이 60분 이상인 방화문

③ 연기 및 불꽃을 차단할 수 있는 시간이 30분 이상 60분 미만인 방화문

④ 연기 및 불꽃을 차단할 수 있는 시간이 30분 미만인 방화문

해설
① 60분+방화문
② 60분 방화문
④ 해당없음

정답 ③

08 배연설비(배연창, 배연구) 설치대상 교재 1권 P.164

설치대상	층 수
① 공연장, 종교집회장, 인터넷컴퓨터게임시설제공업소 및 다중생활시설(공연장, 종교집회장 및 인터넷컴퓨터게임시설제공업소는 바닥면적의 합계가 각각 **300m²** 이상인 경우만 해당) ② 문화 및 집회시설, 종교시설, 판매시설, 운수시설 ③ 의료시설(요양병원 및 정신병원 제외) ④ 연구소 ⑤ 아동관련시설, 노인복지시설(노인요양시설은 제외) ⑥ 유스호스텔 ⑦ 운동시설, 업무시설, 숙박시설, 위락시설, 관광휴게시설, 장례시설	6층 이상
① 요양병원 및 정신병원 ② 노인요양시설 · 장애인 거주시설 및 장애인 의료재활시설 ③ 산후조리원	모든 층

09 소방관 진입창의 설치기준 교재 1권 P.165

(1) **2~11층** 이하인 층에 각각 **1개소 이상** 설치할 것(이 경우 소방관이 진입할 수 있는 창의 가운데에서 벽면 끝까지의 수평거리가 **40m 이상**인 경우에는 **40m 이내**마다 소방관이 진입할 수 있는 창을 추가 설치)

(2) 소방차 진입로 또는 소방차 진입이 가능한 **공터**에 면할 것

(3) 창문의 가운데에 지름 **20cm 이상**의 역삼각형을 야간에도 알아볼 수 있도록 **빛 반사** 등으로 **붉은색**으로 표시할 것

(4) 창문의 한쪽 모서리에 타격지점을 지름 **3cm 이상**의 원형으로 표시할 것

(5) 창문의 크기는 폭 **90cm 이상**, 높이 **1.2m 이상**으로 하고, 실내 바닥면으로부터 창의 아랫부분까지의 높이는 **80cm 이내**로 할 것

* **소방관 진입창**
교재 1권 P.165
2~11층 이하에 1개소 이상 설치

(6) 다음에 해당하는 유리를 사용할 것
① 플로트판유리로서 그 두께가 **6mm 이하**인 것
② **강화유리** 또는 **배강도유리**로서 그 두께가 **5mm 이하**인 것
③ ① 또는 ②에 해당하는 유리로 구성된 **이중유리**로서 그 두께가 **24mm 이하**인 것

10 방화에 지장이 없는 재료의 구분

불연재료	준불연재료	난연재료
불에 타지 아니하는 성질을 가진 재료 ① 콘크리트 ② 석재 ③ 벽돌 ④ 기와 ⑤ 철강 ⑥ 알루미늄 ⑦ 유리 ⑧ 시멘트 모르타르 ⑨ 회	불연재료에 준하는 성질을 가진 재료	불에 잘 타지 아니하는 성능을 가진 재료

기출문제

★★★
05 불연재료가 아닌 것은?

교재 1권 P.166

① 기와 ② 연와조
③ 벽돌 ④ 콘크리트

 해설
② 내화구조

정답 ②

* 내화구조
① 철근콘크리트조
② 연와조

11 규제대상

건축물 내부 마감재료의 규제대상 교재 1권 P.166	건축물 외벽 마감재료 규제대상 교재 1권 P.167
① 공동주택 ② 발전시설 ③ 공장 ④ 문화 및 집회시설	① 의료시설 ② 교육연구시설 ③ **3층** 이상 또는 높이 **9m** 이상 건축물

12 피난시설, 방화구획 및 방화시설에 대한 금지 행위 교재 1권 P.167

(1) 피난시설, 방화구획 및 방화시설을 **폐쇄**하거나 **훼손**하는 등의 행위

(2) 피난시설, 방화구획 및 방화시설의 주위에 물건을 쌓아두거나 **장애물**을 **설치**하는 행위

(3) 피난시설, 방화구획 및 방화시설의 용도에 장애를 주거나 **소방활동**에 지장을 주는 행위

(4) 그 밖에 피난시설, 방화구획 및 방화시설을 변경하는 행위

＊ 소방활동 교재 1권 P.167
① 화재진압
② 인명대피
③ 사람구출

제 **4** 편

소방학개론

인생에 있어서 가장 힘든 일은
아무것도 하지 않는 것이다.

제1장 연소이론

01 연소이론

1 연소의 3요소와 4요소 　교재 1권　P.171

연소의 3요소	연소의 4요소
• **가**연물질 • **산**소공급원(공기·오존·산화제·지연성 가스) • **점**화원(활성화에너지) **가산점**	• **가**연물질 • **산**소공급원(공기·오존·산화제·지연성 가스) • **점**화원(활성화에너지) • 화학적인 **연**쇄반응 공항성 기억법 **가산점연**

┃연소의 4요소┃

🗹 중요 소화방법의 예 　교재 1권　PP.189-190

제거소화	질식소화	냉각소화	억제소화
• 가스밸브의 **폐쇄** (차단) 문어 보기① • 가연물 직접 **제거** 및 **파괴** • **촛불**을 입으로 불어 가연성 증기를 순간적으로 날려 보내는 방법 문어 보기④ • 산불화재시 진행 방향의 나무 **제거**	• 불연성 기체로 연소물을 덮는 방법 • 불연성 포로 연소물을 덮는 방법 • 불연성 고체로 연소물을 덮는 방법	• 주수에 의한 냉각 작용 • 이산화탄소소화약제에 의한 냉각 작용 문어 보기③	• 화학적 작용에 의한 소화방법 문어 보기②
연소의 3요소를 이용한 소화방법			연소의 4요소를 이용한 소화방법

Key Point

＊ **연소** 　교재 1권　P.171
가연물이 공기 중에 있는 산소 또는 산화제와 반응하여 **열**과 **빛**을 발생하면서 **산화**하는 현상

＊ **연소의 3요소** 　교재 1권　P.171
① **가**연물질
② **산**소공급원
③ **점**화원

공항성 기억법
가산점

Key Point

01 다음 중 연소의 3요소를 이용한 소화방법이 잘못 설명된 것은?

교재 1권 PP.189 -190

① 밸브차단
② 할로겐소화약제를 이용한 억제소화
③ 이산화탄소를 이용한 냉각소화
④ 촛불을 입으로 불어 가연성 증기를 순간적으로 날려 보내는 방법

> **해설**
> ② 억제소화 : 연소의 4요소를 이용한 소화방법

> **정답** ②

유사 기출문제

02★★★ 교재 1권 PP.189-190

다음 중 연소의 4요소에 대한 설명으로 옳은 것은?

① 가연물질이 되기 위해서는 활성화에너지가 커야 한다.
② 공기 중에는 산소가 12% 포함되어 있다.
③ 오존은 산소공급원이 될 수 없다.
④ 할론, 할로겐화합물 및 불활성기체는 연쇄반응을 차단하는 역할을 한다.

> **해설**
> ① 커야 한다. → 작아야 한다.
> ② 12% → 21%
> ③ 없다. → 있다.

> 정답 ④

★ 활성화에너지
'최초 점화에너지'와 동일한 뜻

---

02 다음 중 연소의 4요소에 대한 설명으로 옳은 것은?

교재 1권 PP.189 -190

① 가연물질은 산소와 결합하면 흡열반응을 한다.
② 산소는 가연물질의 연소를 차단하는 역할을 한다.
③ 지연성 가스는 산소공급원이 될 수 있다.
④ 할론, 할로겐화합물 및 불활성기체는 연쇄반응을 순조롭게 한다.

> **해설**
> ① 흡열반응 → 발열반응
> ② 차단하는 → 돕는
> ④ 순조롭게 → 억제

> **정답** ③

---

2 가연성물질의 구비조건 　교재 1권　PP.172-173

(1) 화학반응을 일으킬 때 필요한 **활성화에너지값**이 **작아야** 한다. 　문03 보기①
(2) 일반적으로 산화되기 쉬운 물질로서 산소와 결합할 때 **발열량**이 커야 한다. 　문03 보기②
(3) 열의 축적이 용이하도록 **열전도**의 값이 **작아야** 한다. 　문03 보기③

〈가연물질별 열전도〉
● 철 : 열전도 빠르다(크다). → 불에 잘 타지 않는다.
● 종이 : 열전도 느리다(작다). → 불에 잘 탄다.

열전도 방향

┃ 열전도 ┃

(4) 지연성 가스인 산소·염소와의 친화력이 강해야 한다.

(5) 산소와 접촉할 수 있는 표면적이 큰 물질이어야 한다. 문03 보기④

(6) **연쇄반응**을 일으킬 수 있는 물질이어야 한다.

> 용어 **활성화에너지(최소 점화에너지)**
>
> 가연물이 처음 연소하는 데 필요한 열

★ 지연성 가스
가연성물질이 잘 타도록
도와주는 가스 '**조연성 가스**'
라고도 함

활성화에너지가 크다.
예 철 : "나는 불이 붙기 위해 열이 많이 필요해"

활성화에너지가 작다.
예 종이 : "나는 열이 조금만 있어도 불이 붙어"

┃ 활성화에너지 ┃

 기출문제

★★★
03 가연성물질의 구비조건으로 옳은 것은?

교재 1권
PP.172
-173

① 화학반응을 일으킬 때 필요한 활성화에너지값이 커야 한다.

② 일반적으로 산화되기 쉬운 물질로서 산소와 결합할 때 발열량이 커야 한다.

③ 열의 축적이 용이하도록 열전도의 값이 커야 한다.

④ 산소와 접촉할 수 있는 표면적이 작은 물질이어야 한다.

> 해설
> ① 커야 → 작아야
> ③ 커야 → 작아야
> ④ 작은 → 큰

정답 ②

Key Point

유사 기출문제

04 ★★★ 교재 1권 PP.172~173
다음 중 가연성물질의 구비
조건이 아닌 것은?
① 산소와의 친화력이 크다.
② 활성화에너지가 작다.
③ 열전도율이 작다.
④ 인화점이 크다.

해설 ④ 인화점은 관계없음

정답 ④

★★★
04 가연성물질의 구비조건이다. 빈칸에 알맞은 것은?

교재 1권 PP.172 -173

• 활성화에너지의 값이 (㉠)
• 열전도도가 (㉡)

① ㉠ 커야 한다. ㉡ 커야 한다.
② ㉠ 커야 한다. ㉡ 작아야 한다.
③ ㉠ 작아야 한다. ㉡ 커야 한다.
④ ㉠ 작아야 한다. ㉡ 작아야 한다.

해설
④ ㉠ 활성화에너지의 값이 작아야 한다.
㉡ 열전도도가 작아야 한다.

정답 ④

3 가연물이 될 수 없는 조건 교재 1권 P.172

특 징	불연성 물질
불활성기체	• **헬**륨 • **크**립톤 • **네**온 • **크**세논 • **아**르곤 • **라**돈 공하성 기억법 헬네아크라
완전산화물	• 물(H_2O) • 산화알루미늄(Al_2O_3) • **이산화탄소(CO_2)** • 삼산화황(SO_3)
흡열반응물질 문06 보기③	• 질소 • 질소산화물

★ **이산화탄소** 교재 1권 P.172
산소와 화학반응을 일으키
지 않음

열

• 질소
• 질소산화물

가연물

┃흡열반응물질┃

기출문제

05 다음 중 가연성물질의 특징으로 옳은 것은?

교재 1권
PP.172
-173

① 최소 점화에너지값이 클수록 연소가 잘 된다.
② 아르곤은 산소와 결합하지 못하는 불활성기체로 가연물질이 될 수 없다.
③ 기체는 고체보다 열전도값이 커서 연소반응이 잘 일어난다.
④ 질소산화물은 산소와 화합하여 발열반응을 하므로 연소가 잘 된다.

해설
① 클수록 → 작을수록
③ 커서 → 작아서
④ 발열반응 → 흡열반응

 정답 ②

05 ★★★ 교재 1권 PP.172-173

다음 중 가연성물질에 대한 설명으로 옳은 것을 모두 고르시오.

㉠ 활성화에너지값이 작을수록 연소되기 쉽다.
㉡ 열전도가 클수록 연소되기 어렵다.
㉢ 산화되기 쉬운 물질로서 산소와 결합할 때 발열량이 클수록, 가연물질이 되기 쉽다.
㉣ 산소, 염소는 지연성 가스로 가연물질의 연소를 돕는다.

① ㉠, ㉢, ㉣
② ㉡, ㉢, ㉣
③ ㉠, ㉡, ㉣
④ ㉠, ㉡, ㉢, ㉣

해설
④ ㉠, ㉡, ㉢, ㉣이 옳은 설명

정답 ④

06 질소 또는 질소산화물이 가연물이 될 수 없는 이유로 옳은 것은?

교재 1권
P.172

① 산소와 화합하여 연쇄반응을 하기 때문이다.
② 산소와 화합하여 산화반응을 하기 때문이다.
③ 산소와 화합하여 흡열반응을 하기 때문이다.
④ 산소와 화합하여 발열반응을 하기 때문이다.

해설
③ 질소 · 질소산화물 : 흡열반응

 정답 ③

＊흡열반응
열을 흡수하는 반응

4 공기 중 산소(약 21%) 교재 1권 P.173

‖공기 중 산소농도‖

구 분	산소농도
체적비	약 21%

＊공기 중 산소농도
교재 1권 P.173

체적비 : 약 21%

5 점화원 [교재 1권] PP.173-174

종 류	설 명
화염 문07 보기②	아무리 작은 화염이라도 가연성 혼합기체는 확실하게 인화한다. 일반적으로 화염에는 **최저온도**가 있고 그 값은 탄화수소 등에서는 약 **1200℃** 정도이다.
열면	가연물이 고온의 고체표면에 접촉하면 조건에 따라서 발화된다. 가연물의 발화 여부는 뜨거운 가열체의 면적에 영향을 크게 받는데, 프로판–공기 혼합기체를 약 **850℃**가 되는 흡입시의 담뱃불에 의해 발화되지 않는 것은 **담뱃불**이라고 하는 발화원이 작기 때문이다.
전기불꽃 문07 보기③	**단시간**에 집중적으로 에너지를 대상물에 부여하므로 에너장시간 × 지밀도가 높은 발화원이다.
단열압축 문07 보기①	기체를 압축하면 열이 발생·축적되는데 이 열이 발화의 에너지원으로 작용할 수 있다.
자연발화 문07 보기④	물질이 외부로부터 에너지를 **공급받지 않아도** 자체적으로 온도가 상승하여 발화하는 현상이다.
기타	이외에 마찰, 충격, 열선, 광선 등도 발화의 에너지원이 될 수 있다.

기출문제

07 다음 중 점화원에 관한 설명으로 옳지 않은 것은?

[교재 1권] PP.173 -174

① 단열압축 : 기체를 압축하면 열이 발생·축적되는데 이 열이 발화의 에너지원으로 작용할 수 있다.

② 화염 : 최저온도가 있고, 그 값은 탄화수소 등에서는 약 1200℃ 정도이다.

③ 전기불꽃 : 장시간에 집중적으로 에너지를 대상물에 부여하므로 에너지밀도가 높은 발화원이다.

④ 자연발화 : 물질이 외부로부터 에너지를 공급받지 않아도 온도가 상승하여 발화하는 현상이다.

 해설

③ 장시간 → 단시간

 정답 ③

* **전기불꽃**
단시간에 집중적으로 에너지를 대상물에 부여하므로 에너지밀도가 높은 발화원

Key Point

중요 ▶ 자연발화의 형태　교재 1권 P.174

자연발화형태	종 류
분해열	• **셀**룰로이드 • **니**트로셀룰로오스 공하성 기억법　분셀니
산화열	• 건성유(정어리유, 아마인유, 해바라기유) • 석탄 • 원면 • 고무분말
발효열	• **퇴**비 • **먼**지 • **곡**물 공하성 기억법　발퇴먼곡
흡착열	• **목탄** • **활**성탄 공하성 기억법　흡목탄활

기출문제

 ★★★
08 석탄에 자연발화를 일으키는 원인은?

교재 1권
P.174

① 분해열
② 산화열
③ 발효열
④ 중합열

해설
　② 석탄 - 산화열

정답 ②

유사 기출문제

08★★★　교재 1권 P.174
장기간 방치하면 습기, 고온 등에 의해 분해가 촉진되고 분해열이 축적되면 자연발화 위험성이 있는 것은?

① 셀룰로이드
② 질산나트륨
③ 과망간산칼륨
④ 과염소산

해설
　① 분해열 : 셀룰로이드

정답 ①

Key Point

* 표면연소 vs 분해연소
교재 1권 | PP.176-178

표면연소	분해연소
목재의 말기연소	목재

⑥ 연소형태의 종류 교재 1권 | PP.176-178

구 분	종 류	
표면연소	• 숯 • 목재의 말기연소 종라정 기억법 표숯코목금	• 코크스 • 금속(마그네슘 등)
분해연소	• 석탄 • 목재 종라정 기억법 분종목재	• 종이
증발연소	• 황 • 고체파라핀(양초) • 열가소성 수지(열에 의해 녹는 플라스틱)	
자기연소	• 자기반응성 물질(제5류 위험물) • 폭발성 물질	

✔ 중요 연소형태의 정의

구 분	설 명
표면연소	화염 없이 연소하는 형태
분해연소	가연성 고체가 열분해하면서 가연성 증기가 발생하여 연소하는 현상
증발연소	고체가 열에 의해 융해되면서 액체가 되고 이 액체의 증발에 의해 가연성 증기가 발생하는 경우의 연소
자기연소	분자 내에 산소를 함유하고 있어서 열분해에 의해 가연성 증기와 산소를 동시에 발생시키는 물질의 연소

기출문제 ●

* 고체 · 액체 · 기체연소
교재 1권 | PP.176-178

고체연소	액체연소	기체연소
① 분해 연소		
② 증발 연소	① 분해 연소	① 확산 연소
③ 표면 연소	② 증발 연소	② 예혼합 연소
④ 자기 연소		

09 다음 중 고체의 연소형태가 아닌 것은?

교재 1권 PP.176 -178

① 표면연소 : 숯, 코크스
② 분해연소 : 종이, 목재
③ 증발연소 : 고체파라핀, 열가소성 수지
④ 자기연소 : 황, 마그네슘

해설
④ 증발연소 : 황, 표면연소 : 마그네슘

 정답 ④

Key Point

02 연소용어

1 인화점 교재 1권 P.178

(1) 인화가 가능한 가연성물질의 최저온도

(2) 외부로부터 에너지를 받아서 착화가 가능한 가연성물질의 최저온도

(3) 인화점이 낮을수록 위험하므로 물질의 위험성을 평가하는 척도로 쓰이며, 「위험물안전관리법」에서 석유류를 분류하는 기준으로도 쓰인다.

(4) 액체의 경우 액면에서 증발된 증기의 농도가 그 증기의 연소하한계에 달할 때의 액체온도가 '**인화점**'이다.

＊ 위험성평가 척도
　교재 1권 P.178

인화점

2 발화점 교재 1권 P.179

(1) 외부로부터의 직접적인 에너지 공급 없이(점화원 없이) 물질 자체의 **열축적**에 의하여 착화되는 **최저온도** 문10 보기①

(2) **점화원**이 **없는 상태**에서 가연성물질을 공기 또는 산소 중에서 가열함으로써 발화되는 **최저온도** 문10 보기②

(3) 발화점＝착화점＝착화온도

(4) 발화점이 **낮을수록 위험**하다. 문10 보기③

(5) 발화점은 보통 **인화점**보다 수백도가 **높은 온도**이다. 문10 보기④

 기출문제 ●┄┄┄┄┄┄┄┄┄┄┄┄┄┄┄┄┄┄┄┄┄┄┄┄┄┄┄┄┄┄┄┄┄┄

★★
10 발화점에 대한 설명으로 옳은 것은?
교재 1권 P.179

① 외부의 직접적인 점화원 없이 가열된 열의 축적에 의하여 발화에 이르는 최저의 온도를 말한다.

② 점화원이 있는 상태에서 가연성물질을 공기 또는 산소 중에서 가열함으로써 발화되는 최저온도를 말한다.

③ 발화점이 높을수록 위험하다.

④ 발화점은 보통 인화점보다 수백도가 낮은 온도이다.

해설

```
② 점화원이 있는 → 점화원이 없는
③ 높을수록 → 낮을수록
④ 낮은 → 높은
```

● 정답 ①

유사 기출문제

10★ 교재 1권 P.179
발화점에 대한 설명으로 틀린 것은?

① 외부의 직접적인 점화원 없이 가열된 열의 축적에 의하여 발화에 이르는 최저의 온도를 말한다.

② 점화원이 없는 상태에서 가연성물질을 공기 또는 산소 중에서 가열함으로써 발화되는 최저온도를 말한다.

③ 발화점이 높을수록 위험하다.

④ 발화점은 보통 인화점보다 수백도가 높은 온도이다.

해설 ③ 높을수록 → 낮을수록

정답 ③

107

3 연소점 교재 1권 P.179

(1) 인화점보다 **5~10**℃ 높으며, 연소상태가 **5**초 이상 **유**지되는 온도 문11 보기②
(2) 점화에너지에 의해 화염이 발생하기 시작하는 온도
(3) 발생한 화염이 꺼지지 않고 지속되는 온도
(4) 연소를 지속시킬 수 있는 최저온도
(5) 연소상태가 계속(유지)될 수 있는 온도

공하성 기억법 연510유

┃ 인화점·연소점·발화점 ┃

기출문제

★★★
11 연소점은 일반적으로 인화점보다 대략 몇 도 정도 높은 온도에서 연소상태가 5초 이상 유지될 수 있는 온도를 말하는가?

교재 1권 P.179

① 2~3℃ ② 5~10℃
③ 15~20℃ ④ 20~30℃

해설
② 연소점 : 인화점+5~10℃

정답 ②

* **인화점** 교재 1권 P.178
인화점이 낮을수록 위험

* **연소점** 교재 1권 P.179
인화점보다 5~10℃ 높으며, 연소상태가 5초 이상 지속할 수 있는 온도

용어 연소와 관계되는 용어 교재 1권 PP.178-179

발화점	인화점	연소점
• 외부의 직접적인 점화원 없이 가열된 열의 축적에 의하여 발화에 이르는 **최저**의 온도	• 점화원에 의해 인화되는 최저온도	• 인화점보다 **5~10**℃ 높으며, 연소상태가 **5초** 이상 **지**속할 수 있는 온도 • 연소를 지속시킬 수 있는 최저온도 • 연소상태가 **계**속될 수 있는 온도 공하성 기억법 연105초지계

기출문제 ●

12 ★★★ 다음 중 연소와 관련된 용어에 대한 설명으로 옳은 것은?

 교재 1권
PP.173
-174,
P.179

① 공기에는 산소가 약 16% 포함되어 있어서 산소공급원 역할을 한다.
② 휘발유가 발화점 이상의 온도가 되면 점화원 없이 가열된 열의 축적에 의하여 발화할 수 있다.
③ 연소점은 인화점보다 5~10도 정도 낮다.
④ 자연발화는 점화원이 될 수 없다.

해설
> ① 16% → 21%
> ③ 낮다. → 높다.
> ④ 없다. → 있다.

정답 ②

12 ★★ 교재 1권 PP.178-179
다음 중 연소의 특성으로 옳지 않은 것은?

① 인화점이 낮을수록 위험하다.
② 연소점은 인화점보다 5~10℃ 높다.
③ 발화점은 외부의 직접적인 점화원 없이 가열된 열의 축적에 의하여 발화에 이르는 최고의 온도이다.
④ 연소범위가 넓을수록 위험하다.

해설
> ③ 최고의 온도 → 최저의 온도

정답 ③

4 가연성 증기의 연소범위 교재 1권 P.176

(1) **가연성 증기**와 **공기**와의 혼합상태, 즉 **가연성 혼합기**가 연소(폭발)할 수 있는 범위 문14 보기④

(2) 연소농도의 **최저 한도**를 **하한**, **최고 한도**를 **상한**이라 한다.

(3) 혼합물 중 가연성 가스의 농도가 너무 희박해도, 너무 농후해도 연소는 일어나지 않는다.

(4) **온도**와 **압력**이 **상승**함에 따라 대개 확대되어 **위험성**이 **증가**한다.

가 스	하한계〔vol%〕	상한계〔vol%〕
아세틸렌 문13 보기②	2.5	81
수 소 문13 보기①	4.1	75
메틸알코올	6	36
아세톤 문13 보기③	2.5	12.8
암모니아	15	28
휘발유 문13 보기④	1.2	7.6
등 유	0.7	5
중 유	1	5

* 공기 중 산소농도
교재 1권 P.173

21%

* 점화원의 종류
교재 1권 PP.173-174

① 화염
② 열면
③ 전기불꽃
④ 단열압축
⑤ 자연발화

* 연소범위 교재 1권 P.176
연소범위가 넓을수록 위험

하한 ㉠ 상한 ㉡ 상한
'㉠ 상한'보다 '㉡ 상한'이 연소(폭발)범위가 넓어 위험성이 증가할 수 있다.

* 아세틸렌 교재 1권 P.176
연소범위가 가장 넓음

Key Point

공화성 기억법	아	2581
	수	475
	메	636
	아	25128
	암	1528
	휘	1276
	등	075
	중	15

비교

LPG(액화석유가스)의 폭발범위 교재1권 P.204

부 탄	프로판
1.8~8.4%	2.1~9.5%

연소가 일어나지 않는다.
2.5% 미만

연소가 일어난다.
2.5~81%

연소가 일어나지 않는다.
81% 초과

┃ 아세틸렌의 연소범위 ┃

기출문제

유사 기출문제

13★★★ 교재 1권 P.176
가연성 증기 중 중유의 연소 범위〔vol%〕로 옳은 것은?

① 1~5   ② 1.2~7.6
③ 6~36   ④ 2.5~81

해설
① 중유 : 1~5vol%

정답 ①

★★★
13 다음 중 가연성 증기의 연소범위로 틀린 것은?

교재 1권
P.176

① 수소 : 4.1~75vol%

② 아세틸렌 : 15~28vol%

③ 아세톤 : 2.5~12.8vol%

④ 휘발유 : 1.2~7.6vol%

해설 가연성 증기의 연소범위

② 아세틸렌 : 2.5~81vol%

정답 ②

14

교재 1권
P.176

다음 연소(폭발)범위에 대한 설명 중 (㉠), (㉡) 안에 들어갈 올바른 것을 고른 것은?

연소(폭발)범위는 (㉠)와(과) (㉡)와(과)의 혼합상태, 즉 가연성 혼합기가 연소(폭발)할 수 있는 범위를 말한다.

① ㉠ 가연성 액체, ㉡ 대기압
② ㉠ 혼합성 증기, ㉡ 공기
③ ㉠ 조연성 증기, ㉡ 대기압
④ ㉠ 가연성 증기, ㉡ 공기

해설

④ 연소(폭발)범위 : 가연성 증기와 공기와의 혼합된 물질이 연소할 수 있는 범위

정답 ④

 Key Point

 유사 기출문제

14★★★   교재 1권 P.176

다음 중 연소(폭발)범위에 대한 설명으로 옳은 것은?

① 가연성 증기와 공기가 혼합되었을 때 연소가 일어나지 않고 폭발에 이르는 범위를 말한다.
② 가연성 증기의 농도가 상한보다 농후하면 연소가 더 활발하게 일어난다.
③ 하한이 클수록, 상한이 작을수록 위험성이 증가한다.
④ 온도와 압력이 상승함에 따라 대개 확대되어 위험성이 증가한다.

해설

① 일어나지 않고 → 계속되고
② 더 활발하게 일어난다. → 일어나지 않는다.
③ 클수록 → 작을수록
   작을수록 → 클수록

정답 ④

Key Point

01 **화재의 종류** 교재 1권 PP.180~182

1 화재의 분류

* 일반화재
교재 1권 PP.180~181
물로 소화가 가능함

종 류	적응물질	소화약제
일반화재(A급)	• 보통가연물(폴리에틸렌 등) • 종이 • 목재, 면화류, 석탄 • **재를 남김**	① 물 ② 수용액
유류화재(B급)	• 유류 • 알코올 • **재를 남기지 않음**	① 포(폼)
전기화재(C급)	• 변압기 • 배전반	① 이산화탄소 ② 분말소화약제 ③ 주수소화 금지
금속화재(D급)	• 가연성 금속류(나트륨 등)	① 금속화재용 분말소화약제 ② 건조사(마른 모래) 문어 보기①
주방화재(K급)	• 식용유 • 동·식물성 유지	① 강화액

유사 기출문제

01★★★ 교재 1권 P.182
K급 화재의 적응물질로 맞는 것은?
① 목재
② 유류
③ 금속류
④ 동·식물성 유지
 해설
④ K급 : 동·식물성 유지
정답 ④

기출문제

01 ★★★
교재 1권 P.181

금속화재의 소화방법으로 적당한 것은?

① 건조사   ② 물

③ 이산화탄소   ④ 분말소화제

 해설

① 금속화재 : 건조사

정답 ①

Key Point

유사 기출문제

02★★★　교재 1권 P.182

주방화재에 해당하는 것은?

① A급 화재
② B급 화재
③ C급 화재
④ K급 화재

해설
④ 주방화재 : K급

정답 ④

02 화재의 분류 및 종류에 대한 설명으로 옳은 것은?

교재 1권
PP.180
-181

① A－일반화재－폴리에티필렌
② B－전기화재－석탄
③ C－유류화재－목재
④ D－금속화재－나트륨

해설
① A－일반화재－폴리에틸렌
② B－유류화재－알코올
③ C－전기화재－변압기

정답 ④

03 다음에 제시한 화재시의 적절한 소화방법으로 옳은 것은?

교재 1권
PP.180
-181

① 나트륨 : 대량의 물로 냉각소화
② 목재 : 이산화탄소소화약제
③ 유류 : 폼소화약제
④ 전기 : 포소화약제

해설
① 나트륨 : 마른모래
② 목재 : 물
③ 유류 : 폼소화약제(포소화약제)
④ 전기 : 이산화탄소소화약제, 분말소화약제

정답 ③

04 다음은 화재의 종류와 특징, 해당 화재에 적응성이 있는 소화방법에 대한 설명이다. 옳은 것은?

교재 1권
PP.180
-181

① A급 화재는 일반화재이며 일반가연물이 타고 나서 재가 남는 화재이다. 다량의 물 또는 수용액으로 냉각소화가 적응성이 있다.
② B급 화재는 유류화재이며 물이 닿으면 폭발위험이 있다. 마른모래를 덮어 질식소화해야 한다.
③ C급 화재는 전기화재이며 감전의 위험이 있다. 포 등을 이용한 억제소화가 적응성이 있다.
④ D급 화재는 금속화재이며 연소 후 재가 남지 않는다. 이산화탄소소화약제에 적응성이 있다.

해설

② 마른모래를 덮어 → 포 등을 이용해
③ 포 등을 이용한 억제소화가 → 이산화탄소소화약제를 사용한 냉각소화가
④ 재가 남지 않는다. → 재가 남는다..
  이산화탄소소화약제에 적응성이 있다. → 마른모래 등으로 덮어 질식소화를 한다.

정답 ①

05 다음 중 화재의 종류와 소화방법이 올바른 것은?

교재 1권
PP.180
-181

① A급 화재 : 마른모래
② B급 화재 : 수계소화약제
③ C급 화재 : 이산화탄소소화약제
④ D급 화재 : 수계소화약제

해설

① 마른모래 → 수계소화약제
② 수계소화약제 → 불연성 포
④ 수계소화약제 → 금속화재용 특수분말이나 마른모래

정답 ③

2 **실내화재의 현상** 교재 1권 PP.183-184

★ 플래시오버(flashover)
실내가 일순간에 폭발적으로 전체가 화염에 휩싸이는 현상

용 어	설 명
플래시오버(flashover)	**실내**가 **일순간**에 **폭발적**으로 전체가 **화염**에 휩싸이는 현상
백드래프트(backdraft)	**문**을 **개방**할 때 신선한 **공기**가 **유입**되어 단시간에 폭발적으로 연소하는 현상
롤오버(rollover)	**화염**이 연소되지 않은 **가연성 가스**를 통해 전파되는 현상

06 다음 중 실내화재현상이 아닌 것은?

교재 1권
PP.180
-181

① 플래시오버   ② 보일오버
③ 백드래프트   ④ 롤오버

해설

② 보일오버 : 유류수조에서 발생

정답 ②

02 열전달의 종류 교재 1권 PP.185-186

종 류	설 명
전도 (Conduction)	• 하나의 물체가 다른 물체와 **직접 접촉**하여 전달되는 것 예 가늘고 긴 **금속막대**의 한쪽 끝을 불꽃으로 가열하면 불꽃이 닿지 않은 다른 부분에도 열이 전달되어 뜨거워지는 것
대류 (Convection)	• **유체**의 흐름에 의하여 열이 전달되는 것 예 ① **난로**에 의해 방 안의 공기가 더워지는 것 ② 위쪽에 있는 냉각부분의 **찬 공기**가 아래로 흘러들어 전체를 차게 하는 것
복사 (Radiation) 문07 보기③	• 화재시 열의 이동에 가장 크게 작용하는 열이동 방식 • 화염의 **접촉 없이** 연소가 확산되는 현상 • 화재현장에서 **인접건물**을 **연소**시키는 주된 원인 예 **양지**바른 곳에서 따뜻한 것을 느끼는 것

＊ 전도 교재 1권 P.185
하나의 물체가 다른 물체와 직접 접촉하여 전달되는 것

＊ 유체 교재 1권 P.186
기체 또는 액체를 말한다.

＊ 복사 교재 1권 P.186
화재시 열의 이동에 가장 크게 작용하는 열이동방식

기출문제

★★★
07 화재에서 화염의 접촉없이 연소가 확산되는 현상으로 화재현장에서 인접건물을 연소시키는 주된 원인은 무엇인가?

교재 1권
P.186

① 전도 ② 대류
③ 복사 ④ 비화

해설

③ 복사 : 화염의 접촉없이 연소

정답 ③

유사 기출문제

07★★★ 교재 1권 P.186
양지바른 곳에서 따뜻한 것을 느끼는 것은 열전달의 3요소 중 어느 것에 해당되는가?
① 전도 ② 대류
③ 복사 ④ 비화

해설
③ 복사 : 양지바른 곳에서 따뜻함을 느낌

정답 ③

Key Point

03 연소생성물

‖ 연기의 이동속도 ‖ 교재 1권 P.187

구 분	이동속도
수평방향	0.5~1.0m/sec 문08 보기①
계단실 등 수직방향	① 화재초기 : 2~3m/sec 문08 보기② ② 농연 : 3~5m/sec 문08 보기③

공하성 기억법 계35

기출문제

유사 기출문제

08★★★ 교재 1권 P.187
다음 중 연기의 유동 및 확산속도에 대한 것으로 옳은 것은?

① 수평방향으로 0.5~1m/min 의 속도로 이동한다.
② 수직방향으로는 화재초기 2~3m/sec의 속도로 이동한다.
③ 농연일 때 계단실 내의 수직이동속도는 3~5m/min 로 이동한다.
④ 농연일 때 계단실 내의 수직이동속도는 4~5m/sec 의 속도로 이동한다.

해설
① 0.5~1m/min→0.5~1m/sec
③ 3~5m/min→3~5m/sec
④ 수평이동속도는 4~5m/sec → 수직이동속도는 3~5m/sec

정답 ②

08 ★★★ 다음 중 화재발생시 연기에 대한 설명으로 틀린 것은?

교재 1권 P.187

① 수평방향으로 0.5~1m/sec의 속도로 이동한다.
② 수직방향으로는 화재초기 2~3m/sec의 속도로 이동한다.
③ 농연일 때 계단실 내의 수평이동속도는 3~5m/sec이다.
④ 패닉현상에 빠지게 되는 2차적 재해의 우려가 있다.

해설
③ 수평이동속도 → 수직이동속도

정답 ③

09 ★★★ 다음 중 연기의 유동 및 확산속도를 옳게 설명한 것은?

교재 1권 P.187

① 수평방향으로 1.5~2m/sec의 속도로 이동한다.
② 수평방향보다 수직방향일 때 더 빠르게 확산된다.
③ 수직방향으로는 화재초기 2~3m/min 속도로 이동한다.
④ 농연일 때 계단실 내의 수직이동시 0.3~0.5m/sec로 아주 느리게 이동한다.

해설
① 1.5~2m/sec → 0.5~1m/sec
③ 2~3m/min → 2~3m/sec
④ 0.3~0.5m/sec → 3~5m/sec, 느리게 → 빠르게

정답 ②

Key Point

✱ 화재성상단계 교재 1권 P.183

초기 → 성장기 → 최성기
→ 감쇠기

04 건물화재성상

1 성장기 vs 최성기 교재 1권 P.183

성장기	최성기
• 실내 전체에 화염이 확산되는 최성기의 전초단계 문10 보기②	• 연기의 양은 적어지고 화염의 분출이 강해지며 **유리파손** 문10 보기④ • **구조물 낙하** • 연소가 최고조에 달하는 단계 문10 보기③

기출문제

10 다음 중 화재성상단계의 설명으로 틀린 것은?

교재 1권 P.183

① 초기는 실내온도가 아직 크게 상승하지 않는다.
② 성장기는 실내 전체에 화염이 확산되는 최성기의 전초단계이다.
③ 최성기는 연소가 최고조에 달하는 단계이다.
④ 최성기는 연기의 양이 많아지고, 화염의 분출이 강해지며 유리가 파손된다.

해설

④ 많아지고 → 적어지고

✱ 초기 교재 1권 P.183

실내온도가 아직 크게 상승하지 않는다. 문10 보기①

정답 ④

2 실내화재의 진행과 온도변화 교재 1권 P.182

✱ 내화조 온도특성 교재 1권 P.182

| 저온장기형 |

✱ 목조 온도특성 교재 1권 P.182

| 고온단기형 |

Key Point

★ 감쇠기 교재 1권 P.183
온도가 점차 내려가기 시작
한다.

기출문제

11 다음 중 화재성상단계에 대한 설명으로 틀린 것은?
교재 1권
P.183
① 목조건축물은 고온장기형, 내화구조는 저온단기형이다.
② 성장기에는 개구부에서 세력이 강한 검은 연기가 분출한다.
③ 연소가 최고조에 달하는 단계는 최성기이다.
④ 초기 → 성장기 → 최성기 순으로 온도가 상승하고 감쇠기에 이르면
온도는 점차 내려가기 시작한다.

해설
① 고온장기형 → 고온단기형, 저온단기형 → 저온장기형

정답 ①

제 3 장 소화이론

01 소화방법 교재 1권 PP.189-190

제거소화	질식소화	냉각소화	억제소화
가연물 제거	산소공급원 차단 (산소농도 **15%** 이하)	**열**을 **뺏**음 (**착화온도** 낮춤)	연쇄반응 약화

★ 제거소화 교재 1권 P.189
연소반응에 관계된 가연물이나 그 주위의 **가연물**을 **제거**함으로써 연소반응을 중지시켜 소화하는 방법

산소공급 차단

┃ 질식소화 ┃

02 소화방법의 예 교재 1권 PP.189-190

제거소화	질식소화	냉각소화	억제소화
• 가스밸브의 **폐쇄** • 가연물 직접 **제거** 및 **파괴** • **촛불**을 입으로 불어 가연성 증기를 순간적으로 날려 보내는 방법 • 산불화재시 진행방향의 나무 **제거**	• 불연성 기체로 연소물을 덮는 방법 • 불연성 포로 연소물을 덮는 방법 • 불연성 고체로 연소물을 덮는 방법	• 주수에 의한 냉각작용 • 이산화탄소소화약제에 의한 냉각작용	• 화학적 작용에 의한 소화방법

★ 질식소화
교재 1권 PP.189-190
산소공급원을 차단하여 소화하는 방법

제**5**편

위험물 · 전기 · 가스 안전관리

당신의 변화를 위한 10가지 조언

1. 남과 경쟁하지 말고 자기 자신과 경쟁하라.
2. 자기 자신을 깔보지 말고 격려하라.
3. 당신에게는 장점과 단점이 있음은 알라(단점은 인정하고 고쳐 나가라).
4. 과거의 잘못은 관대히 용서하라.
5. 자신의 외모, 가정, 성격 등을 포용하도록 노력하라.
6. 자신을 끊임없이 개선시켜라.
7. 당신은 지금 매우 중대한 어떤 계획에 참여하고 있다고 생각하라(그 책임의식은 당신을 변화시킨다).
8. 당신은 꼭 성공한다고 믿으라.
9. 끊임없이 정직하라.
10. 주위에 내 도움이 필요한 이들을 돕도록 하라(자신의 중요성을 다시 느끼게 할 것이다).

– 김형모의 「마음의 고통을 돕기 위한 10가지 충고」 중에서 –

위험물안전관리

Key Point

01 위험물류별 특성 [교재 1권] PP.197-198

유 별	성 질	설 명
제1류	**산**화성 **고체** 공하성 **기억법** **1산고**(일산고)	① 강산화제로서 다량의 산소 함유 [문어 보기①] ② 가열, 충격, 마찰 등에 의해 분해, 산소 방출
제2류	**가**연성 **고체** 공하성 **기억법** **2가고**(이가 고장)	① 저온착화하기 쉬운 가연성물질 [문어 보기②] ② 연소시 유독가스 발생
제3류	자연**발**화성 물질 및 금수성 물질 공하성 **기억법** **3발**(세발낙지)	① 물과 반응하거나 자연발화에 의해 발열 또는 가연성 가스 발생 [문어 보기③] ② 용기 파손 또는 누출에 주의
제4류	인화성액체	① **인화**가 용이 ② 대부분 **물보다 가볍고**, 증기는 **공기보다 무거움** [문어 보기④] ③ **주수소화**가 **불가능**한 것이 대부분임 ④ 대부분 물에 녹지 않음 ⑤ 증기는 공기와 혼합되어 연소 · 폭발
제5류	자기반응성 물질	① 가연성으로 **산소**를 **함유**하여 **자기연소** ② **가열, 충격, 마찰** 등에 의해 착화, 폭발 ③ **연소속도**가 **매우 빨라서** 소화 곤란 ④ 자기반응성 물질 공하성 **기억법** **5산**(오산지역)
제6류	**산**화성 **액체** 공하성 **기억법** **산액**	① 조연성 액체 ② 산화제

＊ 제1류 위험물
[교재 1권] P.197

산화성 고체

＊ 제2류 위험물
[교재 1권] P.197

가연성 고체

Key Point

기출문제

＊제1류 위험물
산화성 고체(강산화제)

01 다음 중 제1류 위험물의 특성으로 옳은 것은?

교재 1권
P.197

① 강산화제로서 다량의 산소 함유
② 저온착화하기 쉬운 가연성물질
③ 물과 반응하거나 자연발화에 의해 발열 또는 가연성 가스 발생
④ 대부분 물보다 가볍고, 증기는 공기보다 무거움

해설

① 제1류 위험물의 특성
② 제2류 위험물의 특성
③ 제3류 위험물의 특성
④ 제4류 위험물의 특성

정답 ①

02 다음 중 제2류 위험물의 특성으로 옳은 것은?

교재 1권
P.197

① 저온착화하기 쉬운 가연성물질
② 가열, 충격, 마찰 등에 의해 분해, 산소방출
③ 용기 파손 또는 누출에 주의
④ 연소속도가 매우 빨라서 소화곤란

해설

① 제2류 위험물의 특성
② 제1류 위험물의 특성
③ 제3류 위험물의 특성
④ 제5류 위험물의 특성

정답 ①

＊제3류 위험물
교재 1권 P.197
물과 반응하거나 자연발화
에 의해 발열

03 물과 반응하거나 자연발화에 의해 발열 또는 가연성 가스가 발생하는 위험물은?

교재 1권
P.197

① 제1류 위험물   ② 제2류 위험물
③ 제3류 위험물   ④ 제4류 위험물

해설

③ 제3류 위험물(자연발화성 물질 및 금수성 물질)

정답 ③

Key Point

★★★ 04 다음 중 제5류 위험물의 특성이 아닌 것은?

교재 1권
PP.197
-198

① 가연성으로 산소를 함유하여 자기연소
② 가열, 충격, 마찰 등에 의해 착화, 폭발
③ 연소속도가 매우 빨라서 소화 곤란
④ 주수소화가 불가능한 것이 대부분임

해설
④ 제4류 위험물의 특성

정답 ④

유사 기출문제

04 ★★★ 교재 1권 PP.197-198
다음은 어떤 위험물에 대한 설명인가?

- 가연성으로 산소를 함유하여 자기연소가 가능하다.
- 가열, 충격, 마찰 등에 의해 착화, 폭발할 수 있다.
- 연소속도가 매우 빨라서 소화가 곤란하다.

① 제2류 위험물
② 제3류 위험물
③ 제4류 위험물
④ 제5류 위험물

해설
④ 제5류 위험물 : 자기연소 가능

정답 ④

★★ 05 다음 중 제4류 위험물에 대한 설명으로 옳은 것은?

교재 1권
P.199

① 자기반응성 물질이다.
② 대부분 물보다 무겁고, 증기는 공기보다 가볍다.
③ 증기는 공기와 혼합되어 연소·폭발한다.
④ 트리니트로톨루엔(TNT), 니트로글리세린(NG) 등이 여기에 해당된다.

해설
① 제5류 위험물
② 무겁고 → 가볍고, 가볍다. → 무겁다.
④ 제5류 위험물

정답 ③

* **제4류 위험물**
교재 1권 P.199
증기는 공기와 혼합되어 연소·폭발한다.

★★★ 06 다음 중 제1~6류 위험물에 대한 설명으로 옳지 않은 것은?

교재 1권
PP.197
-199

① 제1류 위험물과 제6류 위험물은 산화제로 쓰일 수 있다.
② 제3류 위험물은 물에 반응하지 않으나, 자연발화에 의해 발열 또는 가연성 가스가 발생한다.
③ 제4류 위험물은 증기가 공기와 혼합되면 연소·폭발한다.
④ 제5류 위험물은 자기반응성 물질로 연소속도가 매우 빨라서 소화가 곤란하다.

해설
② 반응하지 않으나 → 반응하거나

정답 ②

유사 기출문제

06 ★★★ 교재 1권 PP.197-198
위험물류별 특성에 관한 다음 ( ) 안의 용어가 옳은 것은?

㉠ 제2류 위험물 : ( ) 고체
㉡ 제5류 위험물 : ( ) 물질

① 산화성, 가연성
② 가연성, 인화성
③ 자연발화성, 산화성
④ 가연성, 자기반응성

해설
④ ㉠ 제2류 : 가연성 고체
㉡ 제5류 : 자기반응성 물질

정답 ④

전기안전관리

01 전기화재의 주요 화재원인 교재 1권 PP.200-202

(1) 전선의 **단락**(합선)에 의한 발화 문01 보기①
(2) **과전류**(과부하)에 의한 발화 문01 보기③
(3) **누전**에 의한 발화 문01 보기②

 기출문제 ●

★★
01 전기안전관리의 주요 화재원인이 아닌 것은?

교재 1권 PP.200 -202

① 전선의 합선(단락)에 의한 발화
② 누전에 의한 발화
③ 과전류(과부하)에 의한 발화
④ 규격 이상의 전선 또는 전기기계기구 등의 과열, 배선 및 전기기계
기구 등의 절연불량 또는 정전기로부터의 불꽃

해설 ④ 규격 이상 → 규격 미달

정답 ④

02 전기화재 예방요령 교재 1권 P.202

(1) 사용하지 않는 기구는 전원을 끄고 플러그를 뽑아둔다. 문02 보기③
(2) **과전류 차단장치**를 설치한다. 문02 보기ⓒ

(3) 규격 퓨즈를 사용하고 끊어질 경우 그 원인을 조치한다. 문02 보기ⓒ
(4) 비닐장판이나 **양탄자 밑**으로는 전선이 지나지 **않도록** 한다. 문02 보기ⓔ
(5) 누전차단기를 설치하고 **월 1~2회** 동작 여부를 확인한다.
(6) 전선이 쇠붙이나 움직이는 물체와 접촉되지 않도록 한다.
(7) 전선은 묶거나 꼬이지 않도록 한다.

Key Point

＊ 누전차단기
교재 1권 P.202
월 1~2회 동작 여부를 확인

기출문제

02 전기화재 예방요령으로 틀린 것을 모두 고른 것은?

교재 1권 P.202

ㄱ 사용하지 않는 기구는 전원을 끄고 플러그를 꽂아둔다.
ㄴ 과전류 차단장치를 설치한다.
ㄷ 규격 퓨즈를 사용하고 끊어질 경우 그 원인을 조치한다.
ㄹ 비닐장판 밑으로 전선이 보이지 않게 정리하여 넣어둔다.

① ㄱ   ② ㄱ, ㄹ
③ ㄴ, ㄷ   ④ ㄴ, ㄷ, ㄹ

해설
ㄱ 꽂아둔다. → 뽑아둔다.
ㄹ 비닐장판 밑으로 전선이 보이지 않게 정리하여 넣어둔다. → 비닐장판
이나 양탄자 밑으로는 전선이 지나지 않도록 한다.

정답 ②

03 다음 중 전기화재 예방요령에 대한 설명으로 옳지 않은 것은?

교재 1권 P.202

① 누전차단기를 설치하고 월 1~2회 동작 여부를 확인한다.
② 단선이 되면 화재발생위험이 높기 때문에 주의한다.
③ 과전류 차단장치를 설치한다.
④ 고열이 발생하는 기구에는 고무코드전선을 사용한다.

해설
② 단선 → 단락

정답 ②

유사 기출문제

03★★★ 교재 1권 P.202
누전차단기를 설치하고 동작 여부 확인은 어떻게 해야 하는가?
① 월 1~2회 동작 여부를 확인한다.
② 월 3~4회 동작 여부를 확인한다.
③ 연 1~2회 동작 여부를 확인한다.
④ 연 3~4회 동작 여부를 확인한다.

해설 누전차단기
월 1~2회 동작 여부를 확인한다.

정답 ①

＊ 단선 vs 단락

단 선	단 락
선이 끊어진 것	두 선이 붙은 것
안전	화재위험

제**3**장 가스안전관리

Key Point

| LPG vs LNG | 교재 1권 P.204, P.206 |

구 분 \ 종 류	액화석유가스 (LPG)	액화천연가스 (LNG)
주성분	• **프**로판(C_3H_8) • **부**탄(C_4H_{10}) 공하성 기억법 P프부	• **메**탄(CH_4) 문이 보기① 공하성 기억법 N메
비 중	• 1.5~2(누출시 낮은 곳 체류)	• 0.6(누출시 천장 쪽 체류)
폭발범위 (연소범위)	• 프로판 : 2.1~9.5% • 부탄 : 1.8~8.4%	• 5~15%
용 도	• 가정용 • 공업용 • 자동차연료용	• 도시가스
증기비중	• 1보다 큰 가스	• 1보다 작은 가스
탐지기의 위치	• 탐지기의 **상단**은 **바닥면**의 상 방 **30cm** 이내에 설치 탐지기 → 30cm 이내 바닥 ‖ LPG 탐지기 위치 ‖	• 탐지기의 **하단**은 **천장면**의 하 방 **30cm** 이내에 설치 천장 탐지기 → 30cm 이내 ‖ LNG 탐지기 위치 ‖
가스누설경보기	• 연소기 또는 관통부로부터 수 평거리 **4m** 이내에 설치	• 연소기로부터 수평거리 **8m** 이내에 설치

* LPG 비중 교재 1권 P.204
1.5~2

126

Key Point

★★★
01

교재 1권
P.204

액화천연가스(LNG)의 주성분으로 옳은 것은?

① CH_4

② C_2H_6

③ C_3H_8

④ C_4H_{10}

> **해설**
> ① CH_4 : 메탄

정답 ①

★★★
02

교재 1권
P.204,
P.206

다음 중 LPG와 LNG에 대한 설명으로 옳은 것은?

① LPG의 주성분은 메탄(CH_4)이다.

② LPG용 가스누설경보기 탐지기의 상단은 바닥면의 상방 30cm 이내의 위치에 설치한다.

③ LNG용 가스누설경보기 탐지기의 하단은 바닥면의 하방 30cm 이내의 위치에 설치한다.

④ LNG용 가스누설경보기는 연소기로부터 수평거리 4m 이내의 위치에 설치한다.

> **해설**
> ① 메탄(CH_4) → 프로판(C_3H_8), 부탄(C_4H_{10})
> ③ 바닥면 → 천장면
> ④ 4m 이내 → 8m 이내

정답 ②

★★★
03

교재 1권
P.206

LPG의 탐지기의 설치위치로 옳은 것은?

① 하단은 천장면의 하방 30cm 이내에 위치

② 상단은 천장면의 하방 30cm 이내에 위치

③ 하단은 바닥면의 상방 30cm 이내에 위치

④ 상단은 바닥면의 상방 30cm 이내에 위치

> **해설**
> ④ LPG 탐지기 : 상단 바닥면의 상방 30cm 이내

정답 ④

01 ★★★ 교재 1권 P.204

연료가스 중 부탄의 폭발범위로 옳은 것은?

① 1.5~2% ② 1.8~8.4%

③ 2.1~9.5% ④ 5~15%

> **해설**
> ② 부탄 : 1.8~8.4%

정답 ②

02 ★★ 교재 1권 P.204, P.206

연료가스에 대한 설명으로 옳지 않은 것은?

① LNG의 주성분은 C_4H_{10}이다.

② LPG의 비중은 1.5~2이다.

③ LPG의 가스누설경보기는 연소기 또는 관통부로부터 수평거리 4m 이내의 위치에 설치한다.

④ 프로판의 폭발범위는 2.1~9.5%이다.

> **해설**
> ① C_4H_{10} → CH_4

정답 ①

03 ★★★ 교재 1권 P.204, P.206

다음은 액화석유가스(LPG)에 대한 다음 ( ) 안의 내용으로 옳은 것은?

> ㉠ 연소기로부터 수평거리 ( ) 이내 위치에 가스누설경보기 설치
> ㉡ 탐지기의 상단은 ( )의 상방 30cm 이내의 위치에 설치

① 4m, 천장면

② 8m, 바닥면

③ 4m, 바닥면

④ 8m, 천장면

> **해설** LPG
> ③ ㉠ 수평거리 4m 이내
> ㉡ 바닥면의 상방 30cm 이내

정답 ③

04 ★★★

교재 1권 P.204, P.206

다음 중 연료가스의 종류와 특성으로 옳지 않은 것은?

① LNG의 비중은 0.6이다.
② LNG의 주성분은 메탄이다.
③ LPG는 가정용, 공업용 등으로 쓰인다.
④ LPG는 연소기로부터 수평거리 8m 이내의 위치에 가스누설경보기를 설치하여야 한다.

해설
④ 8m → 4m

정답 ④

04 ★★

교재 1권 P.204, P.206

다음 중 가스안전관리에 있어서 연료가스에 대한 설명으로 옳은 것은?

① LPG는 가정용으로 사용하고, 비중은 1.5~2이며 가스누설경보기는 연소기 또는 관통부로부터 수평거리 4m 이내의 위치에 설치한다.
② LNG는 도시가스용으로 사용하고 비중이 0.6이며 가스누설경보기는 연소기로부터 수평거리 4m 이내의 위치에 설치한다.
③ LPG는 메탄이 주성분이며 가스누설경보기 탐지기의 하단은 천장면의 하방 30cm 이내의 위치에 설치한다.
④ LNG는 프로판과 부탄이 주성분이며 가스누설경보기 탐지기의 상단은 바닥면의 상방 30cm 이내의 위치에 설치한다.

해설
② 수평거리 4m → 수평거리 8m
③ 메탄 → 프로판, 부탄, 하단은 천장면의 하방 30cm 이내 → 상단은 바닥면의 상방 30cm 이내
④ 프로판, 부탄 → 메탄, 상단은 바닥면의 상방 30cm 이내 → 하단은 천장면의 하방 30cm 이내

정답 ①

05 ★★★

교재 1권 P.204, P.206

다음은 LNG와 LPG를 비교한 표이다. 표에서 잘못된 부분을 찾으시오.

구 분 \ 종 류	액화석유가스(LPG)	액화천연가스(LNG)
㉠ 주성분	• 프로판(C_3H_8) • 부탄(C_4H_{10})	• 메탄(CH_4)
㉡ 비중	• 누출시 낮은 곳 체류	• 누출시 천장 쪽 체류
㉢ 가스누설경보기의 설치위치	• 연소기로부터 수평거리 8m 이내에 설치	• 연소기 또는 관통부로부터 수평거리 4m 이내에 설치
㉣ 탐지기의 설치위치	• 탐지기의 상단은 바닥면의 상방 30cm 이내에 설치	• 탐지기의 하단은 천장면의 하방 30cm 이내에 설치

① ㉠ 주성분
② ㉡ 비중
③ ㉢ 가스누설경보기의 설치위치
④ ㉣ 탐지기의 설치위치

해설
㉢ LPG : 연소기 → 연소기 또는 관통부, 8m ↪ 4m,
LNG : 연소기 또는 관통부 → 연소기, 4m → 8m

정답 ③

Key Point

* LPG vs LNG

교재 1권 P.204, P.206

LPG	LNG
공기보다 무겁다.	공기보다 가볍다.

06

교재 1권 P.204, P.206

다음 LPG와 LNG에 대한 설명을 보고 (㉠), (㉡), (㉢), (㉣) 안에 들어갈 내용이 옳은 것은?

LPG	LNG
• 연소기 또는 관통부로부터 수평거리 (㉠) 이내의 위치에 가스누설경보기 설치 • 탐지기의 (㉡)단은 바닥면의 (㉡)방 30cm 이내의 위치에 설치	• 연소기로부터 수평거리 (㉢) 이내의 위치에 가스누설경보기 설치 • 탐지기의 (㉣)단은 천장면의 (㉣)방 30cm 이내의 위치에 설치

① ㉠ : 8m, ㉡ : 상, ㉢ : 4m, ㉣ : 하

② ㉠ : 8m, ㉡ : 하, ㉢ : 4m, ㉣ : 상

③ ㉠ : 4m, ㉡ : 상, ㉢ : 8m, ㉣ : 하

④ ㉠ : 4m, ㉡ : 하, ㉢ : 8m, ㉣ : 상

해설

③	LPG	LNG
	㉠ 수평거리 **4m** 이내 ㉡ **상단** 바닥면 **상방** 30cm 이내	㉢ 수평거리 **8m** 이내 ㉣ **하단** 천장면 **하방** 30cm 이내

정답 ③

제6편

공사장 안전관리 계획 및 화기취급 감독 등

이제 고지가 얼마 남지 않았다.

공사장 안전관리 계획 및 감독

01 임시소방시설의 종류 [교재 1권] [P.211]

종 류	설 명
소화기	–
간이소화장치	물을 방사하여 **화재**를 **진화**할 수 있는 장치
비상경보장치	화재가 발생한 경우 주변에 있는 작업자에게 **화재사실**을 알릴 수 있는 장치
간이피난유도선	화재가 발생한 경우 **피난구 방향**을 안내할 수 있는 장치
가스누설경보기	**가연성 가스**가 누설 또는 발생된 경우 **탐지**하여 **경보**하는 장치
비상조명등	**화재발생시** 안전하고 원활한 피난활동을 할 수 있도록 **거실** 및 **피난통로** 등에 설치하여 **자동점등**되는 조명장치
방화포	**용접용단** 등 **작업**시 발생하는 금속성 불티로부터 가연물이 점화되는 것을 방지해주는 **천** 또는 **불연성 물품**

* 임시소방시설 vs 소방시설

임시소방시설	소방시설
간이피난유도선	피난유도선

02 임시소방시설의 유지·관리 주요 내용 [교재 1권] [PP.211-212]

(1) **피난시설** 및 **방화시설**의 관리
(2) **소방시설**이나 그 밖의 소방 관련 시설의 관리
(3) **화기취급**의 **감독**
(4) 그 밖의 소방안전관리상 필요한 업무

03 **공사장 소방안전과 관련된 구체적인 작업 사항** 교재 1권 P.212

＊ 인화성 vs 가연성

인화성	가연성
불꽃을 갖다 대었을 때 불이 붙는 성질	불에 타는 성질

(1) **인화성·가연성·폭발성 물질**을 취급하거나 가연성 가스를 발생시키는 작업

(2) **용접·용단**(금속·유리·플라스틱 따위를 녹여서 절단하는 일) 등 불꽃을 발생시키거나 화기를 취급하는 작업

(3) **전열기구, 가열전선** 등 열을 발생시키는 기구를 취급하는 작업

(4) **알루미늄, 마그네슘** 등을 취급하여 폭발성 부유분진(공기 중에 떠다니는 미세한 입자)을 발생시킬 수 있는 작업

(5) 그 밖에 이와 비슷한 작업으로 **소방청장**이 정하여 고시하는 작업

04 **공사장 공종별 화재위험** 교재 1권 P.216

구 분	화재위험 요소
가설공사	• **부지확보** 및 **정리단계** 현장관리 미흡 • **착공초기** 전기사용간 화재위험(발전기, 기존배선 임의사용 등) • **가연성폐기물** 적치/관리 미흡 • 공사 중 **수전설비** 설치/관리 • 현장 내 **폐목 소각/난로관리** 미흡
굴착 및 발파공사	• 발파시 폭약 발화위험 • **폭약** 및 **위험물** 관리 미흡 • 굴착 및 발파공사 • **장비통행**으로 인한 **전선관리** 미흡
강구조물 공사	• 용접/절단 작업시 **불티** 발생 • 목재 등 **가연성자재** 관리 미흡
마감공사	• **우레탄폼** 등 **단열재** 설치 공정간 폭발, 화재위험 증가 • 대량의 가연성 자재(도배지/가구/접착제 등) 반입/사용 • 지상 **타공종** 진행 및 **조경공** 진행으로 인한 지하공간 자재 적치 • 대량의 **분진**발생 • **소방시설** 및 **방재시스템** 미비

Key Point

구 분	화재위험 요소
전기 및 기계공사	• **용접/그라인더/절단**작업 불티발생 • **임시발전기** 사용/전선관리 미흡 • 엘리베이터 설치 전 **샤프트** 관리미흡 • **다공종 동시작업** 진행 • 소방시설 조기설치 불가 • 작업자 출입/**피난로** 확보 난이
기타공사 (해체공사)	• 철거작업간 **비내화성 가림막** 설치 • 발파시 폭약 발화위험 • 폭약 및 위험물관리 미흡

* 비내화성 교재 1권 P.212
불에 잘 타는 성질

05 안전관리계획 교재 1권 P.217

안전관리계획의 수립절차	안전관리계획 작성 내용
① 안전관리계획 수립 대상 여부 확인 ② **건설업자** 또는 **주택건설등록업자**는 안전관리계획을 작성하여 공사감독자 또는 감리원의 확인을 받아 **공사착공 전 발주자**에게 제출(안전관리계획 변경시에도 동일함) ③ 안전관리계획을 제출받은 **발주자**는 해당 건설공사의 관할 **행정기관**에 제출 ④ 안전관리계획을 제출받은 **행정기관**은 내용을 검토, 필요시 **보완요청**	화재안전과 관련하여 공종별 안전조치, 공사장 주변 안전 등에 포함하여 함께 제시해야 한다. ① 건설공사 개요 및 안전관리조직 ② **공종별** 안전**점검**계획 ③ 공사장 주변의 안전관리대책 ④ **통행안전시설** 설치 및 **교통소음**에 관한 계획 ⑤ 안전관리비 집행계획 ⑥ 안전교육 및 비상시 긴급조치계획 ⑦ **공종별** 안전**관리**계획

Key Point

06 화기작업의 최소화 방법 교재 1권 P.218

＊ 비화기 교재 1권 P.218
① 수동수압 절단
② 기계적 볼팅, 이음쇠 사용
③ 나사, 플랜지 이음
④ 왕복톱
⑤ 기계적 파이프 절단기

화 기		비화기
톱, 토치를 이용한 절단작업	➡	**수**동수압 절단
용접	➡	**기**계적 볼팅, 이음쇠 사용
납땜	➡	**나**사, 플랜지 이음
방사톱	➡	**왕**복톱
토치 및 방사톱 절단	➡	기계적 파이프 절단기

공하성 기억법 수기 나왕비

기출문제 ●

01 화기작업을 최소화하기 위해서는 동일공정, 동일작업방법이라 하더라도, 이를 대체할 수 있는 비화기 방법을 적극적으로 활용하여야 한다. 다음 중 비화기에 해당하지 않는 것은?
교재 1권 P.218

① 기계적 볼팅, 이음쇠 사용　　② 수동수압 절단
③ 방사톱　　　　　　　　　　④ 기계적 파이프 절단기

해설
　③ 방사톱 → 왕복톱

정답 ③

07 화기작업 금지구역 교재 1권 P.219

(1) 가연성액체, 인화성가스, 가연성덕트 또는 가연성금속 등을 보관하거나 사용하는 구역

(2) 가연성이 높은 재료(**발포플라스틱 단열재, 샌드위치 패널** 등)로 마감된 칸막이, 벽, 천장 또는 지붕 및 코어부

(3) 고무라이닝 장비

(4) **산소농도**가 **높은** 환경

(5) **산화제** 물질의 보관 및 취급 장소

(6) 폭발물 및 위험물 보관 및 취급장소

08 고위험장소 작업시 대책 교재 1권 P.219

(1) 분진 및 유증기, 가스 등 위험요인을 충분히 제거하고 작업하되, 해당 물질의 축적이 심하고 제거가 곤란한 경우에는 화기작업은 불가

(2) 화기작업시 떨어진 가연성물질까지 스파크를 전달할 수 있는 덕트 및 컨베이어 등의 작동은 중단

(3) 가급적 **가동중단시간**에 **화기작업 계획**을 세워 실시할 것

(4) **수조** 및 **보일러**에서의 화기작업은 인정된 자격을 갖춘 도급업자만 작업 가능

(5) **화재감시자** 배치를 통해, 작업시작 전부터 작업 중, 작업완료 이후까지 지속적인 화재감시상태를 유지할 것

> ✱ 고위험장소 작업 대책
> 교재 1권 P.219
> 가동중단시간에 화기작업 계획 세울 것

09 밀폐공간의 화기작업시 조치사항 교재 1권 P.219

(1) 밀폐된 작업공간 내에 가연성, 폭발성 기체나 유독가스 존재여부 및 산소 결핍 여부를 작업 전에 반드시 확인하고, **작업 중**에도 지속적으로 공기 중 **산소농도**를 **체크**

(2) 밀폐공간과 연결되는 모든 파이프, 덕트, 전선 등은 작업에 지장을 주지 않는 한 연결을 끊거나 막아서 작업장 내로의 유입을 차단

(3) 작업 중 지속적인 **환기**가 가능토록 조치

(4) 용접에 필요한 가스실린더, 전기동력원 등은 밀폐공간 외부 안전한 곳에 배치

(5) 감시인은 **작업자**가 **내부**에 있을 때에는 **항상 정위치**하며, **보호구**를 포함하여 적정한 **개인보호장구**를 갖출 것

Key Point

10 발화원 관리사항 교재 1권 P.220

(1) 흡연구역지정 등 근로자 **흡연관리** 철저

* LPG 교재 1권 P.220
'액화석유가스'를 말한다.

(2) LPG 및 압력용기, **유기용제**, 유류 등 화재·폭발 위험물 관리 철저

(3) 용접, 용단작업시 발생하는 불꽃관리 및 인화물·가연물 방호관리 철저

(4) **화기 사용계획서** 및 **작업 현황판** 활용 관리

(5) 야적물 보양은 **불연성 재료**를 활용하고 태그 부착관리

(6) **화기 작업**시 **사전 허가제** 실시

(7) **소화기**를 **지참**한 화재감시인 배치(**작업 종료 후 최소 30분** 이상)

(8) 화기작업 허가서 발급시 소방안전관리자, 안전/화재감시단 등에 통보하여 밀착관리

(9) **야간 및 정전시 대비 피난로 표시** : 야간 및 정전시 피난로를 쉽게 확인할 수 있도록 축광물질 등을 활용하여 대피로 표시

(10) **방송시설 설치** : 현장 내 방송시설을 설치하여 비상시 방송의 지시에 따라 신속한 배치가 가능토록 조치

제 **2** 장 화재취급 감독 및 화재위험작업 허가 · 관리

01 관계인 및 소방안전관리자의 업무 교재 1권 P.221

특정소방대상물(관계인)	소방안전관리대상물(소방안전관리자)
① 피난시설·방화구획 및 방화시설의 관리	① 피난시설·방화구획 및 방화시설의 관리
② 소방시설, 그 밖의 소방관련시설의 관리	② 소방시설, 그 밖의 소방관련시설의 관리
③ **화기취급**의 감독	③ **화기취급**의 감독
④ 소방안전관리에 필요한 업무	④ 소방안전관리에 필요한 업무
⑤ 화재발생시 초기대응	⑤ 화재발생시 초기대응
	⑥ **소방계획서**의 작성 및 시행(대통령령으로 정하는 사항 포함)
	⑦ **자위소방대** 및 **초기대응체계**의 구성·운영·교육
	⑧ 소방**훈련** 및 **교육**
	⑨ 소방안전관리에 관한 업무수행에 관한 기록·유지

Key Point

* **소방안전관리자 만의 업무**
교재 1권 P.221
① 소방계획서의 작성 및 시행(대통령령으로 정하는 사항 포함)
② 자위소방대 및 초기대응체계의 구성·운영·교육
③ 소방훈련 및 교육
④ 소방안전관리에 관한 업무수행에 관한 기록·유지

기출문제

01 ★★
교재 1권 P.221

소방안전관리자를 선임하지 아니하는 특정소방대상물의 관계인의 업무에 해당하지 않는 것은?

① 화기취급의 감독
② 소방시설 그 밖의 소방관련시설의 관리
③ 자위소방대 및 초기대응체계의 구성·운영·교육
④ 피난시설, 방화구획 및 방화시설의 관리

해설
③ 소방안전관리자 업무

정답 ③

유사 기출문제

01 ★★★
교재 1권 P.221
소방안전관리대상물을 제외한 특정소방대상물에 소방안전관리자의 업무가 아닌 것은?
① 소방계획서의 작성 및 시행
② 피난시설, 방화구획 및 방화시설의 관리
③ 소방시설이나 그 밖의 소방관련시설의 관리
④ 화기취급의 감독

해설
① 소방안전관리대상물을 포함한 특정소방대상물

정답 ①

02 가연성물질이 있는 장소에서 화재위험작업시 준수사항

교재 1권 P.223

(1) 작업 준비 및 작업 절차 수립

(2) **작업장 내** 위험물의 사용 보관 현황 파악

(3) 화기작업에 따른 인근 가연성물질에 대한 방호조치 및 **소화기구** 비치

(4) 용접불티 **비산방지덮개**, **용접방화포** 등 불꽃, 불티 등 비산방지 조치

(5) 인화성액체의 증기 및 인화성 가스가 남아있지 않도록 환기 등의 조치

(6) 작업근로자에 대한 **화재예방** 및 **피난교육** 등 비상조치

 03 용접 · 용단 작업시 화재감시자 지정장소   교재 1권 P.224

(1) 작업반경 **11m 이내**에 건물구조 자체나 내부(개구부 등으로 **개방**된 부분을 포함)에 가연성물질이 있는 장소

* 용접 · 용단 작업시 작업 반경
11m 이내

(2) 작업반경 **11m 이내**의 바닥 하부에 가연성물질이 **11m 이상** 떨어져 있지만 불꽃에 의해 쉽게 발화될 우려가 있는 장소

(3) 가연성물질이 금속으로 된 칸막이 · 벽 · 천장 또는 지붕의 반대쪽 면에 인접해 있어 열전도나 열복사에 의해 발화될 우려가 있는 장소

1. 문 폐쇄, 바닥개구부 막음조치 허가시 부착, 컨베이어 정지 작업 **관계자 외 접근금지**

2. 가능하다면, 비산불티를 관리할 작업자를 배치하거나 추가로 **방호커튼**을 설치

3. 가연성 물품을 이동조치 또는 **방화장벽**으로 **구획**하거나, **방화패드**, **커튼** 또는 **내화성 타포린** 등으로 덮음

11m

11m

4. 비상통신장비를 갖추고 적절한 소화기를 구비한 **화재감시자** 배치

┃ 화재감시자 배치 ┃

04 용접방법에 따른 분류 교재 1권 PP.226-227

분류		설 명
아크용접	정의	고열에 의해 금속을 용융시켜 용착하는 용접
	특성	① **청백색**의 빛과 열 ② 최고온도 : 약 **6000℃**(일반적으로 3500~5000℃)
가스용접 (용단)	정의	**가연성가스**와 **산소**의 반응에 의한 용접법
	특성	① 팁 끝쪽 : **휘백색**의 백심 ② 백심 주의 : 푸른 속불꽃 ③ 속불꽃 끝쪽 : 투명한 청색

* 가연성가스
교재 1권 P.227
① 아세틸렌(C_2H_2)
② 프로판(C_3H_8)
③ 부탄(C_4H_{10})
④ 수소(H_2)

05 용접(용단) 작업시 비산불티의 특징 교재 1권 P.228

* 스패터(spatter) 현상
교재 1권 P.227
용접 작업시에 작은 입자의 용적들이 비산되는 현상

(1) 용접(용단) 작업시 **수천개**의 비산된 불티 발생

(2) 비산불티는 풍향, 풍속 등에 의해 비산거리 상이

(3) 비산불티는 약 **1600℃** 이상의 고온체

(4) 발화원이 될 수 있는 비산불티의 크기의 직경은 약 **0.3~3mm**

(5) 비산불티는 짧게는 작업과 동시에부터 **수 분** 사이, 길게는 **수 시간** 이후에도 화재가능성이 있음

(6) 용접(용단) 작업시 **작업높이**, **철판두께**, **풍속** 등에 따른 불티의 비산거리는 조건 및 환경에 따라 상이

Key Point

 06 용접·용단 작업자의 주요 재해발생원인 및 대책 교재 1권 P.229

* 불꽃비산대책

교재 1권 P.229

① 불꽃받이나 방염시트
  사용
② 불꽃비산구역 내 가연물
  을 제거하고 정리·정돈
③ 소화기 비치

구 분	주요발생원인	대 책
화재	불꽃비산	• **불꽃받이**나 **방염시트** 사용 • 불꽃비산구역 내 가연물을 제거하고 정리·정돈 • **소화기** 비치
	열을 받은 용접부분의 뒷면에 있는 가연물	• 용접부 뒷면을 점검 • 작업종료 후 점검
폭발	토치나 호스에서 가스누설	• 가스누설이 없는 토치나 호스 사용 • 좁은 구역에서 작업할 때는 휴게시간에 토치를 **공기**의 **유통**이 좋은 장소에 둘 것 • 호스접속시 실수가 없도록 **호스**에 **명찰**을 부착
	드럼통이나 수조를 용접, 절단시 잔류 가연성 가스 증기의 폭발	• 내부에 가스나 증기가 없는 것 확인
	역화	• 정비된 토치와 호스 사용 • **역화방지기** 설치
화상	토치나 호스에서 산소 누설	• 산소누설이 없는 호스 사용
	산소를 공기대신으로 환기나 압력 시험용으로 사용	• 산소의 위험성 교육 실시 • **소화기** 비치

07 화기취급작업의 일반적인 절차 교재 1권 P.230

처리절차		임무내용
사전허가	① 작업허가	• 작업요청 • 승인검토 및 허가서 발급
안전조치	① 화재예방조치 ② 안전교육	• 가연물 이동 및 보호조치 • 소방시설 작동 확인 • 용접·용단장비·보호구 점검 • 화재안전교육 • 비상시 행동요령 교육
작업·감독	① 화재감시자 입회 및 감독 ② 최종 작업 확인	• 화재감시자 입회 • 화기취급감독 • 현장상주 및 화재감시 • 작업 종료 확인

* 화기취급작업의 안전
  조치 업무내용
  교재 1권 P.230
① 가연물 이동 및 보호조치
② 소방시설 작동 확인
③ 용접·용단장비·보호구
  점검
④ 화재안전교육
⑤ 비상시 행동요령 교육

종합방재실의 운영

브레슬로 박사가 제안한 7가지 건강습관

1. 하루 7~8시간 충분한 수면

2. 금연

3. 적정한 체중 유지

4. 과음을 삼간다.

5. 주 3회 이상 운동

6. 아침 식사를 거르지 않는다.

7. 간식을 먹지 않는다.

제**7**편 종합방재실의 운영

01 종합방재실의 구축효과 [교재 1권 P.240]

(1) 화재피해 최소화
(2) 화재시 신속한 대응
(3) 시스템 안전성 향상
(4) 유지관리 비용 절감

 기출문제

01 다음 중 종합방재실의 구축효과로 옳지 않은 것은?

[교재 1권 P.240]
① 화재피해의 최소화
② 화재시 신속한 대응
③ 시스템 안전성 향상
④ 유지관리 비용 증가

 해설
④ 증가 → 절감

정답 ④

02 종합방재실 [교재 1권 PP.244-245, P.249]

종합방재실의 개수	종합방재실의 위치	정기유지보수
1개	1층 또는 피난층	월 1회 이상

* 종합방재실의 개수
[교재 1권 PP.244-245]

1개

Key Point

기출문제 •

02 종합방재실의 개수는 일반적으로 몇 개가 적당한가?

교재 1권
P.244

① 1개 ② 2개
③ 3개 ④ 4개

해설
① 종합방재실 개수 : 1개

정답 ①

03 종합방재실의 위치는 몇 층이 가장 알맞은가?

교재 1권
P.245

① 1층 ② 2층
③ 3층 ④ 최상층

해설
① 종합방재실 위치 : 1층 또는 피난층

정답 ①

04 종합방재실의 운영상 유지보수는 시스템의 매뉴얼을 근거로 하여 월 몇 회 정기적으로 실시하는가?

교재 1권
P.249

① 월 1회 ② 월 2회
③ 연 1회 ④ 연 2회

해설
① 종합방재실 정기 유지보수 : 월 1회 이상

정답 ①

03 종합방재실의 위치 교재 1권 P.245

★ 종합방재실의 위치
교재 1권 P.245
1층 또는 피난층

(1) **1층** 또는 **피난층**

(2) 초고층 건축물 등에 특별피난계단이 설치되어 있고, 특별피난계단 출입구로부터 **5m** 이내에 종합방재실을 설치하려는 경우에는 **2층** 또는 **지하 1층**에 설치할 수 있다.

(3) 공동주택의 경우에는 **관리사무소 내**에 설치할 수 있다.

(4) **비상용 승강장, 피난 전용 승강장** 및 **특별피난계단**으로 이동하기 쉬운 곳

(5) 재난정보 수집 및 제공, 방재활동의 거점 역할을 할 수 있는 곳

(6) **소방대**가 쉽게 도달할 수 있는 곳

(7) **화재** 및 **침수** 등으로 인하여 피해를 입을 우려가 적은 곳

04 종합방재실의 구조 및 면적 [교재 1권] P.246, P.248

(1) 다른 부분과 방화구획으로 설치할 것[단, 다른 제어실 등의 감시를 위하여 두께 **7mm** 이상의 망입유리(두께 **16.3mm** 이상의 접합유리 또는 두께 **28mm** 이상의 복층유리 포함)로 된 **4m²** 미만의 붙박이창 설치 가능]

(2) 인력의 대기 및 휴식 등을 위하여 종합방재실과 방화구획된 부속실을 설치할 것

(3) 면적은 **20m²** 이상으로 할 것

(4) 재난 및 안전관리, 방범 및 보안, 테러 예방을 위하여 필요한 시설·장비의 설치와 근무인력의 재난 및 안전관리 활동, 재난 발생시 소방대원의 지휘활동에 지장이 없도록 설치할 것

(5) 출입문에는 **출입제한** 및 **통제장치**를 갖출 것

(6) 초고층 건축물 등의 관리주체의 인력을 **3명** 이상 상주하도록 할 것

 기출문제

 05 종합방재실의 설치기준에 대한 설명으로 옳은 것은?

[교재 1권 PP.244 -245, P.246]

① 공동주택의 경우 관리사무소 내에 설치할 수 없다.

② 종합방재실은 반드시 1층에 설치해야 한다.

③ 종합방재실의 면적은 30m²로 해야 한다.

④ 재난정보 수집 및 제공, 방재활동의 거점 역할을 할 수 있는 곳이어야 한다.

Key Point

유사 기출문제

05-1★ [교재 1권 PP.244-245]

다음 중 종합방재실의 위치에 대한 설명으로 틀린 것은?

① 1층 또는 피난층

② 초고층 건축물에 특별피난계단이 설치되어 있고, 특별피난계단 출입구로부터 5m 이내에 종합방재실을 설치하려는 경우에는 지하 1층 또는 지하 2층에 설치할 수 있다.

③ 화재 및 침수 등으로 인하여 피해를 입을 우려가 적은 곳

④ 공동주택의 경우에는 관리사무소 내에 설치할 수 있다.

해설 ② 지하 1층 또는 지하 2층 → 2층 또는 지하 1층

정답 ②

05-2★ [교재 1권 P.246]

종합방재실의 구조 및 면적에 관한 사항으로 틀린 것은?

① 일반적으로 다른 부분과 방화구획으로 설치할 것

② 인력의 대기 및 휴식 등을 위하여 종합방재실과 방화구획된 부속실을 설치할 것

③ 재난 및 안전관리, 방범 및 보안, 테러 예방을 위하여 필요한 시설·장비의 설치와 근무인력의 재난 및 안전관리 활동, 재난 발생시 소방대원의 지휘활동에 지장이 없도록 설치할 것

④ 응급시설을 요청할 수 있는 장치를 갖출 것

정답 ④

해설
① 없다. → 있다.
② 반드시 1층 → 1층 또는 피난층
③ 30m² → 20m²

정답 ④

06

교재 1권 P.246, P.248

다음 중 종합방재실의 설치기준에 관한 사항으로 옳지 않은 것은?
① 다른 부분과 방화구획으로 설치할 것
② 인력의 대기 및 휴식 등을 위해 종합방재실과 방화구획된 부속실을 설치할 것
③ 면적은 20m² 이상으로 할 것
④ 초고층 건축물 등의 관리주체의 인력을 2명 이상 상주하도록 할 것

 해설
④ 2명 → 3명

종합방재실의 설치기준
(1) 다른 부분과 **방화구획**으로 설치할 것 보기 ①
(2) 인력의 대기 및 휴식 등을 위해 종합방재실과 방화구획된 부속실을 설치할 것 보기 ②
(3) 면적 : **20m²** 이상 보기 ③
(4) 출입문에는 **출입제한** 및 **통제장치**를 갖출 것
(5) 재난 및 안전관리, 방범 및 보안, 테러 예방을 위하여 필요한 시설·장비의 설치와 근무인력의 재난 및 안전관리활동, 재난 발생시 소방대원의 지휘활동에 지장이 없도록 설치할 것
(6) 초고층 건축물 등의 관리주체의 인력을 **3명** 이상 **상주**하도록 할 것 보기 ④

정답 ④

Key Point

* 종합방재실

교재 1권 P.246, P.248

① 면적 20m² 이상
② 3명 이상 상주

응급처치
이론 및 실습

내가 못하면 아무도 못하는 그날까지...

제8편 응급처치 이론 및 실습

＊응급처치
가정, 직장 등에서 부상이
나 질병으로 인해 위급한
상황에 놓인 환자에게 의사
의 치료가 시행되기 전에
즉각적이며 임시적으로 제
공하는 처치

01 응급처치의 중요성 교재 1권 P.255

(1) 긴급한 환자의 생명 유지 문어 보기②
(2) 환자의 고통 경감 문어 보기③
(3) 위급한 부상부위의 응급처치로 치료기간 단축
(4) 현장처치의 원활화로 의료비 절감 문어 보기④

기출문제

유사 기출문제

01★ 교재 1권 P.255
다음 중 응급처지의 중요성
에 해당하지 않는 것은?
① 긴급한 환자의 생명 유지
② 환자의 고통 경감
③ 위급한 부상부위의 응급
　처치로 치료기간 단축
④ 구조자의 처치실력 향상

해설
　④ 해당없음

정답 ④

01 ★★
교재 1권
P.255
응급처치의 중요성에 관한 설명으로 틀린 것은?
① 환자의 건강체크와 사전예방
② 긴급한 환자의 생명 유지
③ 환자의 고통 경감
④ 현장처치의 원활화로 의료비 절감

해설
　① 응급처치는 사전예방 불가능

정답 ①

02 응급처치요령(기도확보) 교재 1권 P.255

(1) 환자의 입 내에 이물질이 있을 경우 기침을 유도한다. 문02 보기①
(2) 환자의 입 내에 눈에 보이는 이물질이라 하여 <u>함부로 제거하려 해서는 안 된다.</u>
　　　　　　　　　　　　　　　　　　　　손을 넣어 제거한다. ✕
　문02 보기②
(3) 이물질이 제거된 후 머리를 <u>뒤로</u> 젖히고, 턱을 <u>위로</u> 들어 올려 기도가 개방
　되도록 한다. 문02 보기③　　　옆으로 ✕　　　　아래로 내려 ✕

(4) 환자가 기침을 할 수 없는 경우 **하임리히법**을 실시한다. 문02 보기④

 응급처치의 일반원칙

(1) 구조자는 자신의 안전을 최우선시 한다. 문03 보기①
(2) 응급처치시 사전에 보호자 또는 당사자의 이해와 동의를 얻어 실시하는 것을 원칙으로 한다.
(3) 불확실한 처치는 하지 않는다.
(4) 119구급차를 이용시 전국 어느 곳에서나 이송거리, 환자 수 등과 관계 없이 어떠한 경우에도 무료이나 사설단체 또는 병원에서 운영하고 있는 앰뷸런스는 일정요금을 징수한다.

기출문제

02 다음 중 응급처치요령으로 옳지 않은 것은?

교재 1권
P.255

① 환자의 입 내에 이물질이 있을 경우 기침을 유도한다.
② 환자의 입 내에 이물질이 눈으로 보일 경우 손을 넣어 제거한다.
③ 이물질이 제거된 후 머리를 뒤로 젖히고, 턱을 위로 들어 올려 기도가 개방되도록 한다.
④ 환자가 기침을 할 수 없는 경우 하임리히법을 실시한다.

해설

② 손을 넣어 제거한다. → 함부로 제거하려 해서는 안 된다.

정답 ②

03 다음 응급처치에 대한 설명으로 틀린 것은?

교재 1권
PP.255
-256

① 구조자는 자신의 안전을 최우선한다.
② 현장처치의 원활화로 의료비 절감도 응급처치의 중요성에 해당한다.
③ 눈에 보이는 이물질이라 하여 함부로 제거하려 해서는 안 된다.
④ 기도를 개방할 때는 머리를 옆으로 젖히고, 턱을 아래로 내린다.

해설

④ 옆으로 → 뒤로, 아래로 내린다. → 위로 들어 올린다.

정답 ④

유사 기출문제

03★ 교재 1권 P.256
다음 중 응급처치의 일반적인 원칙으로 틀린 것은?

① 구조대상자의 안전을 최우선한다.
② 불확실한 처치는 하지 않는다.
③ 응급처치시 사전에 보호자 또는 당사자의 이해와 동의를 얻어 실시하는 것을 원칙으로 한다.
④ 119 구급차를 이용시 어떠한 경우에도 무료이나 사설단체 또는 병원에서 운영하고 있는 앰뷸런스는 일정요금이 징수된다.

해설
① 구조대상자 → 구조자

정답 ①

Key Point

03 **출혈의 증상** 교재 1권 P.258

(1) 호흡과 맥박이 **빠르고** **약하고** **불규칙**하다. 문04 보기①
　　느리고 ×
(2) 반사작용이 <u>둔해진다.</u> 문04 보기②
　　민감해진다 ×
(3) 체온이 떨어지고 **호흡곤란**도 나타난다. 문04 보기③
(4) 혈압이 점차 저하되며, 피부가 **창백**해진다. 문04 보기④
(5) **구토**가 발생한다.
(6) **탈수현상**이 나타나며 갈증을 호소한다.

기출문제

유사 기출문제

04★　　　교재 1권 P.258
다음 중 출혈시 증상이 아닌 것은?
① 호흡과 맥박이 느리고 약하고 불규칙하다.
② 체온이 떨어지고 호흡곤란도 나타난다.
③ 탈수현상이 나타나며 갈증이 심해진다.
④ 구토가 발생한다.
해설
 ① 느리고 → 빠르고
정답 ①

★★
04 응급처치요령 중 출혈의 증상으로 틀린 것은?
교재 1권 P.258
① 호흡과 맥박이 빠르고 약하고 불규칙하다.
② 반사작용이 민감해진다.
③ 체온이 떨어지고 호흡곤란도 나타난다.
④ 혈압이 점차 저하되며, 피부가 창백해진다.
해설
　　② 민감해진다. → 둔해진다.

정답 ②

＊ 출혈시의 응급처치방법
교재 1권 PP.258-259
① 직접압박법
② 지혈대 사용법

04 **출혈시 응급처치** 교재 1권 PP.258-259

지혈방법	설 명
직접 압박법	① 출혈 상처부위를 **직접 압박**하는 방법이다. 문05 보기①② ② 출혈부위를 심장보다 높여준다. ③ 소독거즈나 <u>압박붕대</u>로 출혈부위를 덮은 후 4~6인치 　　　　　　탄력붕대 × 　탄력붕대로 출혈부위가 압박되게 감아준다. 　압박붕대 ×

Key Point

지혈방법	설 명
지혈대 사용법	① 절단과 같은 **심한 출혈**이 있을 때나 지혈법으로도 출혈을 막지 못할 경우 최후의 수단으로 사용하는 방법 문05 보기③④ ② **5cm** 이상의 띠 사용 3cm ×

기출문제 ●

05 응급처치요령 중 출혈시 응급처치방법으로 옳은 것은?

교재 1권 PP.258 -259

① 직접 압박법을 행한다.
② 지혈대 사용법은 출혈 상처부위를 직접 압박하는 방법이다.
③ 직접 압박법은 절단과 같은 심한 출혈이 있을 때에 사용하는 방법이다.
④ 직접 압박법은 지혈법으로도 출혈을 막지 못할 경우 최후의 수단으로 사용한다.

 해설

② 지혈대 사용법 → 직접 압박법
③ 직접 압박법 → 지혈대 사용법
④ 직접 압박법 → 지혈대 사용법

● 정답 ①

유사 기출문제

05★★ 교재 1권 PP.258-259
출혈시 응급처치방법으로 옳은 것은?
① 직접 압박법을 한다.
② 기침이 나오지 않을 경우 하임리히법을 사용한다.
③ 구토 발생시 자동심장충격기를 사용한다.
④ 지혈대 사용법은 3cm 이상의 띠를 사용한다.

 해설
② 하임리히법 : 이물질이 목에 걸렸을 때 처치법
③ 자동심장충격기 : 심정지환자에게 사용
④ 3cm 이상 → 5cm 이상

정답 ①

06 다음 중 출혈시 처치방법으로 옳은 것은?

교재 1권 PP.258 -259

① 지혈대를 오랜 시간 장착, 방치하면 혈액으로부터 공급받던 산소의 부족으로 조직괴사가 유발되니 3cm 이상의 띠를 사용하여야 한다.
② 직접 압박법을 시행할 때 출혈부위를 심장보다 높여준다.
③ 직접 압박법은 소독거즈나 탄력붕대로 출혈부위를 덮은 후 4~6인치 압박붕대로 출혈부위가 압박되게 감아준다.
④ 절단과 같은 심한 출혈이 있을 때는 직접 압박법을 사용한다.

해설

① 3cm → 5cm
③ 탄력붕대 → 압박붕대, 압박붕대 → 탄력붕대
④ 직접 압박법 → 지혈대

정답 ②

* **화상의 분류** 교재 1권 P.260

① 표피화상
② 부분층화상
③ 전층화상

* **화상환자 이동 전 조치 사항** 교재 1권 PP.260-261

① 옷을 잘라내지 말고 수건 등으로 닦거나 접촉되는 일이 없도록 한다.
② 화상부분의 오염 우려 시는 소독거즈가 있을 경우 화상부위를 덮어 주면 좋다.
③ 화상부위의 화기를 빼기 위해 실온의 물로 씻어낸다.
④ 물집이 생기면 상처가 남을 수 있으므로 터트리지 않는다.

05 화상의 분류 교재 1권 P.260

종 별	설 명
표피화상(1도 화상)	• 표피 바깥층의 화상 • 약간의 부종과 **홍반**이 나타남 • 통증을 느끼나 흉터없이 치료됨 **공하상 기억법** 표1홍
부분층화상(2도 화상)	• 피부의 두 번째 층까지 화상으로 손상 문07 보기① • **심한 통증**과 발적, 수포 발생 문07 보기① • **물집**이 터져 **진물**이 나고 **감염위험** 문07 보기③ • 표피가 얼룩얼룩하게 되고 **진피**의 **모세혈관**이 손상 문07 보기② **공하상 기억법** 부2진물
전층화상(3도 화상)	• 피부 **전층** 손상 • 피하지방과 근육층까지 손상 • 화상부위가 **건조**하며 통증이 없음 문07 보기④ **공하상 기억법** 전3건

┃화상의 분류┃

기출문제 ●

07 화상의 분류 중 부분층화상(2도 화상)에 대한 설명으로 옳지 않은 것은?

교재 1권 P.260

① 피부의 두 번째 층까지 화상으로 손상되어 심한 통증과 발적이 생긴다.

② 수포가 발생하므로 표피가 얼룩얼룩하게 되고 진피의 모세혈관이 손상된다.

③ 물집이 터져 진물이 나고 감염의 위험이 있다.

④ 피부에 체액이 통하지 않아 화상부위는 건조하며 통증이 없다.

 해설
①·②·③ 부분층화상(2도 화상)
④ 전층화상(3도 화상)

정답 ④

Key Point

유사 기출문제

07★★★ 교재 1권 P.260

다음 중 부분층화상에 대한 설명으로 틀린 것은?

① 발적, 수포가 발생하므로 표피가 얼룩얼룩하게 된다.

② 피부에 체액이 통하지 않아 화상부위는 건조하며 통증이 없다.

③ 2도 화상이라고 한다.

④ 진피의 모세혈관이 손상된다.

 해설
② 전층화상에 대한 설명

정답 ②

08 다음 중 화상에 대한 설명으로 옳은 것은?

교재 1권 P.260

① 피부 바깥층의 화상을 말하며 약간의 부종과 홍반이 나타나며 부어오르는 통증을 느끼나 치료시 흉터없이 치료되는 화상은 표피화상이다.

② 심한 통증과 발적, 수포가 발생하므로 표피가 얼룩얼룩하게 되고 진피의 모세혈관이 손상되며 물집이 터져 진물이 나고 감염의 위험이 있는 화상은 전층화상이다.

③ 부분층화상은 피하지방과 근육층까지 손상을 입는 것이다.

④ 진피의 모세혈관이 손상되는 화상에서는 통증을 느끼지 못한다.

 해설
② 전층화상 → 부분층화상
③ 부분층화상 → 전층화상
④ 통증을 느끼지 못한다. → 심한 통증을 느낀다(부분층 화상에 대한 설명).

정답 ①

Key Point

06 화상환자 이동 전 조치 [교재 1권] PP.260-261

(1) 화상환자가 착용한 옷가지가 피부조직에 붙어 있을 때에는 옷을 잘라내지 ~~잘라낸다.~~ ×
말고 수건 등으로 닦거나 접촉되는 일이 없도록 한다. [문09 보기①]

(2) 통증 호소 또는 피부의 변화에 동요되어 **간장, 된장, 식용기름**을 바르는 일이 없도록 하여야 한다.

(3) **1·2도 화상**은 화상부위를 흐르는 물에 식혀준다. 이때 물의 온도는 실온, 수압은 약하게 하여 화상부위보다 위에서 아래로 흘러내리도록 한다.
같은 온도 ×
(화기를 빼기 위해 실온의 물로 씻어냄) [문09 보기②]

(4) **3도 화상**은 물에 적신 천을 대어 열기가 심부로 전달되는 것을 막아주고 통증을 줄여준다.

(5) 화상부분의 오염 우려시는 소독거즈가 있을 경우 화상부위를 덮어주면 좋다. 그러나 골절환자일 경우 무리하게 압박하여 드레싱하는 것은 금한다. [문09 보기④]

(6) 화상환자가 부분층화상일 경우 **수포(물집)**상태의 감염 우려가 있으니 터트리지 말아야 한다. [문09 보기③]

유사 기출문제

09★★★ [교재 1권] PP.260-261
다음 중 화상환자 이동 전 조치사항에 대한 ( ) 안의 내용이 올바르게 된 것은?

- 화상환자가 착용한 옷가지가 피부조직에 붙어 있을 때에는 옷을 (㉠) 수건 등으로 닦거나 접촉되는 일이 없도록 한다.
- (㉡) 화상은 물에 적신 천을 대어 열기가 심부로 전달되는 것을 막아주고 통증을 줄여준다.
- 화상환자가 부분층화상일 경우 수포(물집)상태의 감염 우려가 있으니 (㉢) 한다.

① ㉠ : 잘라내지 말고, ㉡ : 1도, ㉢ : 터트리지 말아야
② ㉠ : 잘라내고, ㉡ : 2도, ㉢ : 터트려야
③ ㉠ : 잘라내지 말고, ㉡ : 3도, ㉢ : 터트리지 말아야
④ ㉠ : 잘라내고, ㉡ : 3도, ㉢ : 터트려야

해설
③ ㉠ : 잘라내지 말고
㉡ : 3도
㉢ : 터트리지 말아야
정답 ③

기출문제

 기출문제

★★★
09 화상의 응급처치사항으로 옳은 것은?

[교재 1권] PP.260 -261

① 화상환자가 착용한 옷가지가 피부조직에 붙어 있을 때에는 통풍이 잘되게 옷을 잘라낸다.
② 화상부위의 화기를 빼지 말고 같은 온도의 물로 씻어낸다.
③ 물집이 생기면 상처가 남을 수 있으므로 터트려야 한다.
④ 화상부분의 오염 우려시는 소독거즈가 있을 경우 화상부위를 덮어주면 좋다.

해설
① 옷을 잘라낸다. → 옷을 잘라내지 말고 수건 등으로 닦는다.
② 화기를 빼지 말고 같은 온도의 물로 → 화기를 빼기 위해 실온의 물로
③ 터트려야 한다. → 터트리지 않는다.

 정답 ④

10 화상의 응급처치방법 중 화상환자 이동 전 조치사항으로 틀린 것은?

교재 1권 PP.260 -261

① 화상환자가 착용한 옷가지가 피부조직에 붙어 있을 때에는 옷가지를 떼어낸다.

② 통증 호소 또는 피부의 변화에 동요되어 간장, 된장, 식용기름을 바르는 일이 없도록 하여야 한다.

③ 1·2도 화상은 화상부위를 흐르는 물에 식혀준다.

④ 화상부분의 오염 우려시는 소독거즈가 있을 경우 화상부위를 덮어주면 좋다.

 해설

① 옷가지를 떼어낸다. → 옷을 잘라내지 말고 수건 등으로 닦거나 접촉되는 일이 없도록 한다.

정답 ①

유사 기출문제

10★ 교재 1권 PP.260-261

화상의 응급처치방법 중 화상환자 이동 전 조치사항으로 옳지 않은 것은?

① 화상환자가 착용한 옷가지가 피부조직에 붙어 있을 때에는 옷가지를 잘라내야 한다.

② 통증 호소 또는 피부의 변화에 동요되어 간장, 된장, 식용기름을 바르는 일이 없도록 하여야 한다.

③ 3도 화상은 물에 적신 천을 대어 열기가 심부로 전달되는 것을 막아주고 통증을 줄여준다.

④ 화상부분의 오염 우려시는 소독거즈가 있을 경우 화상부위를 덮어주면 좋다.

해설

① 옷가지를 잘라내야 한다. → 옷을 잘라내지 말고 수건 등으로 닦거나 접촉되는 일이 없도록 한다.

정답 ①

07 심폐소생술 교재 1권 P.262

심폐소생술 실시	심폐소생술 기본순서 문11 보기①
호흡과 심장이 멎고 **4~6분**이 경과하면 산소 부족으로 뇌가 손상되어 원상회복되지 않으므로 호흡이 없으면 즉시 심폐소생술을 실시해야 한다.	**가슴압박 → 기도유지 → 인공호흡** 가기인

기출문제 ●

11 다음 중 심폐소생술 순서로 맞는 것은?

교재 1권 P.262

① 가슴압박 → 기도유지 → 인공호흡

② 기도유지 → 인공호흡 → 가슴압박

③ 인공호흡 → 기도유지 → 가슴압박

④ 가슴압박 → 인공호흡 → 기도유지

해설

① 가슴압박 → 기도유지 → 인공호흡

정답 ①

08 성인의 가슴압박 교재 1권 PP.263-264

(1) 환자의 **어깨**를 두드린다.
(2) 구조자의 체중을 이용하여 압박 문12 보기①
(3) 인공호흡에 자신이 없으면 가슴압박만 시행 문12 보기②
(4) 인공호흡을 시행하기 위한 가슴압박 중단은 <u>10초 이내</u>로 최소화한다.
    문12 보기④   10초 이상 ×

구 분	설 명 문12 보기③
속 도	분당 **100~120회**
깊 이	약 **5cm**

‖ 가슴압박 위치 ‖

기출문제

＊ 심폐소생술
교재 1권 PP.262-264
호흡과 심장이 멎고 **4~6분**
이 경과하면 산소부족으로
뇌가 손상되므로 즉시 **심폐
소생술** 실시
① 가슴압박 **30회** 시행
② 인공호흡 **2회** 시행
③ 가슴압박과 인공호흡의
　 반복

★★★
12 다음 중 심폐소생술에 대한 설명으로 옳은 것은?

교재 1권
PP.263
-264

① 구조자의 체중을 이용하여 압박하면 안 된다.
② 인공호흡에 자신이 없으면 가슴압박만 시행한다.
③ 가슴압박은 분당 100~120회 5cm 깊이로 깊고 강하게 누르고 압박
　 대 이완의 시간비율이 30 대 2로 되게 한다.
④ 인공호흡을 시행하기 위한 가슴압박 중단은 10초 이상으로 해야 안
　 전하다.

 해설

　① 압박하면 안 된다. → 압박해야 한다.
　③ 30 대 2 → 50 대 50
　④ 10초 이상 → 10초 이내

 정답 ②

09 심폐소생술의 진행과 자동심장충격기

1 심폐소생술의 진행 교재 1권 P.264

구 분	시행횟수
가슴압박	30회
인공호흡	**2**회

공학성 기억법 인2(인위적)

2 자동심장충격기(AED) 사용방법 교재 1권 PP.265-267

(1) 자동심장충격기를 심폐소생술에 방해가 되지 않는 위치에 놓은 뒤 전원 버튼을 누른다. 문14 보기④

(2) 환자의 상체를 노출시킨 다음 패드 포장을 열고 2개의 패드를 환자의 가슴에 붙인다. 문13 보기④

(3) 패드는 **왼쪽 젖꼭지 아래의 중간겨드랑선**에 설치하고 **오른쪽 빗장뼈** (쇄골) 바로 **아래**에 붙인다. 문13 보기①

∥ 패드의 부착위치 ∥

패드 1	패드 2
오른쪽 빗장뼈(쇄골) 바로 아래	왼쪽 젖꼭지 아래의 중간겨드랑선

∥ 패드 위치 ∥

(4) 심장충격이 필요한 환자인 경우에만 제세동버튼이 깜박이기 시작하며, 깜박일 때 심장충격버튼을 눌러 심장충격을 시행한다.

(5) 심장충격버튼을 누르기 전에는 반드시 주변사람 및 구조자가 환자에게서 ~~누른 후에는~~ ✕
떨어져 있는지 다시 한 번 확인한 후에 실시하도록 한다. 문13 보기③

✳ 심폐소생술 교재 1권 PP.262-264
호흡과 심장이 멎고 **4~6분**이 경과하면 산소부족으로 뇌가 손상되므로 즉시 **심폐소생술** 실시
① 가슴압박 **30회** 시행
② 인공호흡 **2회** 시행
③ 가슴압박과 인공호흡의 반복

Key Point

(6) 심장충격이 필요 없거나 심장충격을 실시한 이후에는 즉시 **심폐소생술**을 다시 시작한다. 문13 보기②

(7) **2분**마다 심장리듬을 분석한 후 반복 시행한다.

기출문제 ●

유사 기출문제

13★★ 교재 1권 PP.265-267

다음 중 **자동심장충격기(AED) 사용방법으로 옳지 않은 것은?**

① 자동심장충격기를 심폐소생술에 방해가 되지 않는 위치에 놓은 뒤 전원버튼을 누른다.

② 환자의 상체를 노출시킨 다음 패드 포장을 열고 2개의 패드를 환자의 가슴 피부에 붙인다.

③ 패드 1은 왼쪽 빗장뼈(쇄골) 바로 아래에, 패드 2는 오른쪽 젖꼭지 아래의 중간겨드랑선에 붙인다.

④ 심장충격이 필요한 환자인 경우에만 제세동버튼이 깜박이기 시작하며, 깜박일 때 심장충격버튼을 눌러 심장충격을 시행한다.

해설
③ 왼쪽 → 오른쪽, 오른쪽 → 왼쪽

정답 ③

★★★
13 교재 1권 PP.265 -267

자동심장충격기(AED) 사용방법으로 틀린 것은?

① 패드는 왼쪽 젖꼭지 아래의 중간겨드랑선에 설치하고 오른쪽 빗장뼈(쇄골) 바로 아래에 붙인다.

② 심장충격이 필요 없거나 심장충격을 실시한 이후에는 즉시 심폐소생술을 다시 시작한다.

③ 심장충격버튼을 누른 후에는 반드시 주변사람 및 구조자가 환자에게 떨어져 있는지 다시 한 번 확인한다.

④ 환자의 상체를 노출시킨 다음 패드 포장을 열고 2개의 패드를 환자의 가슴에 붙인다.

해설
③ 누른 후에는 → 누르기 전에는

정답 ③

★★
14 교재 1권 PP.265 -267

자동심장충격기(AED) 사용방법으로 틀린 것은?

① 패드는 오른쪽 젖꼭지 아래의 중간겨드랑선에 설치하고 왼쪽 빗장뼈(쇄골) 바로 아래에 붙인다.

② 심장충격이 필요 없거나 심장충격을 실시한 이후에는 즉시 심폐소생술을 다시 시작한다.

③ 심장충격이 필요한 환자인 경우에만 제세동버튼이 깜박이기 시작하며, 깜박일 때 심장충격버튼을 눌러 심장충격을 시행한다.

④ 자동심장충격기를 심폐소생술에 방해가 되지 않는 위치에 놓은 뒤 전원버튼을 누른다.

해설
① 오른쪽 → 왼쪽, 왼쪽 → 오른쪽

정답 ①

★★
15 다음 그림 중 심폐소생술(CPR) 순서로 옳은 것은?

교재 1권
PP.262
-263

①

②

③

④

해설 심폐소생술(CPR) 순서

(1) 반응의 확인   (2) 119신고   (3) 가슴압박   (4) 인공호흡
                                30회 시행   2회 시행

정답 ④

* CPR
'Cardio Pulmonary Resusci-
tation'의 약자

✓중요 올바른 심폐소생술 시행방법

반응의 확인 → 119신고 → 호흡확인 → 가슴압박 30회 시행 → 인공호흡 2회
시행 → 가슴압박과 인공호흡의 반복 → 회복자세

★★★
16 다음 빈칸의 내용으로 옳은 것은?

교재 1권
PP.262
-263

환자의 (㉠)를 두드리면서 "괜찮으세요?"라고 소리쳐서 반응을 확인한다.
쓰러진 환자의 얼굴과 가슴을 (㉡) 이내로 관찰하여 호흡이 있는 지를 확인한다.

∥반응 및 호흡 확인∥

① ㉠ : 어깨, ㉡ : 1초
② ㉠ : 손바닥, ㉡ : 5초
③ ㉠ : 어깨, ㉡ : 10초
④ ㉠ : 손바닥, ㉡ : 10초

해설 성인의 가슴압박

(1) 환자의 **어깨**를 두드린다. 보기 ㉠
(2) 구조자의 체중을 이용하여 압박
(3) 인공호흡에 자신이 없으면 가슴압박만 시행
(4) 인공호흡을 시행하기 위한 가슴압박 중단은 10초 이내로 최소화한다.
보기 ㉡   10초 이상 ✕

* 가슴압박
① 속도 : 100~120회/분
② 깊이 : 약 5cm(소아 4~5cm)

구 분	설 명
속 도	분당 100~120회
깊 이	약 5cm(소아 4~5cm)

∥가슴압박 위치∥

정답 ③

17 다음은 인공호흡에 관한 내용이다. 보기 중 옳은 것을 있는 대로 고른 것은?

교재 1권 P.264

교재 1권 P.264

★ 심폐소생술

교재 1권 P.264

가슴압박	인공호흡
30회	2회

┃인공호흡┃

㉠ 턱을 목 아래쪽으로 내려 공기가 잘 들어가도록 해준다.
㉡ 머리를 젖혔던 손의 엄지와 검지로 환자의 코를 잡아서 막고, 입을 크게 벌려 환자의 입을 완전히 막은 후 가슴이 올라올 정도로 1초에 걸쳐서 숨을 불어 넣는다.
㉢ 숨을 불어 넣을 때에는 환자의 가슴이 부풀어 오르는지 눈으로 확인하고 공기가 배출되도록 해야 한다.
㉣ 인공호흡이 꺼려지는 경우에는 가슴압박만 시행할 수 있다.

① ㉠   ② ㉡
③ ㉡, ㉣   ④ ㉠, ㉢

해설
㉠ 턱을 목 아래쪽으로→ 턱을 들어올려
㉢ 공기가 배출되도록 해야 한다. → 숨을 불어넣은 후에는 입을 떼고 코도 놓아주어서 공기가 배출되도록 한다.

정답 ③

* 패드의 부착위치

패드 1	패드 2
오른쪽 빗장뼈(쇄골) 바로 아래	왼쪽 젖꼭지 아래의 중간겨드랑선

★★★
18 다음 중 그림에 대한 설명으로 옳지 않은 것은?

(a)   (b)

① 철수 : (a) 절차에는 분당 100~120회의 속도로 약 5cm 깊이로 강하고 빠르게 시행해야 해.

② 영희 : 그림에서 보여지는 모습은 심폐소생술 관련 동작이야. 그리고 기본순서로는 가슴압박 > 기도유지 > 인공호흡으로 알고 있어.

③ 민수 : 환자 발견 즉시 (a)의 모습대로 30회의 가슴압박과 5회의 인공호흡을 119구급대원이 도착할 때까지 반복해서 시행해야 해.

④ 지영 : (b)의 응급처치 기기를 사용시 2개의 패드를 각각 오른쪽 빗장뼈 아래와 왼쪽 젖꼭지 아래의 중간겨드랑선에 부착해야 해.

 해설

③ 5회 → 2회

(1) **성인의 가슴압박**
  ① 환자의 어깨를 두드린다.
  ② 구조자의 체중을 이용하여 압박
  ③ 인공호흡에 자신이 없으면 가슴압박만 시행
  ④ 인공호흡을 시행하기 위한 가슴압박 중단은 <u>10초 이내로 최소</u>화한다.   10초 이상 ×

* 가슴압박 중단

교재 1권 P.262

10초 이내

* 호흡확인 교재 1권 P.263

10초 이내로 관찰

구 분	설 명 보기 ①
속 도	분당 **100~120회**
깊 이	약 5cm

▌ 가슴압박 위치 ▌

(2) **심폐소생술** 교재1권 P.262

심폐소생술 실시	심폐소생술 기본순서 보기②
호흡과 심장이 멎고 **4~6분**이 경과하면 산소 부족으로 뇌가 손상되어 원상 회복되지 않으므로 호흡이 없으면 즉시 심폐소생술을 실시해야 한다.	**가슴압박 → 기도유지 → 인공호흡** 공하성 기억법 **가기인**

▌ 심폐소생술의 진행 ▌ 교재1권 PP.263~264

구 분	시행횟수 보기③
가슴압박	30회
인공호흡	**2**회

공하성 기억법 **인2(인위적)**

(3) **자동심장충격기(AED) 사용방법** 교재1권 PP.289~290

① 자동심장충격기를 심폐소생술에 방해가 되지 않는 위치에 놓은 뒤 전원버튼을 누른다.
② 환자의 상체를 노출시킨 다음 패드 포장을 열고 2개의 패드를 환자의 가슴에 붙인다.
③ 패드는 **젖꼭지 아래**의 **중간겨드랑선**에 설치하고 **오른쪽 빗장뼈(쇄골) 아래**에 붙인다. 보기④

▌ 패드의 부착위치 ▌

패드 1	패드 2
오른쪽 빗장뼈(쇄골) 아래	왼쪽 젖꼭지 아래의 중간겨드랑선

* AED 사용방법
 교재1권 PP.289~290
① 전원켜기
② 두개의 패드 부착
③ 심장리듬 분석
④ 심장충격(제세동) 시행
⑤ 즉시 심폐소생술 다시 시행

패드 1   쇄골

패드 2

▮ 패드 위치 ▮

④ 심장충격이 필요한 환자인 경우에만 제세동버튼이 깜박이기 시작하며, 깜박일 때 심장충격버튼을 눌러 심장충격을 시행한다.

⑤ 심장충격버튼을 <u>누르기 전</u>에는 반드시 주변사람 및 구조자가
누른 후에는 ×
환자에게서 떨어져 있는지 다시 한 번 확인한 후에 실시하도록 한다.

⑥ 심장충격이 필요 없거나 심장충격을 실시한 이후에는 즉시 **심폐소생술**을 다시 시작한다.

⑦ **2분**마다 심장리듬을 분석한 후 반복 시행한다.

✱ **심장리듬분석**
2분마다

🌑정답 ③

164

제2권

" 내가 못하면 아무도 못하는 그 날까지

- 공하성 - "

제 1 편

소방시설의
구조·점검 및 실습

성공을 위한 10가지 충고 I

1. 시간을 낭비하지 말라.

2. 포기하지 말라.

3. 열심히 하고 나태하지 말라.

4. 생활과 사고를 단순하게 하라.

5. 정진하라.

6. 무관심하지 말라.

7. 책임을 회피하지 말라.

8. 낭비하지 말라.

9. 조급하지 말라.

10. 연습을 쉬지 말라.

– 김형모의 「마음의 고통을 돕기 위한 10가지 충고」 중에서 –

제 **1** 장 # 소방시설의 종류

01 간이소화용구 교재 2권 P.9

(1) **에어로졸식** 소화용구 문어 보기㉠
(2) **투척용** 소화용구 문어 보기㉡
(3) 소공간용 소화용구 및 소화약제 외의 것(**팽창질석, 팽창진주암, 마른 모래**) 문어 보기㉢㉣㉤

* 마른모래
예전에는 '**건조사**'라고 불리었다.

기출문제 ●

01 다음 중 간이소화용구를 모두 고른 것은?

교재 2권 P.9

㉠ 에어로졸식 소화용구   ㉡ 투척용 소화용구
㉢ 팽창질석   ㉣ 팽창진주암
㉤ 마른모래(모래주머니)

① ㉠, ㉡   ② ㉠, ㉡, ㉣
③ ㉠, ㉡, ㉢, ㉤   ④ ㉠, ㉡, ㉢, ㉣, ㉤

해설
④ 간이소화용구 : ㉠, ㉡, ㉢, ㉣, ㉤

정답 ④

02 피난구조설비 교재 2권 P.10

* 피난구조설비
교재 2권 P.10
① 비상조명등
② 유도등

(1) **피난기구**
　① **피**난사다리
　② **구**조대
　③ **완**강기

④ 간이완강기

⑤ 미끄럼대 ┐

⑥ 다수인 피난장비 ┤ 그 밖에 화재안전기준으로 정하는 것

⑦ 승강식 피난기 ┘

공하성 기억법 피구완

(2) 인명구조기구

① **방열**복

② **방화**복(안전모, 보호장갑, 안전화 포함)

③ **공**기호흡기

④ **인**공소생기

공하성 기억법 방화열공인

(3) 유도등 · 유도표지

(4) 비상조명등 · 휴대용 비상조명등

(5) 피난유도선

> * 인명구조기구
>
> 교재 2권 P.10
>
> ① 방열복
> ② 방화복(안전모, 보호장갑, 안전화 포함)
> ③ 공기호흡기
> ④ 인공소생기

---

03 소화활동설비 교재 2권 P.10

(1) 연결송수관설비

(2) 연결살수설비

(3) 연소방지설비

(4) 무선통신보조설비

(5) 제연설비 문02 보기③

(6) 비상**콘**센트설비

공하성 기억법 3연무제비콘

Key Point

＊ 물분무등소화설비

교재 2권 P.9

① **물**분무소화설비
② **미**분무소화설비
③ **포**소화설비
④ **이**산화탄소소화설비
⑤ **할**론소화설비
⑥ **할**로겐화합물 및 불활성
　기체 소화설비
⑦ **분**말소화설비
⑧ **강**화액소화설비
⑨ **고**체에어로졸소화설비

종**합성 기억법**

분포할이 할강미고

기출문제 ●

02 다음 중 소화활동설비로 옳은 것은?

교재 2권 P.10

① 단독경보형 감지기　　② 물분무등소화설비
③ 제연설비　　　　　　④ 통합감시시설

해설

①·④ 경보설비
② 소화설비
③ 소화활동설비

정답 ③

---

04 **자동화재탐지설비의 설치대상** 교재 2권 P.14

설치대상	조 건
① 정신의료기관·의료재활시설	• 창살설치 : 바닥면적 **300m²** 미만 • 기타 : 바닥면적 **300m²** 이상
② 노유자시설	• 연면적 **400m²** 이상
③ **근**린생활시설 문03 보기① · **위**락시설 ④ **의**료시설(정신의료기관 또는 요양병원 제외) ⑤ **복**합건축물·장례시설	• 연면적 **600m²** 이상
⑥ 목욕장·문화 및 집회시설, 운동시설 ⑦ 종교시설 ⑧ 방송통신시설·관광휴게시설 ⑨ 업무시설 문03 보기③ · 판매시설 문03 보기② ⑩ 항공기 및 자동차 관련시설·공장·창고시설 ⑪ 지하가(터널 제외)·운수시설·발전시설·위험물 저장 및 처리시설 ⑫ 교정 및 군사시설 중 국방·군사시설	• 연면적 **1000m²** 이상
⑬ **교**육연구시설 문03 보기④ · **동**식물관련시설 ⑭ **자**원순환관련시설·**교**정 및 군사시설(국방·군사시설 제외) ⑮ **수**련시설(숙박시설이 있는 것 제외) ⑯ 묘지관련시설	• 연면적 **2000m²** 이상

설치대상	조 건
⑰ 지하가 중 터널	• 길이 **1000m** 이상
⑱ 지하구 ⑲ 노유자생활시설 ⑳ 공동주택 ㉑ 숙박시설 ㉒ 6층 이상인 건축물 ㉓ 조산원 및 산후조리원 ㉔ 전통시장 ㉕ 요양병원(정신병원과 의료재활시설 제외)	• 전부
㉖ 특수가연물 저장·취급	• 지정수량 **500배** 이상
㉗ 수련시설(숙박시설이 있는 것)	• 수용인원 **100명** 이상
㉘ 발전시설	• 전기저장시설

 기억법 근위의복 6, 교동자교수 2

 기출문제 ●

★★
03 다음 중 자동화재탐지설비의 소방시설 적용기준으로 틀린 것은?
 교재 2권 P.14
① 근린생활시설(목욕장 제외)로서 연면적 $600m^2$ 이상
② 판매시설로서 연면적 $1000m^2$ 이상
③ 업무시설로서 연면적 $1000m^2$ 이상
④ 교육연구시설로서 연면적 $1500m^2$ 이상

해설
> ④ 연면적 $1500m^2$ → 연면적 $2000m^2$

정답 ④

유사 기출문제

03 ★★　　　교재 2권 P.14
다음 중 자동화재탐지설비를 설치하지 않아도 되는 곳은?
① 노유자생활시설 전부
② 지하가 중 길이 500m의 터널
③ 연면적 $600m^2$의 숙박시설
④ 연면적 $2000m^2$의 교육연구시설

 해설
> ② 500m → 1000m 이상

정답 ②

Key Point

05 비상조명등의 설치대상 교재 2권 P.15

설치대상	조 건
5층 이상(지하층 포함) 문04 보기①	연면적 **3000m²** 이상
지하층·무창층 문04 보기②	바닥면적 **450m²** 이상
터 널 문04 보기③	길이 **500m** 이상

* 휴대용 비상조명등 설
치대상 교재 2권 P.15
숙박시설

 비교 **휴대용 비상조명등의 설치대상**

설치대상	조 건
숙박시설 문04 보기④	전 부
수용인원 **100명** 이상의 영화상영관, 대규모 점포, 지하역사, 지하상가	전 부

 기출문제 ●------------

★★
04 다음 중 비상조명등을 설치하지 않아도 되는 곳은?

교재 2권
P.15

① 지하층을 포함하는 층수가 5층 이상의 연면적 3000m² 이상의 건축물
② 450m² 이상의 지하층 또는 무창층
③ 길이 500m 이상의 터널
④ 숙박시설

 해설

④ 휴대용 비상조명등의 설치대상

정답 ④

06 옥내소화전설비의 설치대상 교재 2권 P.11

설치대상	조 건
• 차고 · 주차장	200m² 이상
• 근린생활시설 • 판매시설 문05 보기② • 업무시설(금융업소 · 사무소) • 숙박시설(여관 · 호텔)	연면적 1500m² 이상
• 문화 및 집회시설 • 운동시설 • 종교시설	연면적 3000m² 이상
• 특수가연물 저장 · 취급	지정수량 750배 이상
• 지하가 중 터널	1000m 이상

＊ 특수가연물 지정수량
교재 2권 P.11, P.14

자동화재 탐지설비	• 건축허가 동의 • 옥내 · 외 소화 　전설비
지정수량 500배 이상	지정수량 750배 이상

07 옥외소화전설비의 설치대상 교재 2권 P.13

설치대상	조 건
목조건축물	**국보 · 보물** 전부
지상 1 · 2층 문05 보기③	바닥면적 합계 **9000m²** 이상
특수가연물 저장 · 취급	지정수량 **750배** 이상

08 스프링클러설비의 설치대상 교재 2권 PP.11-12

설치대상	조 건
① 문화 및 집회시설(동 · 식 　물원 제외) ② 종교시설(주요구조부가 목 　조인 것 제외) ③ 운동시설(물놀이형 시설, 　바닥이 불연재료이고, 관 　람석 없는 운동시설 제외)	• 수용인원 − **100명** 이상 • 영화상영관 − 지하층 · 무창층 **500m²** 　(기타 **1000m²**) • 무대부 　− 지하층 · 무창층 · 4층 이상 **300m²** 이상 　− 1∼3층 **500m²** 이상

설치대상	조 건
④ 판매시설 ⑤ 운수시설 ⑥ 물류터미널	• 수용인원 **500명** 이상 • 바닥면적 합계 **5000m²** 이상
⑦ 조산원, 산후조리원 ⑧ 정신의료기관 ⑨ 종합병원, 병원, 치과병원, 　한방병원 및 요양병원 ⑩ 노유자시설 ⑪ 수련시설(숙박 가능한 곳) ⑫ 숙박시설	• 바닥면적 합계 **600m²** 이상
⑬ 지하가(터널 제외)	• 연면적 **1000m²** 이상
⑭ 지하층·무창층(축사 제외) ⑮ **4층** 이상	• 바닥면적 **1000m²** 이상
⑯ **10m** 넘는 랙크식 창고	• 바닥면적 합계 **1500m²** 이상
⑰ 창고시설(물류터미널 제외)	• 바닥면적 합계 **5000m²** 이상
⑱ 기숙사 ⑲ 복합건축물	• 연면적 **5000m²** 이상
⑳ 6층 이상	모든 층
㉑ 공장 또는 창고시설	• 특수가연물 저장·취급 – 지정수량 **1000배** 이상 • 중·저준위 방사성 폐기물의 저장시설 중 소화수를 수집·처리하는 설비가 있는 저장시설
㉒ 지붕 또는 외벽이 불연재료가 아니거나 내화구조가 아닌 공장 또는 창고시설	• 물류터미널 　– 바닥면적 합계 **2500m²** 이상 　– 수용인원 **250명** 이상 • 창고시설(물류터미널 제외) – 바닥면적 합계 **2500m²** 이상 • 지하층·무창층·4층 이상 – 바닥면적 **500m²** 이상 • 랙크식 창고 – 바닥면적 합계 **750m²** 이상 • 특수가연물 저장·취급 – 지정수량 **500배** 미만
㉓ 교정 및 군사시설	• 보호감호소, 교도소, 구치소 및 그 지소, 보호관찰소, 갱생보호시설, 치료감호시설, 소년원 및 소년분류심사원의 수용거실 • 보호시설(외국인보호소는 보호대상자의 생활공간으로 한정) • 유치장
㉔ 발전시설	• 전기저장시설

＊ 6층 이상 교재 2권 P.11, P.14
① 건축허가 동의
② 자동화재탐지설비
③ 스프링클러설비

Key Point

★★
05 철수씨는 본인이 근무하는 건물에 설치되어 있는 소방시설이 궁금하
였다. 설치되지 않아도 되는 소방시설은 다음 중 무엇인가?

교재 2권
PP.11
-13

【철수씨가 근무하는 건물현황】
- 용도 : 판매시설
- 연면적 : 5000m²
- 층수 : 11층

① 자동화재탐지설비　　　　　② 옥내소화전설비
③ 옥외소화전설비　　　　　　④ 스프링클러설비

해설

③ 지상 1·2층 바닥면적 합계가 9000m² 이상이 되지 않으므로 옥외
소화전설비 설치제외대상

＊ 옥외소화전설비 설치
대상　교재 2권 P.13
지상 1·2층 바닥면적 합계
9000m² 이상

정답 ③

---

09 **수용인원의 산정방법** 교재 2권 P.17

특정소방대상물		산정방법
● 숙박시설	침대가 있는 경우	종사자수＋침대수 문06 보기①
	침대가 없는 경우	종사자수＋$\dfrac{\text{바닥면적 합계}}{3m^2}$
● 강의실 ● 교무실 ● 상담실 ● 실습실 ● 휴게실		$\dfrac{\text{바닥면적 합계}}{1.9m^2}$
● 기타		$\dfrac{\text{바닥면적 합계}}{3m^2}$
● 강당 ● 문화 및 집회시설 ● 운동시설 ● 종교시설		$\dfrac{\text{바닥면적 합계}}{4.6m^2}$

Key Point

● 소수점 이하는 **반**올림한다.

공하성 기억법 수반(<u>수반!</u> 동반!)

기출문제

유사 기출문제

06★★★   교재 2권 P.17

다음 조건을 참조하여 숙박시설이 있는 특정소방대상물의 수용인원 산정수로 옳은 것은?

● 침대가 있는 숙박시설로서 2인용 침대의 수는 9개이다.
● 종업원의 수는 3명이다.
● 바닥면적은 30m²이다.

① 21명   ② 31명
③ 45명   ④ 55명

해설 숙박시설(침대가 있는 경우)
= 종사자수+ 침대수
= 3명+(2인용×9개)
= 21명

● 바닥면적은 문제를 푸는 데 관계없다.

정답 ①

06 ★★
교재 2권
P.17

침대가 있는 숙박시설로서 1인용 침대의 수가 15개이고 2인용 침대의 수가 20개이며, 종업원의 수가 2명이다. 수용인원은 몇 명인가?

① 37명
② 47명
③ 57명
④ 67명

해설 숙박시설(침대가 있는 경우)= 종사자수+ 침대수
= 2명+(1인용×15개)+(2인용×20개)
= 57명

정답 ③

01 소화기구

1 소화능력 단위기준 및 보행거리 문어 보기③ 교재 2권 P.20, P.26

소화기 분류		능력단위	보행거리
소형소화기		1단위 이상	20m 이내
대형소화기	A급	10단위 이상	30m 이내
	B급	20단위 이상	

 보3대, 대2B(데이빗!)

* 대형소화기
  교재 2권 P.20
① A급 : 10단위 이상
② B급 : 20단위 이상

| A급 소화능력시험 | | B급 소화능력시험 |

기출문제

★★★
01
교재 2권 P.26

다음 중 특정소방대상물의 각 부분으로부터 1개의 소화기까지의 보행거리로 옳은 것은?

① 소형소화기 : 10m 이내, 대형소화기 : 20m 이내
② 소형소화기 : 15m 이내, 대형소화기 : 20m 이내
③ 소형소화기 : 20m 이내, 대형소화기 : 30m 이내
④ 소형소화기 : 20m 이내, 대형소화기 : 35m 이내

해설 **소화기의 설치기준**

구 분	설 명
보행거리 **20m** 이내	소형소화기
보행거리 **30m** 이내	**대**형소화기

공하성 기억법 대3(대상을 받다.)

정답 ③

2 분말소화기 vs 이산화탄소소화기 [교재 2권 PP.21-22]

(1) 분말소화기

① 소화약제 및 적응화재

적응화재	소화약제의 주성분	소화효과 [문02 보기②]
BC급	탄산수소나트륨(NaHCO₃)	• 질식효과 • 부촉매(억제)효과
	탄산수소칼륨(KHCO₃)	
ABC급 [문02 보기①]	제1인산암모늄(NH₄H₂PO₄)	
BC급	탄산수소칼륨(KHCO₃)＋요소(NH₂)₂CO	

* **담홍색** [교재 2권 P.21]
① 제1인산암모늄
  (NH₄H₂PO₄)
② ABC급

② 구조

가압식 소화기	축압식 소화기
• 본체 용기 내부에 가압용 가스용기가 **별도**로 설치되어 있으며, 현재는 생산 중단 [문02 보기③]	• 본체 용기 내에는 규정량의 소화약제와 **함께** 압력원인 **질소**가스가 충전되어 있음 [문02 보기④] • 용기 내 압력을 확인할 수 있도록 지시압력계가 부착되어 사용 가능한 범위가 **0.7~0.98MPa**로 **녹색**으로 되어 있음

‖ 가압식 소화기 ‖

‖ 축압식 소화기 ‖

기출문제

02 분말소화기에 대한 설명으로 틀린 것은?

교재 2권 P.21

① ABC급의 적응화재의 주성분은 제1인산암모늄이다.

② 소화효과는 질식, 부촉매(억제)이다.

③ 가압식 소화기는 본체 용기 내부에 가압용 가스용기가 별도로 설치되어 있으며 현재도 생산이 계속되고 있다.

④ 축압식 소화기는 본체 용기 내에는 규정량의 소화약제와 함께 압력원인 질소가스가 충전되어 있다.

 해설

③ 현재도 생산이 계속되고 있다. → 현재는 생산이 중단되었다.

정답 ③

03 ABC급 대형소화기에 관한 설명 중 틀린 것은?

교재 2권 PP.20 -21

① 주성분은 제1인산암모늄이다.

② 능력단위가 B급 화재 30단위 이상, C급 화재는 적응성이 있는 것을 말한다.

③ 능력단위가 A급 화재 10단위 이상인 것을 말한다.

④ 소화효과는 질식, 부촉매(억제)이다.

해설

② 30단위 → 20단위

정답 ②

③ 내용연수 문04 보기④

소화기의 내용연수를 **10년**으로 하고 내용연수가 지난 제품은 교체 또는 성능확인을 받을 것. 성능검사에 합격한 소화기는 내용연수 등이 경과한 날의 다음 달부터 다음의 기간동안 사용할 수 있다.

내용연수 경과 후 10년 미만	내용연수 경과 후 10년 이상
3년	1년

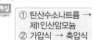
Key Point

유사 기출문제

02 ★★★ 교재 2권 P.21
다음 분말소화기에 대한 설명 중 ( ) 안에 들어갈 내용으로 옳은 것은?

적응화재 및 주성분	ABC급	(㉠)	
종류 및 특징	(㉡) 소화기	지시 압력계 부착	
	(㉢) 소화기	현재는 생산 중단	
지시압력계 사용가능 범위	(㉣)MPa~ 0.98MPa		

① ㉠ : 탄산수소나트륨
② ㉡ : 가압식
③ ㉢ : 축압식
④ ㉣ : 0.7

해설
① 탄산수소나트륨 → 제1인산암모늄
② 가압식 → 축압식
③ 축압식 → 가압식

정답 ④

＊ 대형소화기

교재 2권 P.20

분 류	능력단위
A급	10단위 이상
B급	20단위 이상
C급	적응성이 있는 것

Key Point

기출문제

04 분말소화기의 내용연수로 알맞은 것은?

교재 2권
P.22

① 3년   ② 5년
③ 8년   ④ 10년

해설

④ 분말소화기 내용연수 : 10년

정답 ④

---

* 이산화탄소소화기
혼 파손시 교체해야 한다.
문05 보기③

05 다음 표를 참고하여 소화기에 대한 설명으로 옳은 것은?

교재 2권
PP.21
-22

주성분	이산화탄소
총중량	5kg
능력단위	B2, C 적응
제조연월일	2022.3.15.

‖ 혼 파손 ‖

① 분말소화기이며 2032년 3월 14일까지 사용 가능하다.
② 유류화재의 소화능력단위는 2단위이다.
③ 혼이 파손되었지만 교체할 필요는 없다.
④ 일반화재에 사용이 가능하다.

* 분말소화기 vs 이산화
탄소소화기 문05 보기①

| 분말소화기 | 이산화탄소
소화기 |
| --- | --- |
| 10년 | 내용연수 없음 |

* 소화능력단위 문05 보기②④
A3, B5, C급 적응

일반   전기
화재   화재

3단위   사용가능

유류
화재

5단위

해설

① 분말소화기 → 이산화탄소소화기, 이산화탄소소화기는 내용연수가 없음
② B2, C 적응
      └ 사용가능
      └ 전기화재
   └ 2단위
      └ 유류화재
③ 파손되었지만 교체할 필요는 없다. → 파손되었으므로 교체해야 한다.
④ 일반화재 → 유류화재, 전기화재

정답 ②

---

(2) 이산화탄소소화기

주성분	적응화재
이산화탄소(CO_2)	BC급

3 할론소화기 교재 2권 P.23

종 류	분자식
할론 1211	CF_2ClBr
할론 1301	CF_3Br
할론 2402	$C_2F_4Br_2$

● 숫자는 각각 원소의 개수!

1	2	1	1		1	3	0	1		2	4	0	2
↓	↓	↓	↓		↓	↓	↓	↓		↓	↓	↓	↓
C_1	F_2	Cl_1	Br_1		C_1	F_3	X	Br_1		C_2	F_4	X	Br_2

4 특정소방대상물별 소화기구의 능력단위기준 교재 2권 P.24

특정소방대상물	소화기구의 능력단위	건축물의 주요구조부가 **내화구조**이고, 벽 및 반자의 실내에 면하는 부분이 **불연재료·준불연재료** 또는 **난연재료**로 된 특정소방대상물의 능력단위
● **위**락시설 공략성 기억법 위3(위상)	바닥면적 **30m²**마다 1단위 이상	바닥면적 **60m²**마다 1단위 이상
● **공연**장 ● **집**회장 ● **관람**장 ● **문**화재 ● **장**례식장 및 **의**료시설 공략성 기억법 5공연장 문의 집관람(손오공 연장 문의 집관람)	바닥면적 **50m²**마다 1단위 이상	바닥면적 **100m²**마다 1단위 이상
● **근**린생활시설 문06 보기② ● **판**매시설 ● 운수시설 ● **숙**박시설 ● **노**유자시설 ● **전**시장	바닥면적 **100m²**마다 1단위 이상	바닥면적 **200m²**마다 1단위 이상

Key Point

＊ 소화기구의 표시사항
교재 2권 P.26
① 소화기 – 소화기
② 투척용 소화용구 – 투척용 소화용구
③ 마른모래 – 소화용 모래
④ 팽창진주암 및 팽창질석 – 소화질석

＊ 소화기의 설치기준
교재 2권 P.26
① 설치높이 : 바닥에서 1.5m 이하
② 설치면적 : 구획된 실 바닥면적 33m² 이상에 1개 설치

＊ 1.5m 이하
교재 2권 P.26, P.44
① 소화기구(자동확산소화기 제외)
② 옥내소화전 방수구

Key Point

* 소수점 발생시

소화기구의 능력단위	소방안전관리 보조자수
교재 1권 P.13	교재 2권 P.25
소수점 올림	소수점 버림

특정소방대상물	소화기구의 능력단위	건축물의 주요구조부가 내화구조이고, 벽 및 반자의 실내에 면하는 부분이 불연재료·준불연재료 또는 난연재료로 된 특정소방대상물의 능력단위
• 공동**주**택 • **업**무시설 • **방**송통신시설 • 공장 • **창**고시설 • **항**공기 및 자동**차**관련시설, **관광**휴게시설	바닥면적 100m²마다 1단위 이상	바닥면적 200m²마다 1단위 이상
• 그 밖의 것	바닥면적 200m²마다 1단위 이상	바닥면적 400m²마다 1단위 이상

공하성 **기억법** 근판숙노전 주업방
차창 1항 관광(근판
숙노전 주업방차창
일본항 관광)

유사 기출문제

06★★★ 교재 2권 P.24
다음 조건을 참고하여 2단위 분말소화기의 설치개수를 구하면 몇 개인가?

• 용도 : 근린생활시설
• 바닥면적 : 3000m²
• 구조 : 건축물의 주요구조부가 내화구조이고, 내장 마감재는 불연재료로 시공되었다.

① 8개   ② 15개
③ 20개   ④ 30개

해설 근린생활시설로서 내화구조이고 불연재료인 경우이므로 바닥면적 200m²마다 1단위 이상

$\dfrac{3000m^2}{200m^2} = 15$단위

• 15단위를 15개라고 쓰면 틀린다. 특히 주의!

2단위 분말소화기를 설치하므로

소화기개수 = $\dfrac{15단위}{2단위}$

= 7.5
≒ 8개(소수점 올림)

정답 ①

기출문제

06 ★★★ 교재 2권 P.24
바닥면적이 2000m²인 근린생활시설에 3단위 분말소화기를 비치하고자 한다. 소화기의 개수는 최소 몇 개가 필요한가? (단, 이 건물은 내화구조로서 벽 및 반자의 실내에 면하는 부분이 불연재료이다.)

① 3개   ② 4개
③ 5개   ④ 6개

해설 근린생활시설로서 내화구조이며, 불연재료이므로 바닥면적 200m²마다 1단위 이상이다.

$\dfrac{2000m^2}{200m^2}$ (소수점 올림) = 10단위

$\dfrac{10단위}{3단위}$ (소수점 올림) = 3.3 ≒ 4개

정답 ②

07 지하 1층을 판매시설의 용도로 사용하는 바닥면적이 3000m^{2}일 경우 이 장소에 분말소화기 1개의 소화능력단위가 A급 기준으로 3단위의 소화기로 설치할 경우 본 판매시설에 필요한 분말소화기의 개수는 최소 몇 개인가?

교재 2권 P.24

① 10개 ② 20개
③ 30개 ④ 40개

해설 판매시설로서 **내화구조**이고 **불연재료·준불연재료·난연재료**인 경우가 **아니므로** 바닥면적 **100m^2**마다 **1단위** 이상이므로

$$\frac{3000\text{m}^2}{100\text{m}^2} = 30단위$$

- 30단위를 30개라고 쓰면 틀린다. 특히 주의!

3단위 소화기를 설치하므로

$$소화기개수 = \frac{30단위}{3단위} = 10개$$

정답 ①

08 소화능력단위가 3단위인 소화기를 설치할 경우 휴게실, 상담실을 포함한 사무실 전체 면적 1750m^{2}에 필요한 소화기의 개수는 최소 몇 개인가? (단, 주요구조부가 내화구조이고 벽 및 반자의 실내는 난연재료로 되어 있다.)

교재 2권 PP.24-26

① 2개 ② 3개
③ 4개 ④ 5개

해설 **사무실**은 **업무시설**로서 **내화구조, 난연재료**이므로 바닥면적 200m^{2}마다 1단위 이상이다.

$$\frac{1750\text{m}^2}{200\text{m}^2} = 8.75 ≒ 9단위$$

Key Point

유사 기출문제

07 ★★★ 교재 2권 P.24
다음 업무시설에 설치해야 하는 소화기의 능력단위는? (단, 주요구조부는 내화구조이고, 벽 및 반자의 실내에 면하는 부분은 가연재료이다.)

① 6 ② 7
③ 9 ④ 18

해설 업무시설로서 내화구조이지만 불연재료, 난연재료가 아닌 가연재료이므로 바닥면적 100cm^{2}마다 1단위 이상이다.
업무시설 면적=60m×30m=1800m^2

$$\frac{1800\text{m}^2}{100\text{m}^2} = 18단위$$

정답 ④

★ 별도로 구획된 실
교재 2권 P.26
바닥면적 33m^2 이상에만 소화기 1개 배치

08 ★★★ 교재 2권 PP.24-26
다음 사무실에서 소화능력단위가 2단위인 소화기는 최소 몇 개 설치해야 하는가? (단, 주요구조부가 내화구조이고, 벽 및 반자의 실내는 준불연재료로 되어 있다.)

① 4개 ② 5개
③ 6개 ④ 7개

해설 사무실은 업무시설로서 **내화구조, 준불연재료**이므로 바닥면적 200m^{2}마다 1단위 이상이다.
사무실 면적
= 40m × 30m
= 1200m^2

- 사무실면적 (40m× 30m)−40m²=1160m² 가 아님을 주의! 회 의실 면적을 포함한 사무실 전체 면적을 적용해야 함

$$\frac{1200m^2}{200m^2} = 6단위$$

2단위 소화기를 설치하므로

$$소화기개수 = \frac{6단위}{2단위} = 3개$$

바닥면적 33m² 이상시 추가로 1개를 회의실에 배치

∴ 3개+1개=4개

정답 ①

✱ 소화기　교재 2권 P.26

① 각 층마다 설치
② 설치높이 : 바닥에서 1.5m 이하

09 ★★★　교재 2권 P.21, P.26

다음 그림에 대한 설명으로 옳은 것을 고른 것은?

┃축압식 분말소화기(차륜식)┃

- ㉠ 축압식 소화기는 현재 생산이 중단되었다.
- ㉡ 특정소방대상물의 각 부분으로부터 1개의 소화기까지의 보행거리 50m 이내가 되도록 배치한다.
- ㉢ 금속화재에 대한 적응성이 없다.
- ㉣ 제1인산암모늄이 주성분이다.

① ㉠, ㉡, ㉢　② ㉠, ㉡
③ ㉡, ㉢　④ ㉢, ㉣

해설 ㉠ 축압식 소화기 → 가압식 소화기
㉡ 50m → 30m
㉢ ABC급 소화기이므로 금속화재(D급)에는 적응성이 없음
㉣ ABC급 소화기이므로 제1인산암모늄이 주성분이 맞음

A급 10단위(A10), B급 20단위(B20) 이상이므로 대형소화기에 해당되며 보행거리 30m 이내에 배치

정답 ④

- 1750m²−(25+50)m²=1675m²로 계산하는 것이 아니고 휴게실, 상담실을 포함한 사무실 전체 면적 1750m²으로 계산해야 함

3단위 소화기를 설치하므로

$$소화기개수 = \frac{9단위}{3단위} = 3개$$

바닥면적 33m² 이상의 구획된 실에 추가로 배치하므로 상담실에 추가로 1개, 33m² 미만인 휴게실은 설치를 제외한다.

- 바닥면적 33m² 이상의 구획된 실에 추가로 배치한다고 하여 상담실 $= \frac{50m^2}{33m^2} = 1.51 ≒ 2개$가 아님을 주의!
- 추가로 배치하는 것은 바닥면적이 아무리 커도 소화기 1개만 배치

∴ 3개+1개=4개

정답 ③

---

09 ★★ **다음을 보고 소화기 설치기준에 대한 설명으로 옳은 것을 고른 것은?**

교재 2권 P.20, P.24, P.26

- ㉠ 소화기는 각 층마다 설치하여야 한다.
- ㉡ 대형소화기의 소화능력단위는 A급 20단위 이상, B급 10단위 이상인 소화기이다.
- ㉢ 소화기는 바닥으로부터 높이 1.2m 이하의 곳에 비치한다.
- ㉣ 위락시설의 소화기의 능력단위기준 바닥면적은 30m²이다.

① ㉠, ㉣
② ㉡, ㉣
③ ㉡, ㉢
④ ㉠, ㉢, ㉣

해설 ㉡ A급 20단위 → A급 10단위, B급 10단위 → B급 20단위
㉢ 1.2m → 1.5m

정답 ①

Key Point

5 소화기의 점검 교재 2권 P.28

(1) 호스 · 혼 · 노즐

‖ 호스 파손 ‖

‖ 호스 탈락 ‖

‖ 노즐 파손 ‖

‖ 혼 파손 ‖

‖ 호스가 없는 소화기 ‖

기출문제 ●

10 다음은 소화기점검 중 호스 · 혼 · 노즐에 대한 그림이다. 그림과 내용이 맞는 것은?

교재 2권
P.28

‖ 그림 A ‖

‖ 그림 B ‖

‖ 그림 C ‖

‖ 그림 D ‖

＊ 소화기점검
① 그림 A : 호스 파손
② 그림 B : 호스 탈락
③ 그림 C : 노즐 파손
④ 그림 D : 혼 파손

185

Key Point

호스 탈락, 호스 파손, 노즐 파손, 혼 파손

① 호스 탈락-그림 A, 호스 파손-그림 B, 노즐 파손-그림 C, 혼 파손-그림 D
② 호스 탈락-그림 B, 호스 파손-그림 A, 노즐 파손-그림 C, 혼 파손-그림 D
③ 호스 탈락-그림 C, 호스 파손-그림 D, 노즐 파손-그림 A, 혼 파손-그림 B
④ 호스 탈락-그림 D, 호스 파손-그림 C, 노즐 파손-그림 A, 혼 파손-그림 B

해설 **소화기점검**
(1) 호스 파손 : 호스가 찢어진 그림(그림 A)
(2) 호스 탈락 : 호스가 용기와 분리된 그림(그림 B)
(3) 노즐 파손 : 노즐이 깨진 그림(그림 C)
(4) 혼 파손 : 나팔모양의 혼이 깨진 그림(그림 D)

정답 ②

* **지시압력계** 교재 2권 P.28
① 노란색(황색) : 압력부족
② 녹색 : 정상압력
③ 적색 : 정상압력 초과

노란색
(황색) 녹색 적색

‖소화기 지시압력계‖

(2) 지시압력계의 색표시에 따른 상태

노란색(황색)	녹 색	적 색
‖압력이 부족한 상태‖	‖정상압력 상태‖	‖정상압력보다 높은 상태‖

기출문제 ●

11 ★★ **축압식 소화기의 압력게이지가 다음 상태인 경우 판단으로 맞는 것은?**

교재 2권 P.28

① 압력이 부족한 상태이다.
② 정상압력보다 높은 상태이다.
③ 정상압력을 가르키고 있다.
④ 소화약제를 정상적으로 방출하기 어려울 것으로 보인다.

해설
② 지침이 오른쪽에 있으므로 정상압력보다 높은 상태

정답 ②

★★★ 12

교재 2권
P.22,
P.28

다음 그림의 소화기를 점검하였다. 점검 결과에 대한 내용으로 옳은 것은?

주의사항
1. 매월 1회 이상 지시압력계의 바늘이 정상위치에 있는가를 확인
2. 소화기 설치시에는 태양의 직사 고온다습의 장소를 피한다.
3. 사용시에는 바람을 등지고 방사하고 사용 후에는 내부약제를 완전 방출하여야 한다.
4. 사람을 향하여 방사하지 마십시오.
※ 소화약제 물질 안전자료 관련정보(MSDS정보) 　① 위험물질 정보(0.1% 초과시 목록) : 없음 　② 내용물의 5%를 초과하는 화학물질목록 : 제1인산암모늄, 석분 　③ 위험한 약제에 관한 정보 : 폐자극성 분진

제조연월	2008.06

번호	점검항목	점검결과
1-A-007	○ 지시압력계(녹색범위)의 적정 여부	㉠
1-A-008	○ 수동식 분말소화기 내용연수(10년) 적정 여부	㉡

설비명	점검항목	불량내용
소화설비	1-A-007	㉢
	1-A-008	

① ㉠ ×, ㉡ ○, ㉢ 약제량 부족
② ㉠ ○, ㉡ ○, ㉢ 없음
③ ㉠ ×, ㉡ ×, ㉢ 약제량 부족, 내용연수 초과
④ ㉠ ○, ㉡ ×, ㉢ 내용연수 초과

해설

㉠ 지시압력계가 녹색범위를 가리키고 있으므로 적정여부는 ○

지시압력계의 색표시에 따른 상태

노란색(황색)	녹 색	적 색
압력이 부족한 상태	정상압력 상태	정상압력보다 높은 상태

* 용기 내 압력을 확인할 수 있도록 지시압력계가 부착되어 사용가능한 범위가 **0.7~0.98MPa**로 녹색으로 되어있음

㉡ 제조연월 : 2008.6이고 내용연수가 10년이므로 2018.6까지가 유효기간이다. 따라서 내용연수가 초과되었으므로 ×

㉢ 불량내용은 내용연수 초과이다.
* 소화기의 내용연수를 10년으로 하고 내용연수가 지난 제품은 교체 또는 성능확인을 받을 것

Key Point

＊ 지시압력계

노란색 (황색)	녹색	적색
압력부족	압력정상	압력높음

* 내용연수

10년 미만	10년 이상
3년	1년

┃ 내용연수 ┃	
내용연수 경과 후 10년 미만	내용연수 경과 후 10년 이상
3년	1년

참고 ▶ 지시압력계

① 노란색(황색) : 압력부족
② 녹색 : 정상압력
③ 적색 : 정상압력초과

노란색
(황색)   녹색 적색

┃ 소화기 지시압력계 ┃

정답 ④

13

교재 2권
P.28

다음 소화기 점검 후 아래 점검 결과표의 작성(㉠~㉢)순으로 가장 적합한 것은?

소화기 점검사항

번호	점검항목	점검결과
1-A-006	○ 소화기의 변형손상 또는 부식 등 외관의 이상 여부	㉠
1-A-007	○ 지시압력계(녹색범위)의 적정 여부	㉡

설비명	점검항목	불량내용
소화설비	1-A-007	㉢
	1-A-008	

① ㉠ ○, ㉡ ×, ㉢ 약제량 부족
② ㉠ ○, ㉡ ×, ㉢ 외관부식, 호스파손
③ ㉠ ○, ㉡ ○, ㉢ 외관부식, 호스파손
④ ㉠ ×, ㉡ ○, ㉢ 약제량 부족

해설

㉠ 호스가 파손되었고 소화기가 부식되었으므로 외관의 이상이 있기 때문에 ○
㉡ 지시압력계가 녹색범위를 가리키고 있으므로 적정여부는 ○
㉢ 불량내용은 외관부식과 호스파손이다.

정답 ③

Key Point

* **주거용 주방자동소화장치**
  교재 2권 P.31
① 열원자동차단
② 소화약제방출

6 주거용 주방자동소화장치 교재 2권 P.31

주거용 주방에 설치된 열발생 조리기구의 사용으로 인한 화재발생시 열원 (**전기** 또는 **가스**)을 자동으로 차단하며, 소화약제를 방출하는 소화장치

기출문제

14 자동소화장치의 구조를 나타낸 다음 그림에서 ㉠의 명칭으로 옳은 것은?

교재 2권
PP.31
-32

① 감지부   ② 가스누설차단밸브
③ 솔레노이드밸브   ④ 수동조작밸브

해설
　① 감지부 : 화재시 발생하는 열을 감지하는 부분

정답 ①

02 옥내소화전설비

1 옥내소화전설비의 구조 및 점검

* 옥내소화전설비
교재 2권 P.36

① 방수량 : 130L/min 이상
② 최소방수압 : 0.17MPa

‖ 옥내소화전설비 vs 옥외소화전설비 ‖ 교재 2권 P.36, P.44, PP.57-58

구 분	옥내소화전설비	옥외소화전설비
방수량	• 130L/min 이상 문15 보기②	• 350L/min 이상
방수압	• 0.17~0.7MPa 이하 문15 보기①	• 0.25~0.7MPa 이하
호스구경	• 40mm(**호**스릴 **25**mm) 종하성 기억법 내호25, 내4(**내사** 종결)	• 65mm
최소방출시간	• **20분** : 29층 이하 • **40분** : 30~49층 이하 • **60분** : 50층 이상	• **20분**
설치거리	수평거리 **25m** 이하	수평거리 **40m** 이하
표시등	**적색등**	**적색등**

‖ 옥내소화전설비 ‖

Key Point

기출문제

15 옥내소화전설비에 대한 설명으로 옳은 것은?

교재 2권
PP.36
-37

① 방수압은 0.17MPa 이상 0.7MPa 이하를 갖추어야 한다.
② 방수량은 350L/min 이상이어야 한다.
③ 고층건축물이란 50층 이상인 건축물을 말한다.
④ 소방용설비 외의 다른 설비와 수조를 겸용하는 경우에는 옥내소화전펌프의 후드밸브 또는 흡수배관의 흡수구를 다른 설비의 후드밸브 또는 흡수구보다 높은 위치에 설치하여야 한다.

＊ 고층건축물
교재 2권 P.36
① 30층 이상
② 높이 120m 이상

해설
② 350L/min → 130L/min
③ 50층 → 30층
④ 높은 → 낮은

정답 ①

16 옥내소화전설비에서 몇 층 이상인 소방대상물은 스프링클러설비와 펌프를 겸용할 수 없는가?

교재 2권
P.37

① 6층 이상
② 11층 이상
③ 30층 이상
④ 50층 이상

해설
③ 옥내소화전설비, 스프링클러설비와 펌프 겸용 사용금지 : 30층 이상

정답 ③

(1) 옥내소화전 방수압력 측정 교재 2권 PP.47-48

① 측정장치 : 방수압력측정계(피토게이지)

＊ **방수압력측정계**
'피토게이지'라고도 불린다.

②
방수량	방수압력 문20 보기③
130L/min	0.17~0.7MPa 이하

③ 방수시간 **3분** 및 방사거리 **8m** 이상으로 정상범위인지 측정한다.

④ 방수압력 측정방법 : 방수구에 호스를 결속한 상태로 노즐의 선단에 방수압력측정계(피토게이지)를 근접$\left(\dfrac{D}{2}\right)$시켜서 측정하고 방수압력측 정계의 압력계상의 눈금을 확인한다. 문20 보기④

$\dfrac{D}{2}$(D=노즐구경)

D

방수량 Q

손잡이

노즐

방수압력측정계

┃ 방수압 측정 ┃

* 옥내소화전설비 저수량

$Q = 2.6N$

여기서,
Q : 수원의 저수량[m³]
N : 가장 많은 층의 소화 전개수(30층 미만 : 최대 **2개**, 30층 이상 : 최대 **5개**)

(2) 옥내소화전설비 저수량 문17 보기①

$$Q = 2.6N(30층\ 미만)$$
$$Q = 5.2N(30\sim49층\ 이하)$$
$$Q = 7.8N(50층\ 이상)$$

여기서, Q : 수원의 저수량[m³]

N : 가장 많은 층의 소화전개수(30층 미만 : 최대 **2개**, 30층 이상 : 최대 **5개**)

기출문제

★★★
17 어떤 건물에 옥내소화전이 1층에 4개, 2층에 2개 설치되어 있다. 이때 옥내소화전의 저수량은 몇 m³인가? (단, 건물은 10층이다.)

교재 2권
p.36

① 5.2 ② 7.8
③ 10.4 ④ 13

해설 **옥내소화전수원**의 **저수량** Q는
$$Q = 2.6N = 2.6 \times 2 = 5.2 \text{m}^3$$

정답 ①

★★★

18 옥내소화전 방수압력시험에 필요한 장비로 옳은 것은?

교재 2권
P.47

①

②

③

④

해설 **옥내소화전 방수압력 측정**

(1) 측정장치 : 방수압력측정계(피토게이지)

(2)

방수량	방수압력
130L/min	0.17~0.7MPa 이하

(3) 방수압력 측정방법 : 방수구에 호스를 결속한 상태로 노즐의 선단에 방수압력측정계(피토게이지)를 근접$\left(\dfrac{D}{2}\right)$시켜서 측정하고 방수압력측정계의 압력계상의 눈금을 확인한다.

* **옥내소화전 방수압력 시험**
① 직사형 관창
② 방수압력측정계(피토게 이지)

$\dfrac{D}{2}$ (D=노즐구경)

D

방수량 Q

손잡이

직사형 관창 보기 ②

방수압력측정계 보기 ②

‖ 방수압력 측정 ‖

정답 ②

19 방수압력시험 장비를 사용하여 방수압력시험시 장비의 측정 모습으로 옳은 것은?

교재 2권
P.47

D/2만큼 이격
(D : 관경)

ㄱ

D만큼 이격
(D : 관경)

ㄴ

D/2만큼 이격
(D : 관경)

ㄷ

D/2만큼 이격
(D : 관경)

ㄹ

① ㄱ

② ㄴ

③ ㄷ

④ ㄹ

＊ 옥내소화전
① 방수량 : 130L/min
② 방수압력 : 0.17~0.7MPa
이하

해설 **옥내소화전 방수압력 측정**

(1) 측정장치 : 방수압력측정계(피토게이지)

(2)

방수량	방수압력
130L/min	0.17~0.7MPa 이하

(3) 방수압력 측정방법 : 방수구에 호스를 결속한 상태로 노즐의 선단에 방수압력측정계(피토게이지)를 근접$\left(\dfrac{D}{2}\right)$시켜서 측정하고 방수압력측정계의 압력계상의 눈금을 확인한다. 보기 ㄹ

$\dfrac{D}{2}$(D=노즐구경)

D

방수량 Q

손잡이

직사형 관창

방수압력측정계

‖ 방수압력 측정 ‖

정답 ④

194

★ 방수압력측정
교재 2권 PP.47-48
① 직사형 관창 이용
문20 보기①
② 최상층 소화전 개방시 소방펌프 자동기동 및 기동표시등 확인 문20 보기②

20 다음 중 옥내소화전의 방수압력측정방법으로 옳은 것은?

교재 2권 PP.47-48

① 반드시 방사형 관창을 이용하여 측정하여야 한다.
② 최하층 소화전 개방시 소화펌프 자동기동 및 기동표시등을 확인한다.
③ 방수압력 측정시 0.17MPa 이상이어야 한다.
④ 방수압력측정계는 봉상주수 상태에서 직각으로 완전히 밀접시켜 측정하여야 한다.

해설

① 방사형 관창 → 직사형 관창
② 최하층 → 최상층
④ 완전히 밀접시켜 → $\frac{D}{2}$ 근접시켜서

정답 ③

(3) 가압송수장치의 종류 교재 2권 PP.37-39

종 류	특 징
펌프방식	기동용 수압개폐장치 설치 문21 보기④
고가수조방식	자연낙차압 이용 문21 보기③
압력수조방식	압력수조 내 공기 충전 문21 보기①
가압수조방식	별도 압력수조 문21 보기②

★ 압력수조방식 vs 가압수조방식

압력수조방식	가압수조방식
별도 공기압력 수조 없음	별도 공기압력 수조 있음

압력수조방식 | 가압수조방식

Key Point

기출문제 ●

★★
21 다음 중 옥내소화전 가압송수장치의 각 종류별 설명으로 옳은 것은?

교재 2권
PP.37
-39

① 펌프방식 : 압력수조 내 물을 압입하고 압축된 공기를 충전하여 송수하는 방식
② 압력수조방식 : 별도의 압력수조에 가압원인 압축공기 또는 불연성 고압기체에 의해 소방용수를 가압하여 송수하는 방식
③ 고가수조방식 : 고가수조로부터 자연낙차압을 이용하는 방식
④ 가압수조방식 : 기동용 수압개폐장치를 설치하여 소화전의 개폐밸브 개방시 배관 내 압력저하에 의하여 압력스위치가 작동함으로써 펌프를 기동하는 방식

해설
① 펌프방식 → 압력수조방식
② 압력수조방식 → 가압수조방식
④ 가압수조방식 → 펌프방식

정답 ③

(4) 순환배관과 릴리프밸브 문22 보기①③④ 교재 2권 P.42

★ 릴리프밸브 교재 2권 P.42
수온이 상승할 때 과압 방출
문22 보기②

순환배관	릴리프밸브
펌프의 **체절운전**시 수온이 상승하여 펌프에 무리가 발생하므로 순환배관상의 수온상승 방지	과압 방출

‖동작 전‖

‖동작 후‖

Key Point

기출문제 ●

22

교재 2권 P.42

그림은 (㉠) 배관에 사용되는 (㉡) 밸브의 단면을 나타낸 그림을 보고 옳지 않은 것은?

| 그림 A | | 그림 B |

① ㉠은 순환배관이며 ㉡은 릴리프밸브이다.
② 수온이 하강할 때 ㉡ 밸브를 통하여 과압을 방출한다.
③ 그림 A는 동작 전, 그림 B는 동작 후의 단면이다.
④ 펌프의 체절운전시 사용된다.

 해설

② 하강 → 상승

정답 ②

23

교재 2권 PP.36 -39, P.44, PP.55 -56

다음 중 옥내소화전에 대한 설명으로 옳은 것은?

① 옥내소화전을 사용할 때 가장 먼저 해야 할 일은 발신기를 누른 후 밸브를 돌리는 것이다.
② 가압송수장치의 종류는 펌프방식, 고가수조방식, 압력수조방식의 3가지가 있다.
③ 방수구까지의 수평거리는 25m 이하가 되도록 하고, 방수구는 바닥으로부터 높이가 1.5m 이하의 위치에 설치해야 한다.
④ 방수량은 350L/min 이상이어야 한다.

해설

① 밸브를 돌리는 → 문을 여는
② 가압수조방식을 추가하여 4가지가 있다.
④ 350L/min → 130L/min

정답 ③

* 옥내소화전 사용방법

교재2권 PP.55-56

① 문을 연다.
② 호스를 빼고 노즐을 잡는다.
③ 밸브를 돌린다.
④ 불을 향해 쏜다.

* 옥내소화전 방수구 설치높이 교재 2권 P.44

1.5m 이하

Key Point

* **옥내소화전 방수구**
수평거리 25m 이하

* **옥외소화전 방수구**
수평거리 40m 이하

(5) 옥내소화전함 등의 설치기준　교재 2권 P.44

① 방수구 : 층마다 설치하되 소방대상물의 각 부분으로부터 1개의 옥내소화전 방수구까지의 **수평거리 25m 이하**가 되도록 할 것(호스릴 옥내소화전설비 포함). 단, 복층형 구조의 공동주택의 경우에는 세대의 출입구가 설치된 층에만 설치　문24 보기②

② 호스 : 구경 **40mm**(호스릴 옥내소화전설비의 경우에는 **25mm**) **이상**의 것으로 물이 유효하게 뿌려질 수 있는 길이로 설치　문24 보기②

기출문제 ●

★★
24 옥내소화전함 등의 설치기준이다. 빈칸에 알맞은 것은?

교재 2권
P.44

● 층마다 설치하되 소방대상물의 각 부분으로부터 1개의 옥내소화전 방수구까지의 (㉠)가 되도록 할 것
● 호스는 구경 (㉡)의 것으로 물이 유효하게 뿌려질 수 있는 길이로 설치

① ㉠ 수평거리 20m 이하, ㉡ 구경 40mm 이상
② ㉠ 수평거리 25m 이하, ㉡ 구경 40mm 이상
③ ㉠ 수평거리 20m 이하, ㉡ 구경 65mm 이상
④ ㉠ 수평거리 25m 이하, ㉡ 구경 65mm 이상

해설
② 옥내소화전함 : 방수구 수평거리 25m 이하, 호스구경 40mm 이상

정답 ②

중요 옥내소화전함 표시등 설치위치

위치표시등	펌프기동표시등 설치위치　문25 보기②
옥내소화전함의 **상부**	옥내소화전함의 **상부** 또는 그 **직근(적색등)**

기출문제 ●

25 옥내소화전함 펌프기동표시등의 색으로 옳은 것은?

교재 2권
p.44

① 녹색　　　　　　　　② 적색

③ 황색　　　　　　　　④ 백색

해설

② 펌프기동표시등 : 적색

정답 ②

---

(6) 옥내소화전설비 유효수량의 기준　교재 2권　P.47

일반배관과 소화배관 사이의 유량을 말한다.

★ 유효수량
일반배관(일반급수관)과 소화배관(옥내소화전) 사이의 유량

‖ 유효수량 ‖

기출문제 ●

26 옥내소화전설비 수원의 점검 중 저수조의 유효수량은?

교재 2권
p.47

① a　　　　　　　　② b

③ c　　　　　　　　④ d

해설

② b : 옥내소화전과 일반급수관 사이의 유량(유효수량)

정답 ②

* 100L 이상
① 기동용 수압개폐장치(압력챔버)
② 물올림수조

(7) 옥내소화전 기동용 수압개폐장치(압력챔버) [교재 2권] PP.37-38

역 할	용 적
① 배관 내 설정압력 유지 ② 완충작용	100L 이상

▮ 압력챔버 ▮

(8) 제어반 스위치·표시등 [교재 2권] PP.48-49

동력제어반, 감시제어반, 주펌프·충압펌프 모두 '**자동**'위치 [문27 보기①②③④]

▮ 동력제어반 스위치 ▮

(a) 주펌프　　　(b) 충압펌프
운전선택스위치　운전선택스위치

▮ 감시제어반 스위치 ▮

기출문제

27 다음 그림을 보고 정상적인 제어반의 스위치의 상태로 옳은 것은?

★★

교재 2권
PP.48
-49

주펌프 운전선택스위치	충압펌프 운전선택스위치
자동	자동

★ 정상적인 제어반 스위치

▌동력제어반 스위치▐

(a) 주펌프 운전선택스위치 (b) 충압펌프 운전선택스위치

▌감시제어반 스위치▐

① 동력제어반 주펌프 운전선택스위치는 자동위치에 있어야 한다.
② 동력제어반 충압펌프 운전선택스위치는 수동위치에 있어야 한다.
③ 감시제어반 소화전 주펌프 운전선택스위치는 수동위치에 있어야 한다.
④ 감시제어반 소화전 충압펌프 운전선택스위치는 정지위치에 있어야 한다.

해설
　② 수동 → 자동
　③ 수동 → 자동
　④ 정지 → 자동

정답 ①

Key Point

28

교재 2권
P.49

그림은 옥내소화전 감시제어반 중 펌프제어를 위한 스위치의 예시를 나타낸 것이다. 평상시 및 펌프 점검시 스위치 위치에 대한 설명으로 옳은 것만 보기에서 있는 대로 고른 것은? (단, 설비는 정상상태이며 제시된 조건을 제외하고 나머지 조건은 무시한다.)

㉠ 평상시 펌프 선택스위치는 '정지' 위치에 있어야 한다.
㉡ 평상시 주펌프스위치는 '기동' 위치에 있어야 한다.
㉢ 펌프 수동기동시 펌프 선택스위치는 '수동' 위치에 있어야 한다.

① ㉠   ② ㉢
③ ㉠, ㉡   ④ ㉠, ㉡, ㉢

해설

㉠ '정지' 위치 → '연동' 위치
㉡ '기동' 위치 → '정지' 위치

＊ 감시제어반 정상상태
① 선택스위치 : 연동
② 주펌프 : 정지
③ 충압펌프 : 정지

자동	수동	
●선택스위치 : 연동 ●주펌프 : 정지 ●충압펌프 : 정지	기동	●선택스위치 : 수동 ●주펌프 : 기동 ●충압펌프 : 기동
	정지	●선택스위치 : 수동 ●주펌프 : 정지 ●충압펌프 : 정지

정답 ②

29 옥내소화전 감시제어반의 스위치 상태가 아래와 같을 때, 보기의 동력
제어반(㉠~㉣)에서 점등되는 표시등을 있는대로 고른 것은? (단,설비
는 정상상태이며 제시된 조건을 제외하고 나머지 조건은 무시한다.)

교재 2권
p.49

선택스위치	주펌프 충압펌프
수동 ●	기동
정지	
연동	● 정지 ○

‖ 감시제어반 스위치 ‖

‖ 동력제어반 스위치 ‖

① ㉠, ㉡, ㉢ ② ㉠, ㉡, ㉣
③ ㉠, ㉣ ④ ㉡, ㉣

해설 점등램프

선택스위치 : **수동**, 주펌프 : **기동**	선택스위치 : **수동**, 충압펌프 : **기동**
① POWER램프	① POWER램프
② 주펌프 기동램프	② 충압펌프 기동램프
③ 주펌프 펌프기동램프	③ 충압펌프 펌프기동램프

＊ 선택스위치 : 수동,
주펌프 : 기동
① POWER : 점등
② 주펌프기동 : 점등
③ 주펌프 펌프기동 : 점등

정답 ②

Key Point

30 종합점검 중 주펌프성능시험을 위하여 주펌프만 수동으로 기동하려
고 한다. 감시제어반의 스위치 상태로 옳은 것은?

교재 2권
p.49

해설 점등램프

구 분	설 명
주펌프만 수동으로 기동	① 선택스위치 : 수동 보기① ② 주펌프 : 기동 보기① ③ 충압펌프 : 정지 보기①
충압펌프만 수동으로 기동	① 선택스위치 : 수동 ② 주펌프 : 정지 ③ 충압펌프 : 기동
주펌프 · 충압펌프 수동으로 기동	① 선택스위치 : 수동 ② 주펌프 : 기동 ③ 충압펌프 : 기동

* 주펌프만 수동으로 기동
① 선택스위치 : 수동
② 주펌프 : 기동
③ 충압펌프 : 정지

정답 ①

31 ★★★

교재 2권 p.49

옥내소화전의 동력제어반과 감시제어반을 나타낸 것이다. 다음 그림에 대한 설명으로 옳지 않은 것은? (단, 현재 동력제어반은 정지표시등만 점등상태)

① 옥내소화전 사용시 주펌프는 기동한다.
② 옥내소화전 사용시 충압펌프는 기동하지 않는다.
③ 현재 충압펌프는 기동 중이다.
④ 현재 주펌프는 정지상태이다.

＊ 충압펌프
'보조펌프'라고도 부른다.

해설

① 감시제어반 선택스위치가 자동에 있으므로 옥내소화전 사용시 주펌프는 당연히 기동한다.(○)
② 동력제어반 충압펌프 선택스위치가 수동으로 되어 있으므로 기동하지 않는다. 옥내소화전 사용시 동력제어반 충압펌프 선택스위치가 자동으로 되어 있을 때만 옥내소화전 사용시 충압펌프가 기동한다.(○)

‖ 동력제어반·충압펌프 선택스위치 ‖

수동	자동
옥내소화전 사용시 충압펌프 미기동	옥내소화전 사용시 충압펌프 기동

③ 기동 중 → 정지상태
단서에 따라 동력제어반 주펌프·충압펌프 정지표시등만 점등되어 있으므로 현재 충압펌프는 정지상태이다.
④ 단서에 따라 동력제어반 주펌프·충압펌프 정지표시등만 점등되어 있으므로 현재 주펌프는 정지상태이다.(○)

정답 ③

32 옥내소화전설비의 동력제어반과 감시제어반을 나타낸 것이다. 옳지 않은 것은?

교재 2권
P.49

① 감시제어반은 정상상태로 유지·관리되고 있다.
② 동력제어반에서 주펌프 ON버튼을 누르면 주펌프는 기동하지 않는다.
③ 감시제어반에서 주펌프 스위치를 기동위치로 올리면 주펌프는 기동한다.
④ 동력제어반에서 충압펌프를 자동위치로 돌리면 모든 제어반은 정상 상태가 된다.

 해설

① 감시제어반 선택스위치 : 자동, 주펌프 : 정지, 충압펌프 : 정지 상태 이므로 감시제어반은 정상상태로 유지·관리되고 있다.
② 동력제어반에서 주펌프 선택스위치가 자동이므로 ON버튼을 눌러 도 주펌프는 기동하지 않으므로 옳다.
③ 기동한다. → 기동하지 않는다.
감시제어반에서 주펌프 스위치만 기동으로 올리면 주펌프는 기동 하지 않는다. 감시제어반 선택스위치 수동으로 올리고 주펌프 스 위치를 기동으로 올려야 주펌프는 기동한다.
④ 동력제어반에서 충압펌프 스위치를 자동위치로 돌리면 모든 제어 반은 정상상태가 되므로 옳다.

＊ 평상시 상태
(1) 동력제어반
　① 주펌프 : 자동
　② 충압펌프 : 자동
(2) 감시제어반
　① 선택스위치 : 자동
　② 주펌프 : 정지
　③ 충압펌프 : 정지

정상상태 ‖

동력제어반	감시제어반
주펌프 선택스위치 : **자동** 　•주펌프 ON 램프 : **소등** 　•주펌프 OFF 램프 : **점등** 충압펌프 선택스위치 : **자동** 　•충압펌프 ON 램프 : **소등** 　•충압펌프 OFF 램프 : **점등**	선택스위치 : **자동** 　•주펌프 : **정지** 　•충압펌프 : **정지**

 정답 ③

② 펌프성능시험 교재 2권 P.51

(1) 제어반에서 주·충압펌프 정지

감시제어반	동력제어반
선택스위치 정지위치	선택스위치 수동위치

(2) 펌프토출측 밸브(개폐표시형 개폐밸브) 폐쇄
(3) 설치된 펌프의 현황을 파악하여 펌프성능시험을 위한 표 작성
(4) 유량계에 **100%**, **150%** 유량 표시

기출문제 ●

33 다음 그림은 기동용 수압개폐장치이다. ㉠, ㉡, ㉢, ㉣의 명칭으로
알맞은 것은?

교재 2권 P.51

① ㉠ 안전밸브, ㉡ 압력계, ㉢ 압력스위치, ㉣ 배수밸브
② ㉠ 배수밸브, ㉡ 압력계, ㉢ 압력스위치, ㉣ 안전밸브
③ ㉠ 안전밸브, ㉡ 충압계, ㉢ 변동스위치, ㉣ 배수밸브
④ ㉠ 배수밸브, ㉡ 충압계, ㉢ 변동스위치, ㉣ 안전밸브

* 기동용 수압개폐장치
교재 2권 P.51

해설

① ⊙ 안전밸브 ⓒ 압력계 ⓒ 압력스위치 ⓔ 배수밸브

정답 ①

3 개폐표시형 개폐밸브 vs 유량조절밸브 문35 보기③ 교재 2권 P.51

개폐표시형 개폐밸브	유량조절밸브
유체의 흐름을 완전히 차단 또는 조정하는 밸브	유량조절을 목적으로 사용하는 밸브

중요 펌프성능시험·체절운전 교재 2권 PP.54~55

구 분	설 명
펌프성능시험 준비	• 제어반에서 주·충압펌프 정지 문36 보기① • 펌프토출측 밸브 **폐쇄** 문36 보기② ~~개방~~ × • 유량계에 100%, 150% 유량표시 문36 보기④ • 펌프성능시험 표 작성 문36 보기③
체절운전	• 정격토출압력×140%(1.4)
유량측정시 기포가 통과하는 원인	• 흡입배관의 이음부로 공기가 유입될 때 • 후드밸브와 수면 사이가 너무 가까울 때 • 펌프에 공동현상이 발생할 때

★ 펌프성능시험시 문37 보기①
유량계에 작은 기포가 통과
하여서는 안 된다.

★ 체절운전
펌프의 토출측 밸브를 잠근
상태, 즉 토출량이 0인 상
태에서 운전하는 것

기출문제

★ 유량계에 기포가 생기는 원인 교재 2권 P.55
① 흡입배관 공기유입
② 후드밸브와 수면이 가까울 때
③ 공동현상

★★★ 34
교재 2권 P.55

펌프성능시험시 유량계에 작은 기포가 통과해서는 안 된다. 이는 유량측정시 기포가 통과할 경우 정확한 유량측정이 곤란하기 때문인데, 다음 중 기포가 통과하는 원인으로 옳지 않은 것은?

① 흡입배관의 이음부로 공기가 유입될 때
② 후드밸브와 수면 사이가 너무 가까울 때
③ 펌프에 공동현상이 발생할 때
④ 펌프에 맥동현상이 발생할 때

해설

④ 해당없음

정답 ④

Key Point

4 가압수가 나오지 않는 경우

(1) **개폐표시형 개폐밸브**가 폐쇄된 경우
(2) **체크밸브**가 막힌 경우

기출문제 ●

[35-36] 다음 그림을 보고 물음에 답하시오.

35 위 그림에서 ㉠과 ㉡의 역할은?

교재 2권
P.51

① ㉠ - 유체의 흐름방향을 90°로 변환하는 밸브
  ㉡ - 유량조절을 목적으로 사용하는 밸브
② ㉠ - 유량조절을 목적으로 사용하는 밸브
  ㉡ - 유체의 흐름방향을 90°로 변환하는 밸브
③ ㉠ - 유체의 흐름을 완전히 차단 또는 조정하는 밸브
  ㉡ - 유량조절을 목적으로 사용하는 밸브
④ ㉠ - 유체의 흐름을 완전히 차단 또는 조정하는 밸브
  ㉡ - 배관 내의 이물질을 제거하는 기능

* **개폐표시형 개폐밸브**
교재 2권 P.51
유체의 흐름을 완전히 차단
또는 조정하는 밸브

* **유량조절밸브**
교재 2권 P.51
유량조절을 목적으로 사용
하는 밸브

해설

③ ㉠ 개폐표시형 개폐밸브 : 유체의 흐름 차단·조정
㉡ 유량조절밸브 : 유량조절

정답 ③

유사 기출문제

36★★★ 교재 2권 P.51
위 그림(35~36 그림)과 같은 펌프를 기동하여 소화를 하려고 하는데 가압수가 나오지 않는 경우는 어떤 경우인가?
① ㉠ 개폐표시형 개폐밸브를 폐쇄하였을 때
② ㉡ 유량조절밸브를 폐쇄하였을 때
③ ㉢ 개폐밸브를 폐쇄하였을 때
④ ㉣ 배수밸브를 폐쇄하였을 때

해설
① 펌프토출측에 있는 **개폐표시형 개폐밸브**를 **폐쇄**하면 배관이 막히게 되어 가압수가 나오지 않아 소화를 할 수 없게 된다.

정답 ①

36 교재 2권 P.51

위 그림에서 펌프성능시험을 하고자 할 때 준비사항으로 옳지 않은 것은?

① 제어반에서 주·충압펌프 정지
② 펌프토출측 밸브(㉠) 개방
③ 설치된 펌프의 현황을 파악하여 펌프성능시험을 위한 표 작성
④ 유량계에 100%, 150% 유량 표시

해설
② 개방 → 폐쇄

정답 ②

5 체절운전 · 정격부하운전 · 최대운전 교재 2권 PP.54~55

구 분	운전방법	확인사항
체절운전 (무부하시험, No Flow Condition)	① **펌프토출측 개폐밸브** 폐쇄 ② **성능시험배관 개폐밸브, 유량조절밸브** 폐쇄 ③ 펌프 **기동**	① 체절압력이 **정격토출압력**의 **140%** 이하인지 확인 문37 보기② ② 체절운전시 체절압력 미만에서 릴리프밸브가 작동하는지 확인
정격부하운전 (정격부하시험, Rated Load, 100% 유량운전)	① 펌프 **기동** ② 유량조절밸브를 개방	**유량계**의 유량이 **정격유량**상태 (100%)일 때 **정격토출압 이상**이 되는지 확인 문37 보기③
최대운전 (피크부하시험, Peak Load, 150% 유량운전) 문37 보기④	유량조절밸브를 더욱 개방	유량계의 유량이 **정격토출량**의 **150%**가 되었을 때 **정격토출압**의 **65%** 이상이 되는지 확인

(1) 정격토출량＝토출량[L/min]×1.0(100%)

(2) 체절운전＝토출압력(양정)×1.4(140%)

(3) 150% 유량운전 토출량＝토출량[L/min]×1.5(150%)

(4) 150% 유량운전 토출압＝정격양정[m]×0.65(65%)

＊ 최대운전(150% 유량 운전)
① 토출량＝정격토출량× 1.5
② 토출압＝정격양정×0.65

기출문제 ●

37 다음 중 펌프성능시험에 대한 설명으로 옳은 것은?

교재 2권
PP.54
-55

① 펌프성능시험시 유량계에 작은 기포가 통과하여서는 안 된다.

② 체절운전은 체절압력을 확인하여 정격토출압력의 140% 이상인지 확인하는 시험이다.

③ 정격부하운전은 유량계의 유량이 100%일 때 압력의 최대치가 되는지를 확인하는 시험이다.

④ 최대운전은 유량계의 유량이 정격토출량의 140%가 되었을 때 정격 토출압의 65% 이상이 되는지를 확인하는 시험이다.

② 이상 → 이하
③ 압력의 최대치를 → 정격토출압 이상이 되는지를
④ 140% → 150%

 정답 ①

38 수원이 펌프보다 낮게 설치되어 있고, 토출량이 500L/min이고 양정 이 100m인 펌프의 경우 펌프성능시험 결과표가 옳은 것은?

교재 2권
PP.54
-55

① 정격운전시 토출량의 이론치는 400L/min이다.

② 정격유량의 150% 운전시 토출량의 이론치는 500L/min이다.

③ 체절운전시 토출압의 이론치는 1.4MPa이다.

④ 정격유량의 150% 운전시 토출압의 이론치는 1MPa이다.

① 400L/min → 500L/min
② 500L/min → 750L/min
④ 1MPa → 0.65MPa

＊ 펌프성능시험 공식

구분	공식
정격토출량	토출량×1
150% 유량 운전토출량	토출량×1.5
체절운전	토출압력(양 정)×1.4
150% 유량 운전 토출량	정격양정× 0.65

펌프성능시험

(1) 정격토출량＝토출량〔L/min〕×1.0(100%)
　　　　　　　＝500L/min×1.0(100%)
　　　　　　　＝500L/min

(2) 150% 유량운전 토출량＝토출량〔L/min〕×1.5(150%)
　　　　　　　　　　　＝500L/min×1.5(150%)
　　　　　　　　　　　＝750L/min

(3) 체절운전＝토출압력(양정)×1.4(140%)
　　　　　　＝100m×1.4(140%)
　　　　　　＝140m
　　　　　　＝1.4MPa

● 100m＝1MPa

(4) 150% 유량운전 토출압＝정격양정〔m〕×0.65(65%)
　　　　　　　　　　　＝100m×0.65(65%)
　　　　　　　　　　　＝65m
　　　　　　　　　　　＝0.65MPa

정답 ③

6 펌프성능곡선 교재 2권 P.53

　체절운전은 체절압력이 정격토출압력의 **140%** 이하인지 확인하는 것이고, 최대운전은 유량계의 유량이 정격토출량의 **150%**가 되었을 때, 압력계의 압력이 정격양정의 **65%** 이상이 되는지 확인

┃ 펌프성능곡선 ┃

기출문제

★★★
39 펌프의 성능곡선에 관한 다음 (   ) 안에 올바른 명칭은?

교재 2권
P.53

① ㉠ 정격부하운전점, ㉡ 체절운전점, ㉢ 최대운전점
② ㉠ 체절운전점, ㉡ 정격부하운전점, ㉢ 최대운전점
③ ㉠ 최대운전점, ㉡ 정격부하운전점, ㉢ 체절운전점
④ ㉠ 체절운전점, ㉡ 최대운전점, ㉢ 정격부하운전점

해설
② ㉠ 체절운전점
㉡ 정격부하운전점
㉢ 최대운전점

정답 ②

 03 **옥외소화전 및 옥외소화전함** 교재 2권 PP.57-58

소방대상물의 각 부분으로부터 호스접결구까지의 **수평거리가 40m 이하**가 되도록 설치하여야 하며, 호스구경은 **65mm**의 것으로 하여야 한다.

문40 보기④

설치거리	호스구경
5m 이내	65mm

39★★★ 교재 2권 PP.53-55
수원이 펌프보다 낮게 설치되어 있고, 토출량이 500L/min이고 양정이 100m인 펌프의 경우 펌프성능곡선이 옳지 않은 것은?

① 정격운전시 토출량의 이론치는 500L/min이다.
② 정격유량의 150% 운전시 토출량의 이론치는 750L/min이다.
③ 체절운전시 토출압의 이론치는 1.4MPa이다.
④ 정격운전시 토출압의 이론치는 0.65MPa이다.

해설
④ 0.65MPa → 1.0MPa

펌프성능시험
(1) 정격토출량(L/min)
×1.0(100%)
=500L/min×1.0(100%)
=500L/min
(2) 150% 유량운전 토출량
(L/min)×1.5(150%)
=500L/min×1.5(150%)
=750L/min
(3) 체절운전 토출압력(양정)×1.4(140%)
=100m×1.4(140%)
=140m
=1.4MPa
(4) 정격운전 토출압(MPa)
×1.0(100%)
=100m×1.0(100%)
=100m
=1.0MPa

• 100m = 1MPa
• 체절운전 토출압력 = 체절운전 토출압

정답 ④

5m 이내

소
화
전

‖ 옥외소화전함의 설치거리 ‖

 중요

구 분	옥내소화전	옥외소화전
방수압력	0.17~0.7MPa 문41 보기④	0.25~0.7MPa
방수량	130L/min	350L/min 문41 보기④
호스구경	40mm(호스릴 25mm)	65mm 문41 보기④

* 옥외소화전 호스구경
교재 2권 P.57

65mm

기출문제 ●

40 옥외소화전은 소방대상물의 각 부분으로부터 호스접결구까지의 수평거리가 몇 m 이하가 되도록 설치하여야 하며, 호스구경은 몇 mm 의 것으로 하여야 하는가?

교재 2권
PP.57
-58

① 30m, 40mm
② 30m, 65mm
③ 40m, 40mm
④ 40m, 65mm

해설
④ 옥외소화전 : 수평거리 40m 이하, 호스구경 65mm

정답 ④

41 다음 빈칸 (㉠), (㉡), (㉢)에 들어갈 알맞은 것은?

교재 2권
P.36,
P.44,
PP.57
-58

구 분	옥내소화전	옥외소화전
방수압력	(㉠)~0.7MPa	0.25~0.7MPa
방수량	130L/min	(㉡)L/min
호스구경	40mm(호스릴 25mm)	(㉢)mm

① ㉠ 0.12, ㉡ 450, ㉢ 65　　② ㉠ 0.12, ㉡ 350, ㉢ 65
③ ㉠ 0.17, ㉡ 450, ㉢ 65　　④ ㉠ 0.17, ㉡ 350, ㉢ 65

해설

④ ㉠ 옥내소화전 0.17MPa
　㉡ 옥외소화전 350L/min
　㉢ 옥외소화전 65mm

정답 ④

04 스프링클러설비

1 스프링클러설비의 종류　교재 2권 PP.74-75

```
                    ┌ 폐쇄형 스프링클러헤드 방식 ─┬ 습식
                    │                          ├ 건식
스프링클러설비 ─┤                          └ 준비작동식
                    └ 개방형 스프링클러헤드 방식 ── 일제살수식
```

공하성 기억법　폐습건준, 일개

＊ 일제살수식
교재 2권 P.75

개방형 헤드

(a) 폐쇄형　　　(b) 개방형
┃감열부에 따른 분류┃

Key Point

* **비**화재시 알람밸브의 경보로 인한 혼선방지를 위한 장치 교재 2권 P.77
① **리**타딩챔버
② **압**력스위치 내부의 지연회로

공하성 기억법
압비리(압력을 행사해서 **비리**를 저지르게 한다.)

2 스프링클러설비의 비교 교재 2권 PP.67~74

구 분	1차측 배관	2차측 배관	밸브 종류	헤드 종류
습 식	소화수	소화수	자동경보밸브	폐쇄형 헤드
건 식	소화수	압축공기	건식 밸브	폐쇄형 헤드
준비작동식	소화수	대기압	준비작동밸브	폐쇄형 헤드 (헤드 개방시 살수)
부압식	소화수	부압	준비작동밸브	폐쇄형 헤드 (헤드 개방시 살수)
일제살수식	소화수	대기압	일제개방밸브	개방형 헤드 (모든 헤드에 살수)

3 스프링클러설비의 종류 교재 2권 PP.74~75

구 분		장 점	단 점
폐쇄형 헤드 사용	습 식	• **구조**가 **간단**하고 **공사비 저렴** • 소화가 신속 • 타방식에 비해 유지·관리 용이	• **동결** 우려 장소 사용**제한** 문42 보기① • 헤드 오동작시 수손피해 및 배관부식 촉진
	건 식	• 동결 우려 장소 및 옥외 사용 가능 곤란 ×	• 살수 개시 시간지연 및 복잡한 구조 • 화재 초기 **압축공기**에 의한 화재 촉진 우려 • 일반헤드인 경우 **상향형**으로 시공하여야 함
	준비 작동식	• 동결 우려 장소 사용가능 • 헤드 오동작(개방)시 수손피해 우려 없음 • 헤드 개방 전 경보로 조기대처 용이	• 감지장치로 감지기 별도 시공 필요 • 구조 복잡, 시공비 고가 • 2차측 배관 부실시공 우려
	부압식	• 배관파손 또는 오동작시 **수손피해 방지**	• 동결 우려 장소 사용제한 • 구조가 다소 복잡
개방형 헤드 사용	일제 살수식	• **초기화재**에 신속대처 용이 • 층고가 높은 장소에서도 소화 가능	• 대량살수로 수손피해 우려 • 화재감지장치 별도 필요

기출문제

42 추운 곳에 설치하기 곤란한 스프링클러설비는?

교재 2권
P.74

① 습식
② 건식
③ 준비작동식
④ 일제살수식

 해설

① 습식 : 동결 우려 장소(추운 곳) 사용제한

정답 ①

유사 기출문제

42 ★★ 교재 2권 P.74

동파 위험이 있는 스프링클러설비는?

① 습식
② 건식
③ 준비작동식
④ 일제살수식

 해설

① 습식 : 동결 우려 장소
(추운 곳) 사용제한

정답 ①

43 다음 표를 보고 스프링클러설비 종류별 장단점 중 옳은 것을 모두 고른 것은?

교재 2권
PP.74
-75

구 분	습 식	건 식	준비작동식	일제살수식
장점	타방식에 비해 유지·관리 용이	장소제한이 없다.	㉡ 초기화재에 신속 대처 용이	㉢ 구조가 간단하고 공사비 저렴
단점	동결 우려 장소 사용제한	㉠ 화재 초기 압축공기에 의한 화재 촉진 우려	구조 복잡	㉣ 수손피해 우려

① ㉠, ㉡
② ㉢, ㉣
③ ㉠, ㉢
④ ㉠, ㉣

 해설

㉡ 준비작동식 → 일제살수식
㉢ 일제살수식 → 습식

정답 ④

4 헤드의 기준개수   교재 2권 P.65

특정소방대상물			폐쇄형 헤드의 기준 개수
지하가·지하역사			30
11층 이상(아파트 제외) 문44 보기ⓗ			
10층 이하	공장·창고(특수가연물) 문44 보기㉠		
	슈퍼마켓, 도·소매시장(**백화점**), 판매시설, 복합건축물 문44 보기㉡		
10층 이하(근린생활시설, 8m 이상) 문44 보기㉢㉣			20
10층 이하(8m 미만), 아파트 문44 보기㉤			10

* 아파트인 경우 폐쇄형 헤드의 기준 개수
문45 보기③
10개

기출문제 ●

44
교재 2권
P.65

다음 중 스프링클러설비 헤드의 기준 개수로 30개가 적용되는 장소를 모두 고른 것은? (단, ㉠~㉣은 지하층을 제외한 10층 이하인 소방대상물이다.)

㉠ 특수가연물을 저장·취급하는 공장 또는 창고
㉡ 판매시설, 복합건축물
㉢ 헤드 부착높이가 8m 이상인 종교시설
㉣ 헤드 부착높이가 8m 이상인 교육연구시설
㉤ 아파트
㉥ 지하층을 제외한 11층 이상인 소방대상물(아파트 제외)

① ㉠, ㉡, ㉢
② ㉠, ㉢, ㉣
③ ㉠, ㉡, ㉥
④ ㉠, ㉤, ㉥

해설
③ ㉢ : 20개, ㉣ : 20개, ㉤ : 10개

정답 ③

Key Point

5 각 설비의 주요사항 교재 2권 P.36, P.44, PP.57~58, P.65

구 분	스프링클러설비	옥내소화전설비	옥외소화전설비
방수압	0.1~1.2MPa 이하 문45 보기②	0.17~0.7MPa 이하	0.25~0.7MPa 이하
방수량	80L/min 이상 문45 보기①	130L/min 이상 (30층 미만 : 최대 2개, 30층 이상 : 최대 5개)	350L/min 이상 (최대 2개)
방수구경	−	40mm	65mm

기출문제

★★★ 45 다음 중 스프링클러설비에 대한 설명으로 옳은 것은?

교재 2권
P.65

① 스프링클러설비의 방수량은 80m³/min 이상이다.

② 스프링클러설비의 방수압력은 0.17~0.7MPa 이하이다.

③ 아파트에 설치하는 스프링클러헤드의 기준 개수는 10개이다.

④ 스프링클러헤드의 방수구에서 유출되는 물을 세분시키는 작용을 하는 것을 프레임(Frame)이라 한다.

* 디플렉타(Deflector)
스프링클러헤드의 방수구에서 유출되는 물을 세분시키는 작용을 하는 것 문45 보기④

해설
① 80m³/min → 80L/min

② 0.17~0.7MPa → 0.1~1.2MPa 이하

④ 프레임(Frame) → 디플렉타(Deflector)

정답 ③

★★ 46 다음 압력스위치 그림에서 기동점 셋팅값으로 옳은 것은?

교재 2권
P.83

드라이버로 세팅
펌프기동 · 정지압력차 조정
펌프정지점 조정
조절볼트
AUTO

① 0.1MPa   ② 0.3MPa

③ 0.5MPa   ④ 0.8MPa

해설 **스프링클러설비의 기동점, 정지점**

기동점(기동압력)	정지점(양정, 정지압력)
기동점＝RANGE−DIFF ＝자연낙차압＋0.15MPa	정지점＝RANGE

기동점＝RANGE−DIFF＝0.8MPa−0.3MPa＝0.5MPa

▌압력스위치▐

DIFF(Difference)	RANGE
펌프의 작동정지점에서 기동점과의 **압력차이**	펌프의 **작동정지점**

(a) 압력스위치   (b) DIFF, RANGE의 설정 예

정답 ③

중요 **충압펌프 기동점**

충압펌프 기동점＝주펌프 기동점＋0.05MPa

★★★
47 다음 조건을 기준으로 스프링클러설비의 주펌프 압력스위치의 설정값으로 옳은 것은? (단, 압력스위치의 단자는 고정되어 있으며, 옥상수조는 없다.)

교재 2권
P.83

- 조건1 : 펌프양정 70m
- 조건2 : 가장 높이 설치된 헤드로부터 펌프 중심점까지의 낙차를 압력으로 환산한 값＝0.3MPa

① RANGE : 0.7MPa, DIFF : 0.3MPa
② RANGE : 0.3MPa, DIFF : 0.7MPa
③ RANGE : 0.7MPa, DIFF : 0.25MPa
④ RANGE : 0.7MPa, DIFF : 0.2MPa

해설 **스프링클러설비의 기동점, 정지점**

기동점(기동압력)	정지점(양정, 정지압력)
기동점=RANGE−DIFF 　　　=자연낙차압+0.15MPa	정지점=RANGE

정지점(양정)=RANGE=70m=0.7MPa

기동점=자연낙차압+0.15MPa=0.3MPa+0.15MPa=0.45MPa

　　　=RANGE−DIFF

DIFF=RANGE−기동점=0.7MPa−0.45MPa=0.25MPa

정답 ③

✓중요 **충압펌프 기동점**

충압펌프 기동점=주펌프 기동점+0.05MPa

★★★
48 다음 그림에 대한 설명으로 옳은 것은?

교재 2권
P.83

① 펌프의 정지점은 0.6MPa이다. ② 펌프의 기동점은 0.1MPa이다.
③ 펌프의 정지점은 0.1MPa이다. ④ 펌프의 기동점은 0.6MPa이다.

해설 **스프링클러설비의 기동점, 정지점**

기동점(기동압력)	정지점(양정, 정지압력)
기동점=RANGE−DIFF 　　　=자연낙차압+0.15MPa	정지점=RANGE

①, ③ 정지점=RANGE=0.6MPa
②, ④ 기동점=RANGE−DIFF=0.6MPa−0.1MPa=0.5MPa

정답 ①

✓중요 **충압펌프 기동점**

충압펌프 기동점=주펌프 기동점+0.05MPa

* 습식 스프링클러설비의 작동 교재 2권 P.67
알람밸브 2차측 압력이 저하되어 클래퍼가 개방(작동)되면 압력수 유입으로 압력스위치가 동작

6 습식 스프링클러설비의 작동순서 교재 2권 P.67

(1) 화재발생 문49 보기㉠

(2) 헤드 개방 및 방수 문49 보기㉢

(3) 2차측 배관압력 저하 문49 보기㉡

(4) 1차측 압력에 의해 습식 유수검지장치의 클래퍼 개방 문49 보기㉣

(5) 습식 유수검지장치의 압력스위치 작동 → **사이렌 경보**, **감시제어반**의 **화재표시등**, **밸브개방표시등** 점등 문49 보기㉤

(6) 배관 내 압력저하로 기동용 수압개폐장치의 압력스위치 작동 → 펌프 기동 문49 보기㉥

기출문제 ●

49 다음 보기를 참고하여 습식 스프링클러설비의 작동순서를 올바르게 나열한 것은 어느 것인가?

교재 2권 P.67

㉠ 화재발생
㉡ 2차측 배관압력 저하
㉢ 헤드 개방 및 방수
㉣ 1차측 압력에 의해 습식 유수검지장치의 클래퍼 개방
㉤ 습식 유수검지장치의 압력스위치 작동 → 사이렌 경보, 감시제어반의 화재표시등, 밸브개방표시등 점등
㉥ 배관 내 압력저하로 기동용 수압개폐장치의 압력스위치 작동 → 펌프기동

① ㉠ → ㉡ → ㉢ → ㉣ → ㉤ → ㉥
② ㉠ → ㉢ → ㉡ → ㉣ → ㉤ → ㉥
③ ㉠ → ㉣ → ㉤ → ㉢ → ㉡ → ㉥
④ ㉠ → ㉤ → ㉡ → ㉢ → ㉣ → ㉥

② ㉠ → ㉢ → ㉡ → ㉣ → ㉤ → ㉥

정답 ②

교재 2권 P.51, P.55

☑ 중요 · **펌프성능시험**

(1) 펌프성능시험 준비 : 펌프토출측 밸브 **폐쇄**
(2) 체절운전＝정격토출압력×**140%(1.4)**
(3) 유량측정시 기포가 통과하는 원인
　　① 흡입배관의 이음부로 공기가 유입될 때
　　② 후드밸브와 수면 사이가 너무 가까울 때
　　③ 펌프에 공동현상이 발생할 때

Key Point

* **개폐표시형 개폐밸브**
교재 2권 P.51
유체의 흐름을 완전히 차단
또는 조정하는 밸브

* **유량조절밸브**
교재 2권 P.51
유량조절을 목적으로 사용
하는 밸브로서 유량계 후단
에 설치

* **알람밸브**
'**자동경보밸브**'라고도 부
른다.

7 습식 유수검지장치의 작동과정 문50 보기④ 교재 2권 P.67

(1) 클래퍼 개방
(2) **시트링홀**로 물이 들어감
(3) 압력스위치를 동작시켜 제어반에 **사이렌, 화재표시등, 밸브개방표시
등**의 신호를 전달
(4) **펌프기동**

기출문제 ●

★★
50

교재 2권
P.67

다음은 습식 유수검지장치 작동과정이다. (   ) 안에 들어갈 말로 알맞은 것은?

> 클래퍼 개방 → (㉠)로 물이 들어감 → (㉡)를 동작시켜 제어반에 사이렌, 화재표시등, (㉢)에 신호 전달 → 펌프기동

① ㉠ 프리액션밸브, ㉡ 릴리프밸브, ㉢ 방출표시등
② ㉠ 프리액션밸브, ㉡ 압력스위치, ㉢ 밸브개방등
③ ㉠ 시트링홀, ㉡ 릴리프밸브, ㉢ 방출표시등
④ ㉠ 시트링홀, ㉡ 압력스위치, ㉢ 밸브개방표시등

해설
④ ㉠ 시트링홀 ㉡ 압력스위치 ㉢ 밸브개방표시등

정답 ④

8 준비작동식 스프링클러설비 작동순서 교재 2권 P.70

* **준비작동식 스프링클러**
  설비 교재 2권 P.70
  준비작동식 유수검지장치(프리액션밸브)를 중심으로 1차측은 가압수로, 2차측은 대기압 상태로 유지되어 있다가 화재발생시 감지기의 작동으로 2차측 배관에 소화수가 충수된 후 화재시 열에 의한 헤드 개방으로 배관 내의 유수가 발생하여 소화하는 방식이다.

(1) 작동순서

① 화재발생
② 교차회로방식의 A 또는 B 감지기 작동(경종 또는 사이렌 경보, 화재표시등 점등)
③ 감지기 <u>A와 B 감지기</u> 작동 또는 수동기동장치(SVP) 작동 문51 보기③
  or ×
④ 준비작동식 유수검지장치 작동
  ㉠ 전자밸브(솔레노이드밸브) 작동
  ㉡ 중간챔버 감압
  ㉢ 밸브개방
  ㉣ 압력스위치 작동 → 사이렌 경보, 밸브개방표시등 점등
⑤ 2차측으로 급수
⑥ 헤드개방, 방수
⑦ 배관 내 압력저하로 기동용 수압개폐장치의 압력스위치 작동 → 펌프기동

감지기 A · B

2차측(대기압) 배관 스프링클러헤드(폐쇄형)

프리액션밸브

1차측(물) 배관

기동용
수압개폐장치

수동조작함
(SVP)

사이렌

수조

동력 · 감시제어반

(2) 준비작동식 유수검지장치(프리액션밸브) 교재 2권 P.71

A · B 감지기가 모두 동작하면 중간챔버와 연결된 전자밸브(솔레노이드밸브)가 개방되면서 중간챔버의 물이 배수되어 클래퍼가 밀려 1차측 배관의 물이 2차측으로 유수된다.

* 프리액션밸브와 같은
의미 교재 2권 P.71
① 준비작동밸브
② 준비작동식밸브

전자밸브
(솔레노이드밸브)

1차측

‖ 개방 전 ‖

전자밸브(솔레노이드밸브)
개방

배출

2차측으로 급수

배관

1차측

‖ 개방 후 ‖

기출문제 ●

---

51 다음 스프링클러설비에 대한 설명으로 옳은 것은?

★ 습식 스프링클러설비의
클래퍼 개방시

교재 2권 P.67

① 사이렌 경보 문51 보기①
② 화재표시등 점등
③ 밸브개방표시등 점등

교재 2권
PP.67
-71,
P.73

① 습식 스프링클러설비의 클래퍼가 개방되면 사이렌이 울린다.
② 건식 스프링클러설비는 동파위험이 있는 장소에 설치가 곤란하다.
③ 준비작동식 스프링클러설비의 감지기 A 또는 B 둘 중 하나만 작동
해도 펌프가 기동한다.
④ 일제살수식 스프링클러설비는 초기화재에 신속대처가 용이하지
않다.

해설

② 곤란하다. → 가능하다.
③ 감지기 A 또는 B 둘 중 하나만 작동해도 → 감지기 A와 B 모두
작동해야
④ 용이하지 않다. → 용이하다.

정답 ①

★ 준비작동식 밸브
'프리액션밸브'라고도 부
른다.

9 습식 스프링클러설비의 점검   교재 2권 PP.75-76

알람밸브 2차측 압력이 저하되어 **클래퍼**가 **개방**되면 클래퍼 개방에 따른
압력수 유입으로 **압력스위치**가 **동작**된다. 문52 보기①

| (a) 작동 전 | (b) 작동 후 |

‖ 알람밸브 ‖

52 습식 스프링클러설비에서 알람밸브 2차측 압력이 저하되어 클래퍼가 개방(작동)되면 어떤 상황이 발생되는가?

교재 2권
PP.75
-76

① 압력수 유입으로 압력스위치가 작동된다.

② 다량의 물 유입으로 클래퍼 개방이 가속화된다.

③ 지연장치에 의해 설정시간 지연 후 압력스위치가 작동된다.

④ 말단시험밸브를 개방하여 가압수를 배출시킨다.

* 클래퍼 개방
교재 2권 PP.75-76
입력스위치 작동

해설
① 클래퍼 개방 → 압력스위치 작동

정답 ①

53 그림의 밸브를 작동시켰을 때 확인해야 할 사항으로 옳지 않은 것은?

실무교재
P.83

① 펌프 작동상태   ② 감시제어반 밸브개방표시등

③ 음향장치 작동   ④ 방출표시등 점등

해설
④ 방출표시등은 이산화탄소소화설비, 할론소화설비에 해당하는 것으로서 스프링클러설비와는 관련 없음

시험밸브 개방시 작동 또는 점등되어야 할 것
(1) 펌프작동
(2) 감시제어반 밸브개방표시등(습식 : 알람밸브표시등) 점등
(3) 음향장치(사이렌) 작동
(4) 화재표시등 점등

＊ 시험밸브함의 구성

① 압력계
② 압력계 콕밸브
③ 개폐밸브

┃시험밸브함┃

정답 ④

54 습식 스프링클러설비 점검을 위하여 시험밸브함을 열었을 때 유지·관리 상태(평상시)모습으로 옳은 것은?

실무교재
P.83

0.5MPa 0MPa 0MPa 0.5MPa

개방 / 폐쇄   개방 / 폐쇄   폐쇄 / 폐쇄   개방 / 개방

ㄱ   ㄴ   ㄷ   ㄹ

① ㄱ   ② ㄴ
③ ㄷ   ④ ㄹ

해설

구분	스프링클러설비
방수압	0.1~1.2MPa 이하
방수량	80L/min 이상

┃시험밸브함┃

ㄱ 스프링클러설비의 방수압이 0.1~1.2MPa 이하이므로 0.5MPa은 옳음

정답 ①

55 습식 스프링클러설비 시험밸브 개방시 감시제어반의 표시등이 점등되어야 할 것으로 올바르게 짝지어 진 것은? (단, 설비는 정상상태이며, 주어지지 않은 조건은 무시한다.)

실무교재
P.84

감시제어반		
㉠ 알람밸브	㉡ 프리액션밸브	㉢ 가스방출
㉣ 감지기 A	㉤ 감지기 B	㉥ 화재 FIRE

① ㉠, ㉥   ② ㉡, ㉢
③ ㉢, ㉣   ④ ㉣, ㉤

해설 시험밸브 개방시 작동 또는 점등되어야 할 것
　　(1) 펌프작동
　　(2) 감시제어반 밸브개방표시등(습식 : 알람밸브표시등) 점등 [보기 ㉠]
　　(3) 음향장치(사이렌) 작동
　　(4) 화재표시등 점등 [보기 ㉥]

＊ 시험밸브 개방시 점등되는 램프
① 밸브개방표시등
② 화재표시등

정답 ①

56 다음은 습식 스프링클러설비의 유수검지장치 및 압력스위치의 모습이다. 그림과 같이 압력스위치가 작동했을 때 작동하지 않는 기기는 무엇인가?

실무교재
P.84

① 화재감지기 점등   ② 밸브개방표시등 점등
③ 사이렌 동작   ④ 화재표시등 점등

해설
　　① 습식 스프링클러설비는 감지기를 사용하지 않음

* 감지기 없는 스프링클 러설비
① 습식 스프링클러설비
② 건식 스프링클러설비

감지기 사용유무

습식·건식 스프링클러설비	준비작동식·일제살수식 스프링클러설비
감지기 ×	감지기 ○

압력스위치 작동시의 상황
(1) 펌프작동
(2) 감시제어반 밸브개방표시등(습식 : 알람밸브표시등) 점등
(3) 음향장치(사이렌) 작동
(4) 화재표시등 점등

정답 ①

57

실무교재
PP.83
-84

습식 스프링클러설비 점검 그림이다. 점검시 제어반의 모습으로 옳지 않은 것은? (단, 설비는 정상상태이며, 나머지 조건은 무시한다.)

┃3층 말단시험밸브 모습┃   ┃감시제어반┃

① 감지기 동작   ② 알람밸브 동작
③ 주, 충압펌프 동작   ④ 사이렌 동작

해설

① 습식 스프링클러설비는 감지기를 사용하지 않음

감지기 사용유무

습식·건식 스프링클러설비	준비작동식·일제살수식 스프링클러설비
감지기 × 보기①	감지기 ○

시험밸브 개방시 작동 또는 점등되어야 할 것
(1) 펌프작동(충압펌프 동작) 보기③
(2) 감시제어반 밸브개방표시등(습식 : 알람밸브표시등) 점등 보기②
(3) 음향장치(사이렌) 작동 보기④
(4) 화재표시등 점등

정답 ①

10 준비작동식, 일제살수식 확인사항 [교재 2권] P.79

A or B 감지기 작동시	A and B 감지기 작동시
① 화재표시등, A 감지기 or B 감지기 지구표시등 점등 ② 경종 또는 사이렌 경보	① 전자밸브(솔레노이드밸브) 작동 ② 준비작동식밸브 개방으로 배수밸브로 배수 ③ 밸브개방표시등 점등 ④ 사이렌 경보 ⑤ 펌프 자동기동

Key Point

* **준비작동식 vs 일제살수식** [교재 2권] P.79
① A or B 감지기 작동시 사이렌만 경보
② A and B 감지기 작동시 펌프 자동기동 문58 보기④

기출문제

58 다음 중 스프링클러설비의 종류에 대한 설명으로 옳지 않은 것은?

[교재 2권] P.68, P.71, P.73, P.76

① 습식은 클래퍼 개방에 따른 압력수 유입으로 압력스위치가 동작한다.
② 건식은 평상시 2차측 배관이 압축공기 또는 축압된 가스상태로 유지되어 있다.
③ 준비작동식은 해당 방호구역의 감지기 2개 회로가 작동될 때 유수검지장치가 작동된다.
④ 일제살수식은 A or B 감지기 작동시 펌프가 자동기동된다.

해설
④ A or B 감지기 → A and B 감지기

정답 ④

59 준비작동식 스프링클러설비 감시제어반에서 감지기 A의 지구표시등은 점등되고, 감지기 B의 지구표시등은 소등되어 있다면 가장 적합한 상황은 무엇인가?

[교재 2권] P.79

① 전자밸브가 작동한다.　② 화재표시등은 소등된다.
③ 사이렌은 울리지 않는다.　④ 밸브개방표시등은 소등된다.

해설
① 작동한다. → 작동하지 않는다.
② 소등된다. → 점등된다.
③ 울리지 않는다. → 울린다.

정답 ④

* **준비작동식 감시제어반 감지기 A 또는 B 작동시** [교재 2권] P.79
① 전자밸브는 작동하지 않는다. 문59 보기①
② 화재표시등은 점등된다. 문59 보기②
③ 사이렌은 울린다. 문59 보기③
④ 밸브개방표시등은 소등된다. 문59 보기④

Key Point

중요 준비작동식 유수검지장치를 작동시키는 방법 　교재 2권 P.78

(1) 해당 방호구역의 감지기 2개 회로 작동 　문60 보기①
(2) SVP(수동조작함)의 수동조작스위치 작동 　문60 보기②
(3) 밸브 자체에 부착된 수동기동밸브 개방 　문60 보기④
(4) 감시제어반(수신기)측의 준비작동식 유수검지장치 수동기동스위치 작동
(5) 감시제어반(수신기)에서 동작시험 스위치 및 회로선택 스위치로 작동(2
　　회로 작동)

★★
60 다음 중 준비작동식 스프링클러설비의 유수검지장치를 작동시키는
방법에 대한 설명으로 틀린 것은?

교재 2권
P.78

① 해당 방호구역의 감지기 2개의 회로를 작동시킨다.
② 수동조작함(SVP)에서 수동조작스위치를 작동시킨다.
③ 말단시험밸브를 개방하여 클래퍼가 개방되는지 확인한다.
④ 밸브 자체에 부착된 수동기동밸브를 개방시킨다.

해설

　③ 습식 스프링클러설비 방식

정답 ③

* **말단시험밸브가 있는 것**
교재 2권 P.67, P.69

① 습식
② 건식

★★
61 다음 그림의 밸브가 개방(작동)되는 조건으로 옳지 않은 것은?

교재 2권
P.70

‖ 프리액션밸브 ‖

① 방화문 감지기동작
② SVP(수동조작함) 수동조작 버튼 기동
③ 감시제어반에서 동작시험
④ 감시제어반에서 수동조작

Key Point

* 프리액션밸브
'준비작동식 밸브' 또는 '준
비작동밸브'라고도 부른다.

 ① 프리액션밸브는 방화문 감지기와는 무관함

프리액션밸브 개방조건

(1) SVP(수동조작함) 수동조작 버튼 기동 보기 ②
(2) 감시제어반에서 동작시험 보기 ③
(3) 감시제어반에서 수동조작 보기 ④
(4) 해당 방호구역의 감지기 2개 회로작동
(5) 밸브 자체에 부착된 수동기동밸브 개방

정답 ①

62 그림과 같이 준비작동식 스프링클러설비의 수동조작함을 작동시켰을 때, 확인해야 할 사항으로 옳지 않은 것은?

실무교재 P.87

① 감지기 A 작동
② 감시제어반 밸브개방표시등 점등
③ 사이렌 또는 경종 동작
④ 펌프동작

 ① 감지기는 자동으로 화재를 감지하는 기기이므로 수동으로 수동조작함을 작동시키는 방식과는 무관함

준비작동식 스프링클러설비

수동기동	자동기동
수동조작함 조작	감지기 A, B 작동

수동조작함 작동시 확인해야 할 사항

(1) 펌프작동 보기 ④
(2) 감시제어반 밸브개방표시등 점등 보기 ②
(3) 음향장치(사이렌) 작동 보기 ③
(4) 화재표시등 점등

정답 ①

Key Point

＊ 스프링클러설비 밸브개
방시험 전 상태
① 1차측 밸브 : 개방
② 2차측 밸브 : 폐쇄

63

교재 2권
P.71

준비작동식 스프링클러설비 밸브개방시험 전 유수검지장치실에서 안전조치를 하려고 한다. 보기 중 안전조치 사항으로 옳은 것은?

① ㄱ

② ㄴ

③ ㄷ

④ ㄹ

해설 **준비작동식** 스프링클러설비 밸브개방시험 전에는 **1차측**은 **개방**, **2차측**은 **폐쇄**되어 있어야 스프링클러헤드를 통해 물이 방사되지 않아서 안전하다.

정답 ④

Key Point

★★★
64
실무교재
P.87

준비작동식 스프링클러설비 수동조작함(SVP) 스위치를 누를 경우 다음 감시제어반의 표시등이 점등되어야 할 것으로 올바르게 짝지어 진 것으로 옳은 것은? (단, 주어지지 않은 조건은 무시한다.)

* 스프링클러설비 수동조작함
'SVP(슈퍼비조리판넬, Super Visory Panel)'라고도 부른다.

① ㄹ, ㅂ   ② ㄴ, ㄷ
③ ㄴ, ㅂ   ④ ㄱ, ㅂ

 해설

㉠ **알람밸브**는 **습식**에 사용되므로 해당없음

‖ 미점등 ‖

㉢ **가스방출스위치**는 **이산화탄소**소화설비, **할론**소화설비에 작용되므로 해당없음

‖ 미점등 ‖

㉣, ㉤ 감지기 A, B에 의해 자동으로 준비작동식을 작동시키는 것이므로 수동조작함을 누르는 수동작동방식과는 무관함

‖ 미점등 ‖

준비작동식 수동조작함 스위치를 누른 경우
(1) 펌프작동
(2) 감시제어반 밸브개방표시등 점등
(3) 음향장치(사이렌) 작동
(4) 화재표시등 점등

정답 ③

Key Point

★★★
65

실무교재
P.87

다음은 준비작동식 스프링클러설비가 설치되어 있는 감시제어반이다. 그림과 같이 감시제어반에서 충압펌프를 수동기동했을 경우 옳은 것은?

① 스프링클러헤드는 개방되었다.
② 현재 충압펌프는 자동으로 작동하고 있는 중이다.
③ 프리액션밸브는 개방되었다.
④ 주펌프는 기동하지 않는다.

* 충압펌프 수동기동
① 선택스위치 : 수동
② 주펌프 : 정지
③ 충압펌프 : 기동

 해설

① 개방되었다. → 개방여부는 알 수 없다.
충압펌프를 수동기동했지만 스프링클러헤드 개방여부는 알 수 없다.
② 자동 → 수동
감시제어반 선택스위치 : 수동, 충압펌프 : 기동이므로 충압펌프는 수동으로 작동 중이다.
③ 개방되었다. → 개방되지 않았다.
프리액션밸브 개방 램프가 소등되어 있으므로 개방되지 않았다.

④ 감시제어반 주펌프 : **정지**이므로 주펌프는 기동하지 않는다.

정답 ④

66 ★★★
실무교재
P.78

다음 그림은 준비작동식 스프링클러 점검시 유수검지장치를 작동시키는 방법과 감시제어반에서 확인해야 할 사항이다. 다음 중 옳은 것을 모두 고르시오.

Key Point

* 감지기가 있는 것
① 준비작동식
② 일제살수식

* 말단시험밸브가 있는 것
① 습식
② 건식

1. 프리액션밸브 유수검지장치를 작동시키는 방법
   ㉠ 화재동작시험을 통한 A, B 감지기 작동
   ㉡ 해당 구역 감지기(A, B) 2개 회로 작동
   ㉢ 말단시험밸브 개방

2. 감시제어반 확인사항
   ㉣ 해당 구역 감지기 A, B, 지구표시등 점등
   ㉤ 프리액션밸브 개방표시등 점등
   ㉥ 도통시험회로 단선여부 확인
   ㉦ 발신기표시등 점등 확인

① ㉠, ㉡, ㉣, ㉥
② ㉠, ㉢, ㉣, ㉤
③ ㉠, ㉡, ㉣, ㉤
④ ㉠, ㉢, ㉥, ㉦

 해설

㉢ 말단시험밸브는 습식·건식 스프링클러설비에만 있으므로 프리액션밸브(준비작동식)은 해당 없음
㉥ 도통시험회로 단선여부는 유수검지장치 작동과 무관함
㉦ 발신기표시등은 자동화재탐지설비에 적용되므로 준비작동식에는 관계없음

말단시험밸브 여부

습식·건식 스프링클러설비	준비작동식·일제살수식 스프링클러설비
말단시험밸브 ○	말단시험밸브 ×

정답 ③

05 물분무등소화설비

1 이산화탄소소화설비의 장단점 교재 2권 P.85

장 점	단 점
• **심부화재**에 적합하다. 문67 보기②	• 사람에게 질식의 우려가 있다.
• 화재진화 후 깨끗하다.	• 방사시 동상의 우려와 **소음**이 **크다.** 문67 보기①
• 피연소물에 피해가 적다.	
• 비전도성이므로 **전기화재**에 좋다. 문67 보기③	• 설비가 고압으로 특별한 주의와 관리가 필요하다. 문67 보기④

* 이산화탄소소화설비의 단점 교재 2권 P.85
방사시 소음이 크다.

기출문제 ●

67 다음 중 이산화탄소소화설비에 대한 설명으로 틀린 것은 무엇인가?

교재 2권 P.85

① 소음이 작다.
② 가연물 내부에서 연소하는 심부화재에 적합하다.
③ 전기화재(C급)에 좋다.
④ 설비가 고압으로 특별한 주의와 관리가 필요하다.

해설

① 작다. → 크다.

 정답 ①

2 가스계 소화설비의 방출방식 교재 2권 PP.85-86

전역방출방식 문68 보기②	국소방출방식	호스릴방식
고정식 소화약제 공급장치에 배관 및 분사헤드를 고정 설치하여 **밀폐 방호구역** 내에 소화약제를 방출하는 설비 공하성 기억법 밀전	고정식 소화약제 공급장치에 배관 및 분사헤드를 설치하여 직접 화점에 소화약제를 방출하는 설비로 **화재발생 부분**에만 **집중적**으로 소화약제를 방출하도록 설치하는 방식 공하성 기억법 국화집	분사헤드가 배관에 고정되어 있지 않고 소화약제 저장용기에 호스를 연결하여 사람이 직접 화점에 소화약제를 방출하는 **이**동식 소화설비 공하성 기억법 호이(호일)
 ∥전역방출방식∥	 ∥국소방출방식∥	∥호스릴방식∥

공하성 기억법 가전국호

기출문제 ●

68 가스계 소화설비의 방출방식 중 다음 그림은 어떤 방식인가?

교재 2권 PP.85 -86

① 국소방출방식　　　　② 전역방출방식
③ 호스릴방식　　　　　④ 확산방출방식

해설
　　② 전역방출방식 그림이다.

정답 ②

 Key Point

＊ **가스계 소화설비의 방출방식** 교재 2권 PP.85-86
① **전**역방출방식
② **국**소방출방식
③ **호**스릴방식
공하성 기억법
가전국호

＊ **전역방출방식**
교재 2권 PP.85-86
고정식 소화약제 공급장치에 배관 및 분사헤드를 고정 설치하여 민폐방호구역 내에 소화약제를 방출하는 설비

✱ 가스계 소화설비의 종류

교재 2권 PP.86-89

① 이산화탄소소소화설비
② 할론소화설비

3 가스계 소화설비의 주요구성 교재 2권 PP.86-89

(1) 저장용기

(2) 기동용 가스용기

(3) 솔레노이드밸브

(4) 압력스위치

(5) 선택밸브

(6) 수동조작함(수동식 기동장치)

(7) 방출표시등

(8) 방출헤드

침이 앞으로 튀어나와서 길어짐

(a) 작동 전(격발 전)   (b) 작동 후(격발 후)

┃ 솔레노이드밸브 ┃ 문69 보기①

4 가스계 소화설비 점검 전 안전조치 교재 2권 P.91

단 계	내 용
1단계	① 기동용기에서 선택밸브에 연결된 조작동관 분리 ② 기동용기에서 저장용기에 연결된 개방용 동관 분리
2단계	③ 제어반의 솔레노이드밸브 연동정지 문69 보기② ‖P형 수신기 예‖
3단계	④ 솔레노이드밸브 안전클립(안전핀) 체결 후 분리, 안전클립 제거 후 격발 준비 안전클립 (안전핀) 솔레노이드밸브 ‖솔레노이드밸브‖

5 기동용기 솔레노이드밸브 격발시험방법 교재 2권 P.92

격발시험방법	세부사항
수동조작버튼 작동 (즉시 격발) 문69 보기③	연동전환 후 기동용기 솔레노이드밸브에 부착되어 있는 수동조작버튼을 안전클립 제거 후 누름
수동조작함 작동	연동전환 후 수동조작함의 기동스위치를 누름
교차회로감지기 동작	연동전환 후 방호구역 내 교차회로(A, B) 감지기 동작
제어반 수동조작스위치 동작 문69 보기④	솔레노이드밸브 선택스위치를 수동위치로 전환 후 정지에서 기동위치로 전환하여 동작시킴

Key Point

* 기동용 솔레노이드밸브
  격발시험방법
솔레노이드밸브 선택스위
치를 수동위치로 전환 후
정지에서 기동위치로 전환
하여 동작

69

교재 2권
PP.91
-92

다음 가스계 소화설비의 주요구성 중 기동용 솔레노이드밸브에 대한 설명으로 옳은 것은?

(a)

(b)

① (a)는 솔레노이드밸브 격발 후, (b)는 솔레노이드밸브 격발 전 모습이다.
② 가스계 소화설비 점검 전 안전조치를 위해 제어반의 솔레노이드밸브는 연동상태로 둔다.
③ 솔레노이드밸브에 부착되어 있는 수동조작버튼을 안전클립 제거 후 누르면 즉시 격발되어야 한다.
④ 격발시험을 하기 위해서는 솔레노이드밸브 선택스위치를 수동위치로 전환 후 기동에서 정지위치로 전환하여 동작시킨다.

해설
① 격발 후 → 격발 전, 격발 전 → 격발 후
② 연동 → 연동정지
④ 기동에서 정지 → 정지에서 기동

정답 ③

* 솔레노이드 점검 전 안전조치
① 안전핀 체결
② 솔레노이드 분리
③ 안전핀 제거

70

실무교재
P.93

가스계 소화설비 기동용기함의 솔레노이드밸브 점검 전 상태를 참고하여 안전조치의 순서로 옳은 것은?

안전핀

▌솔레노이드밸브 점검 전▐ ㉠ 안전핀 제거 ㉡ 솔레노이드 분리 ㉢ 안전핀 체결

① ㉡ - ㉢ - ㉠
② ㉢ - ㉡ - ㉠
③ ㉢ - ㉠ - ㉡
④ ㉡ - ㉠ - ㉢

해설 기동용기함의 솔레노이드밸브의 점검 전 안전조치 순서

　　ⓒ 안전핀 체결 → ⓛ 솔레노이드 분리 → ⓨ 안전핀 제거

정답 ②

★★★
71 보기(ⓨ~ⓩ)를 보고 가스계 소화설비의 점검 전 안전조치를 순서대로 나열한 것으로 옳은 것은?

실무교재
P.93

　ⓨ 솔레노이드밸브 분리
　ⓛ 연결된 조작동관 분리
　ⓒ 감시제어반 연동 정지
　ⓩ 솔레노이드밸브 안전핀 제거

① ⓛ-ⓒ-ⓩ-ⓨ　　　　　　② ⓛ-ⓒ-ⓨ-ⓩ
③ ⓛ-ⓨ-ⓒ-ⓩ　　　　　　④ ⓒ-ⓛ-ⓩ-ⓨ

해설 가스계 소화설비의 점검 전 안전조치

　　ⓛ 연결된 **조작동관** 분리 → ⓒ **감시제어반** 연동 정지 → ⓨ **솔레노이드**
밸브 분리 → ⓩ 솔레노이드밸브 **안전핀** 제거

정답 ②

★★★
72 가스계 소화설비 중 기동용기함의 각 구성요소를 나타낸 것이다. 가스계 소화설비 작동점검 전 가장 우선해야 하는 안전조치로 옳은 것은?

실무교재
P.93

① ⓨ의 연결부분을 분리한다.
② ⓛ의 압력스위치를 당긴다.
③ ⓒ의 단자에 배선을 연결한다.
④ ⓩ 안전핀을 체결한다.

* 가스계 소화설비의 점검 전 안전조치
① 안전핀 체결
② 솔레노이드 분리
③ 안전핀 제거

Key Point

해설 **가스계 소화설비의 작동점검 전 안전조치**
(1) 안전핀 체결
(2) 솔레노이드 분리
(3) 안전핀 제거

솔레노이드
수동버튼(기동용)
안전핀
작동버튼(확인용)
결선단자
압력스위치
기동용기

정답 ④

73 가스계 소화설비의 점검을 위해 기동용기와 솔레노이드 밸브를 분리하였다. 다음 그림과 같이 감지기를 동작시킨 경우 확인되는 사항으로 옳지 않은 것은? [단, 감지기(교차회로) 2개를 작동시켰다.]

실무교재
PP.91
-95

감지기

감지기 시험기

① 제어반 화재표시   ② 솔레노이드밸브 파괴침 동작
③ 사이렌 또는 경종 동작   ④ 방출표시등 점등

해설
④ 기동용기와 솔레노이드밸브를 분리했으므로 방출표시등은 점등되지 않는다.

감지기를 동작시킨 경우 확인사항
(1) 제어판 화재표시
(2) 솔레노이드밸브 파괴침 동작
(3) 사이렌 또는 경종 동작

정답 ④

* **감지기를 동작시킨 경우 확인사항**
① 제어판 화재표시
② 솔레노이드밸브 파괴침 동작
③ 사이렌 또는 경종 동작

01 ▶ 자동화재탐지설비

1 경계구역의 설정 기준 교재 2권 P.99

(1) 1경계구역이 2개 이상의 **건축물**에 미치지 않을 것

∥ 하나의 경계구역으로 설정불가 ∥

(2) 1경계구역이 2개 이상의 **층**에 미치지 않을 것(단, **500m²** 이하는 2개층을 1경계구역으로 할 수 있다.)
(3) 1경계구역의 면적은 **600m²** 이하로 하고, 1변의 길이는 **50m** 이하로 할 것(단, 내부 전체가 보이면 **1000m²** 이하로 할 것) 문어 보기③

∥ 내부 전체가 보이면 1경계구역 면적 1000m² 이하, 1변의 길이 50m 이하 ∥

Key Point

01 ★★★　교재 2권 P.99

다음 중 경계구역에 대한 설명으로 옳은 것은?

① 600m^2 이하의 범위 안에서는 2개의 층을 하나의 경계구역으로 할 수 있다.

② 해당 소방대상물의 주된 출입구에서 그 내부 전체가 보이는 것에 있어서는 한 변의 길이가 100m의 범위 내에서 1000m^2 이하로 할 수 있다.

③ 하나의 경계구역이 2개 이상의 건축물에 미치지 아니하도록 한다.

④ 하나의 경계구역이 2개 이상의 용도에 미치지 아니하도록 한다.

해설
① 600m^2 → 500m^2
② 100m → 50m
④ 용도 → 층

정답 ③

02 ★★★　교재 2권 P.99

어떤 건축물의 바닥면적이 각각 1층 900m^2, 2층 500m^2, 3층 400m^2, 4층 250m^2, 5층 200m^{2}이다. 이 건축물의 최소 경계구역수는?

① 3개　　② 4개
③ 5개　　④ 6개

해설 경계구역수

(1) 1경계구역의 면적 : **600m^2** 이하

① 1층 : $\dfrac{바닥면적}{600m^2}$

$= \dfrac{900m^2}{600m^2}$

$= 1.5 ≒ 2개$

② 2층 : $\dfrac{바닥면적}{600m^2}$

$= \dfrac{500m^2}{600m^2}$

$= 0.8 ≒ 1개$

③ 3층 : $\dfrac{바닥면적}{600m^2}$

$= \dfrac{400m^2}{600m^2}$

$= 0.6 ≒ 1개$

---

01 ★★★
교재 2권 P.99

해당 소방대상물의 주된 출입구에서 그 내부 전체가 보이는 건축물의 자동화재탐지설비 경계구역 설정방법 기준으로 옳은 것은?

① 하나의 경계구역의 면적은 500m^2 이하로, 한 변의 길이는 60m 이하로 할 것

② 하나의 경계구역의 면적은 600m^2 이하로, 한 변의 길이는 50m 이하로 할 것

③ 하나의 경계구역의 면적은 1000m^2 이하로, 한 변의 길이는 50m 이하로 할 것

④ 하나의 경계구역의 면적은 1000m^2 이하로, 한 변의 길이는 60m 이하로 할 것

해설
③ 내부 전체가 보이면 1000m^2 이하, 50m 이하
● ②번도 답이 되지 않느냐라고 말하는 사람이 있다. 하지만, 문제에서 "기준"으로 질문하였으므로 내부 전체가 보이는 건축물의 면적은 반드시 1000m^2 이하여야 한다. 그러므로, ②번은 틀린 답이다.

정답 ③

02 ★★★
교재 2권 P.99

어떤 건축물의 바닥면적이 각각 1층 700m^2, 2층 600m^2, 3층 300m^2, 4층 200m^{2}이다. 이 건축물의 최소 경계구역수는?

① 3개　　　　　② 4개
③ 5개　　　　　④ 6개

해설 경계구역수

(1) 1경계구역의 면적 : **600m^2** 이하로 하여야 하므로 바닥면적을 **600m^2**로 나누어주면 된다.

$$경계구역수(1개층) = \dfrac{바닥면적}{600m^2} (소수점 올림)$$

$$경계구역수(2개층) = \dfrac{2개층\ 바닥면적}{600m^2} (소수점 올림)$$

Key Point

$$① \ 1층 : \frac{바닥면적}{600m^2} = \frac{700m^2}{600m^2} = 1.1 ≒ 2개(절상)$$

$$② \ 2층 : \frac{바닥면적}{600m^2} = \frac{600m^2}{600m^2} = 1개$$

(2) $500m^2$ 이하는 2개층을 1경계구역으로 할 수 있으므로 2개층의 합이 $500m^2$ 이하일 때는 **$500m^2$**로 나누어주면 된다.

$$3\sim4층 : \frac{2개층 \ 바닥면적}{600m^2} = \frac{(300+200)m^2}{500m^2} = 1개$$

$$∴ \ 2개 + 1개 + 1개 = 4개$$

(2) 2개층 1경계구역 : $500m^2$ 이하

$$4\sim5층 : \frac{2개층 \ 바닥면적}{500m^2}$$
$$= \frac{(250+200)m^2}{500m^2}$$
$$= 0.9 ≒ 1개$$
$$∴ \ 2개+1개+1개+1개=5개$$
정답 ③

정답 ②

2 수신기

(1) 수신기의 구분 [교재 2권] P.99
① P형 수신기
② R형 수신기

(2) 수신기의 설치기준 [교재 2권] P.102
① 수신기가 설치된 장소에는 **경계구역 일람도**를 비치할 것
② 수신기의 조작스위치 높이 : 바닥으로부터의 높이가 **0.8~1.5m** 이하
③ 경비실 등 상시 사람이 근무하고 있는 장소에 설치

✱ 자동화재탐지설비의 수신기 [교재 2권] P.99, P.102
① 종류로는 P형 수신기, R형 수신기가 있다.
② 조작스위치는 바닥으로부터 **0.8~1.5m** 이하의 높이에 설치할 것
[문09 보기③]
③ 경비실 등 상시 사람이 근무하고 있는 장소에 설치할 것

3 발신기 누름스위치 [교재 2권] P.103

(1) **0.8~1.5m**의 높이에 설치한다.
(2) 발신기 누름스위치를 누르고 수신기가 동작하면 수신기의 화재표시등이 점등된다. [문09 보기②]

발신기   경종   표시등

0.8~1.5m 이하

바닥

Key Point

4 감지기 _{교재 2권 PP.103-105}

(1) 감지기의 특징 _{교재 2권 P.104}

감지기 종별	설 명
차동식 스포트형 감지기	주위 온도가 **일정상승률** 이상이 되는 경우에 작동하는 것
정온식 스포트형 감지기	주위 온도가 **일정온도** 이상이 되었을 때 작동하는 것
이온화식 스포트형 감지기	주위의 공기가 **일정농도**의 **연기**를 포함하게 되는 경우에 작동하는 것
광전식 스포트형 감지기	연기에 포함된 미립자가 **광원**에서 방사되는 광속에 의해 산란반사를 일으키는 것

* 이온화식 스포트형 감지기 _{교재 2권 P.104}
주위의 공기가 **일정농도**의 **연기**를 포함하게 되는 경우에 작동하는 것

작동표시램프(감지기 작동시 점등)

┃차동식 스포트형 감지기┃ ┃정온식 스포트형 감지기┃ ┃광전식 스포트형 감지기┃

(2) 감지기의 구조 _{교재 2권 PP.104-105}

정온식 스포트형 감지기 _{문03 보기②}	차동식 스포트형 감지기
① **바이메탈**, 감열판, 접점 등으로 구성	① **감열실**, 다이어프램, 리크구멍, 접점 등으로 구성
공하성 기억법 **바정(봐줘)**	② 거실, 사무실 설치
② 보일러실, 주방 설치	③ 주위 온도가 **일정상승률** 이상이 되었을 때 작동
③ 주위 온도가 **일정온도** 이상이 되었을 때 작동	공하성 기억법 **차감**

┃정온식 스포트형 감지기┃

┃차동식 스포트형 감지기┃

기출문제

03

교재 2권
PP.104
-105

다음 중 바이메탈, 감열판 및 접점 등으로 구성된 감지기는?

① 차동식 스포트형
② 정온식 스포트형
③ 차동식 분포형
④ 정온식 감지선형

해설

② 정온식 스포트형 : 바이메탈, 감열판, 접점

정답 ②

* **정**온식 스포트형 감지기의 구성 교재 2권 P.104
① **바**이메탈
② 감열판
③ 접점

공하성 기억법

바정(봐줘)

중요 감지기 설치유효면적 교재 2권 P.105

(단위 : m²)

부착높이 및 소방대상물의 구분		감지기의 종류				
		차동식·보상식 스포트형		정온식 스포트형		
		1종	2종	특 종	1종	2종
4m 미만	내화구조	90	70	70	60	20
	기타구조	50	40	40	30	15
4m 이상 8m 미만	내화구조	45	35	35	30	—
	기타구조	30	25	25	15	—

공하성 기억법

```
차 보      정
9 7    7 6 2
5 4    4 3 ①
④ ③    ③ 3 ×
3 ② ② ① ×
```
※ 동그라미(○) 친 부분은 뒤에 5가 붙음

04

교재 2권
PP.104
-105

다음 중 차동식 스포트형 감지기에 대한 설명으로 옳은 것은?

① 주요구조부를 내화구조로 한 소방대상물로서 감지기 부착높이가 4m인 곳의 차동식 스포트형 2종 감지기 1개의 설치유효면적은 35m²이다.
② 바이메탈이 있는 구조이다.
③ 주위 온도에 영향을 받지 않는다.
④ 보일러실, 주방 등에 설치한다.

* **차동식 스포트형 감지기** 교재 2권 P.104
① 거실, 사무실에 설치 문04 보기④
② 감열실, 다이어프램, 리크구멍, 접점
③ 주위 온도에 영향을 받음 문04 보기③

해설

② 바이메탈 → 다이어프램

③ 받지 않는다. → 받는다. 차동식 스포트형 감지기, 정온식 스포트형 감지기 모두 주위 온도에 영향을 받는다.

④ 보일러실, 주방 등 → 거실, 사무실 등

부착높이 및 소방대상물의 구분		감지기의 종류				
		차동식·보상식 스포트형		정온식 스포트형		
		1종	2종	특 종	1종	2종
4m 이상 8m 미만	내화구조	45	→ 35	35	30	−
	기타구조	30	25	25	15	−

정답 ①

교재 2권 PP.104 -105

05 다음 그림을 보고 감지기의 특징으로 옳은 것은?

① 정온식 스포트형 감지기이다.

② 보일러실, 주방 등에 설치한다.

③ 감열실, 다이어프램 등으로 구성되어 있다.

④ 주요구조부가 내화구조이고 부착높이 4m 미만인 2종의 감지기 설치 유효면적은 50m^{2}이다.

해설

① 정온식 스포트형 → 차동식 스포트형

② 보일러실, 주방 → 거실, 사무실

④ 50m^2 → 70m^2

정답 ③

* 차동식 스포트형 감지기의 구성

① 감열실

② 다이어프램

③ 리크구멍

④ 접점

공하성 기억법

차감

06

교재 2권 P.105

다음은 자동화재탐지설비의 감지기 설치유효면적에 관한 표이다. ( ) 안에 알맞은 것은?

(단위 : m²)

부착높이 및 소방대상물의 구분		감지기의 종류						
		차동식 스포트형		보상식 스포트형		정온식 스포트형		
		1종	2종	1종	2종	특종	1종	2종
4m 미만	주요구조부를 내화구조로 한 소방대상물 또는 그 부분	(㉠)	70	90	(㉡)	70	60	20
	기타구조의 소방대상물 또는 그 부분	50	40	50	40	40	30	15
4m 이상 8m 미만	주요구조부를 내화구조로 한 소방대상물 또는 그 부분	45	35	(㉢)	35	35	30	–
	기타구조의 소방대상물 또는 그 부분	30	25	30	25	25	15	–

① ㉠ 45, ㉡ 70, ㉢ 90 　　② ㉠ 70, ㉡ 45, ㉢ 90

③ ㉠ 90, ㉡ 45, ㉢ 70 　　④ ㉠ 90, ㉡ 70, ㉢ 45

해설　④ ㉠ 90 ㉡ 70 ㉢ 45

정답 ④

07

교재 2권 P.105

다음의 그림을 보고 정온식 스포트형 감지기 1종의 최소 설치개수로 옳은 것은? (단, 주요구조부가 내화구조이며, 감지기 부착높이는 3.5m이다.)

① 2개 　　　　　　② 3개

③ 4개 　　　　　　④ 5개

유사 기출문제

06 ★★★　교재 2권 P.105

그림과 같은 주요구조부가 내화구조로 된 어느 건축물에 차동식 스포트형 1종 감지기를 설치하고자 한다. 감지기의 최소 설치개수는? (단, 감지기의 부착높이는 3.5m이다.)

① 8개　　② 9개

③ 10개　　④ 11개

해설 감지기의 설치개수

(단위 : m²)

부착높이 및 소방대상물의 구분		감지기의 종류	
		차동식·보상식 스포트형	
		1종	2종
4m 미만	내화구조	90	70
	기타구조	50	40

내화구조이고 부착높이가 **3.5m**, **차동식 스포트형 1종** 감지기이므로 감지기 1개가 담당하는 바닥면적은 **90m²**가 된다.
차동식 스포트형 1종 감지기

$$= \frac{70m \times 10m}{90m^2}$$
$$= \frac{700m^2}{90m^2}$$
$$= 7.7 ≒ 8개 (소수점 올림)$$

정답 ①

07 ★★★　교재 2권 P.105

주요구조부가 내화구조인 어느 건축물에 정온식 스포트형 감지기 특종을 설치하려고 한다. 감지기의 최소 설치 개수는? (단, 감지기 부착높이는 4m이다.)

① 5개　　② 6개

③ 7개　　④ 8개

해설 감지기 설치유효면적

(단위 : m²)

부착높이 및 소방대상물의 구분		감지기의 종류		
		정온식 스포트형		
		특종	1종	2종
4m 이상 8m 미만	내화구조	35	30	–
	기타구조	25	15	–

A : 정온식 스포트형 특종 감지기

$= \dfrac{4m \times 10m}{35m^2}$

$= 1.1 ≒ 2$ 개 (소수점 올림)

B : 정온식 스포트형 특종 감지기

$= \dfrac{4m \times 10m}{35m^2}$

$= 1.1 ≒ 2$ 개 (소수점 올림)

C : 정온식 스포트형 특종 감지기

$= \dfrac{(4+4)m \times 10m}{35m^2}$

$= 2.2 ≒ 3$ 개 (소수점 올림)

∴ 2개+2개+3개= 7개

정답 ③

해설 감지기 설치유효면적

부착높이 및 소방대상물의 구분		감지기의 종류				
		차동식·보상식 스포트형		정온식 스포트형		
		1종	2종	특 종	1종	2종
4m 미만	내화구조	90	70	70	60	20
	기타구조	50	40	40	30	15

A : 정온식 스포트형 1종 감지기 $= \dfrac{10m \times 12m}{60m^2} = 2$ 개

B : 정온식 스포트형 1종 감지기 $= \dfrac{10m \times 6m}{60m^2} = 1$ 개

C : 정온식 스포트형 1종 감지기 $= \dfrac{10m \times 6m}{60m^2} = 1$ 개

∴ A + B + C = 2 + 1 + 1 = 4 개

정답 ③

5 음향장치

(1) 음향장치의 설치기준 교재 2권 P.106

① **층**마다 설치한다.

② 음량크기는 **1m** 떨어진 곳에서 **90dB** 이상이 되도록 한다. 문09 보기④

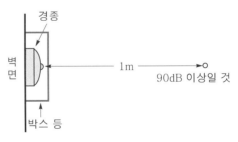

┃음향장치의 음량측정┃

③ 수평거리 **25m** 이하가 되도록 설치한다.

④ 음향장치의 종류

주음향장치	지구음향장치
수신기 내부 또는 직근에 설치	각 경계구역에 설치

(2) 음향장치의 경보방식 [교재 2권 P.106]

Key Point

║ 발화층 및 직상 4개층 경보방식 ║

║ 자동화재탐지설비 음향장치의 경보 ║ 문08 보기① [교재 2권 P.106]

발화층	경보층	
	11층(공동주택 16층) 미만	11층(공동주택 16층) 이상
2층 이상 발화	전층 일제경보	● 발화층 ● 직상 4개층
1층 발화		● 발화층 ● 직상 4개층 ● 지하층
지하층 발화		● 발화층 ● 직상층 ● 기타의 지하층

＊ 자동화재탐지설비 발화
  층 및 직상 4개층 경보
  적용대상물
11층(공동주택 16층) 이상의
특정소방대상물의 경보

Key Point

유사 기출문제

08 ★★ 교재 2권 P.106

건축 연면적이 5000m²이고 지하 4층, 지상 11층인 특정소방대상물에 자동화재탐지설비를 설치하였다. 지하 1층에서 화재가 발생한 경우 우선적으로 경보를 하여야 하는 층은?

① 건물 내 모든 층에 동시 경보
② 지하 1·2·3·4층, 지상 1층
③ 지하 1층, 지상 1층
④ 지하 1·2층

 ② 지하 1층 발화이므로 발화층(지하 1층), 직상층(지상 1층), 기타의 지하층(지하 2·3·4층) 우선경보

정답 ②

09 ★★ 교재 2권 PP.102-103, P.106

자동화재탐지설비의 설치기준에 대한 설명으로 옳지 않은 것은?

① 경비실 등 상시 사람이 근무하고 있는 장소에 설치하여야 한다.
② 음향장치의 음량 크기는 1m 떨어진 곳에서 98dB 이하이어야 한다.
③ 수신기의 조작스위치 높이는 0.8m 이상 1.5m 이하이어야 한다.
④ 발신기는 하나의 발신기까지의 수평거리가 25m 이하가 되도록 설치하여야 한다.

 ② 90dB 이하 → 90dB 이상

정답 ②

 기출문제

08 ★★ 교재 2권 P.106

11층 이상인 다음 건물의 경보상황을 보고 유추할 수 있는 사항은?

① 발화층 및 직상 4개층 경보 ② 일제경보
③ 구분경보 ④ 직하발화 우선경보

 ① 발화층 및 직상 4개층 경보방식

정답 ①

09 ★★ 교재 2권 PP.102-103, P.106

다음 중 자동화재탐지설비 주요구성요소에 대한 설명으로 틀린 것은?

① 감지기는 자동적으로 화재신호를 수신기에 전달하는 역할을 하지만, 발신기는 화재발견자가 수동으로 누름버튼을 눌러 수신기에 신호를 보내는 것이다.
② 발신기 누름스위치를 누르고 수신기가 동작하면 발신기의 화재표시등이 점등된다.
③ 수신기 조작스위치의 높이는 0.8m 이상 1.5m 이하이어야 한다.
④ 음향장치의 음량크기는 1m 떨어진 곳에서 90dB 이상이어야 한다.

 ② 발신기의 화재표시등 → 수신기의 화재표시등

정답 ②

6 청각장애인용 시각경보장치

(1) 청각장애인용 시각경보장치의 설치기준 교재 2권 P.106

① **복도·통로·청각장애인용 객실** 및 공용으로 사용하는 **거실**에 설치하며, 각 부분으로부터 유효하게 경보를 발할 수 있는 위치에 설치

② **공연장·집회장·관람장** 또는 이와 유사한 장소에 설치하는 경우
에는 시선이 집중되는 **무대부 부분** 등에 설치

③ 바닥으로부터 **2~2.5m** 이하의 장소에 설치(단, 천장높이가 **2m 이하**
인 경우는 천장으로부터 **0.15m** 이내의 장소에 설치한다.)

(2) 설치높이 | 교재 2권 | PP.102-103, P.106 |

기타기기	시각경보장치
0.8~1.5m 이하	2~2.5m 이하 (천장높이 2m 이하는 천장으로부터 0.15m 이내)

공하성 기억법 시25(CEO)

7 송배선식 | 교재 2권 | PP.106-107 |

✱ **송배선식** | 교재 2권 | P.106 |
감지기 사이의 회로배선에
사용

도통시험(선로의 정상연결 유무 확인)을 원활히 하기 위한 배선방식

| 송배선식 |

8 감지기 작동 점검(단계별 절차) | 교재 2권 | P.110 |

(1) **1단계**: 감지기 동작시험 실시

→ **감지기 시험기, 연기스프레이 등 이용**

(2) 2단계 : LED 미점등시 감지기 회로 전압 확인

① **정격전압**의 **80%** 이상이면, **감지기**가 **불량**이므로 감지기를 교체한다. 문10 보기②

② 전압이 **0V**이면 회로가 **단선**이므로 회로를 보수한다.

```
     정격전압의 80% 이상
        ⇨ 감지기 불량
              ↓
        감지기 교체
```

```
            0V
        ⇨ 회로 단선
              ↓
        해당 회로 보수
```

(3) 3단계 : 감지기 동작시험 재실시

---

* 장마철 공기 중 습도 증가에 의한 감지기 오동작 교재 2권 P.124
① 복구스위치 누름 문10 보기①
② 동작된 감지기 복구

* 송배선식 문10 보기③
감지기 사이의 회로배선

* 발신기 vs 감지기 문10 보기④
발신기 누름버튼과 감지기 동작은 별개

발신기	감지기
수동으로 화재신호 알림	자동으로 화재신호 알림

기출문제

★★
10 다음 중 감지기에 대한 설명으로 옳은 것은?

교재 2권 P.103, P.106, P.110, P.124

① 장마철 공기 중 습도 증가에 의한 감지기 오동작은 복구스위치를 누르면 된다.
② 감지기단자를 측정한 결과 정격전압의 80% 이상이면 감지기가 정상이다.
③ 감지기 사이의 회로배선은 병렬식 배선으로 한다.
④ 발신기 누름버튼을 누르면 감지기도 함께 동작한다.

해설

② 정상 → 불량   교재 2권 P.110
③ 병렬식 배선 → 송배선식   교재 2권 P.106
④ 감지기도 함께 동작한다. → 감지기는 함께 동작하지 않는다.   교재 2권 P.103

정답 ①

★★★
11 연면적 5000m²인 11층 건물을 사무실 용도로 시공하고자 한다. 고려해야 할 사항으로 옳은 것은?

교재 1권 PP.55 -56

* 건축허가 동의대상
교재 1권 P.55
연면적 400m² 이상

① 건축허가 등의 동의를 받아야 한다.
② 관리의 권원이 분리된 소방안전관리자를 선임하여야 한다.
③ 발화층 및 직상발화 경보방식으로 음향장치를 설치하여야 한다.
④ 발신기와 전화통화가 가능한 수신기를 설치하여야 한다.

해설
① 연면적 400m² 이상이므로 건축허가 동의대상　교재 1권 P.55
② 관리의 권원이 분리된 소방안전관리자 선임대상 아님
③ 발화층 및 직상발화 경보방식 → 발화층 및 직상 4개층 경보방식
④ 전화통화 가능한 수신기 필요없음

정답 ①

★★★
12
교재 2권
P.110

연기스프레이를 이용해 감지기 동작시험을 실시할 때 수신기에 점등 되어야 하는 것을 모두 고른 것은?

㉠ 화재표시등　　　　　　㉡ 지구표시등
㉢ 예비전원감시등　　　　　㉣ 스위치주의등

① ㉠, ㉡　　　　　　　② ㉠, ㉡, ㉢
③ ㉠, ㉡, ㉣　　　　　④ ㉠, ㉡, ㉢, ㉣

해설 감지기 동작시험(감지기 시험기, 연기스프레이 등 이용)
(1) 화재표시등 점등
(2) 지구표시등 점등

정답 ①

* 감지기 동작시험시 수
  신기에 점등되어야 하
  는 것 문12 보기①
① 화재표시등
② 지구표시등

---

⑨ 발신기 작동 점검(단계별 절차)　교재 2권 P.111

(1) **1단계** : 발신기 누름버튼 누름
(2) **2단계** : 수신기에서 발신기등 및 발신기 응답램프 점등 확인

* 발신기 누름버튼을 누
  를 때 상황
① 수신기의 화재표시등
  점등 문13 보기①
② 수신기의 발신기등 점등
  문13 보기②
③ 수신기의 주경종 경보
  문13 보기③

＊ 스위치주의등 점등
교재 2권 PP.125-126
수신기의 각 조작스위치가
정상위치에 있지 않을 때
문13 보기④

 기출문제

13 다음 발신기 누름버튼을 누를 때의 상황으로 틀린 것은?

교재 2권
P.111,
PP.125
-126

① 수신기의 화재표시등 점등 ② 수신기의 발신기등 점등
③ 수신기의 주경종 경보 ④ 수신기의 스위치주의등 점등

해설

④ 점등 → 소등
발신기 누름버튼은 수신기의 조작스위치가 아니므로 눌러도 스위치
주의등은 점등되지 않음

정답 ④

14 다음 그림을 보고 5회로에 연결된 감지기가 화재를 감지했을 때 수신기에서 점등되어야 할 표시등을 모두 고른 것은?

교재 2권
P.111,
PP.125
-126

① ㉠, ㉡ ② ㉠, ㉡, ㉢
③ ㉠, ㉡, ㉣ ④ ㉠, ㉡, ㉢, ㉣

해설

① 감지기 화재감지 : ㉠ 화재표시등, ㉡ 지구표시등 점등

정답 ①

＊ 동작시험 복구순서
교재 2권 P.113
① 회로시험스위치 돌림
② 동작시험스위치 누름
③ 자동복구스위치 누름

10 회로도통시험 교재 2권 PP.115-116

(1) 회로도통시험의 정의

수신기에서 감지기 사이 회로의 단선 유무와 기기 등의 접속상황을 확인
하기 위한 시험

(2) 회로도통시험 적부판정

구 분	정 상	단 선
전압계가 있는 경우	4~8V 문15 보기①	0V 문15 보기②
도통시험확인등이 있는 경우	정상확인등 점등(녹색) 문15 보기③	단선확인등 점등(적색) 문15 보기④

┃ 단선인 경우(적색등 점등) ┃

Key Point

기출문제

★★★
15 자동화재탐지설비의 회로도통시험 적부판정방법으로 틀린 것은?

교재 2권
PP.115
-116

① 전압계가 있는 경우 정상은 24V를 가리킨다.
② 전압계가 있는 경우 단선은 0V를 가리킨다.
③ 도통시험확인등이 있는 경우 정상은 정상확인등이 녹색으로 점등된다.
④ 도통시험확인등이 있는 경우 단선은 단선확인등이 적색으로 점등된다.

해설
① 24V → 4~8V

정답 ①

유사 기출문제

15-1★★ 교재 2권 P.115
자동화재탐지설비에서 P형 수신기의 회로도통시험시 회로선택스위치가 로터리방식으로 전압계가 있는 경우 정상은 몇 V를 가리키는가?

① 0V   ② 4~8V
③ 20~24V ④ 40~48V

해설 회로도통시험

정 상	단 선
4~8V	0V

정답 ②

15-2★★★ 교재 2권 P.115
자동화재탐지설비에서 P형 수신기의 회로도통시험시 회로시험스위치가 로터리방식으로 전압계가 있는 경우 정상과 단선은 몇 V를 가리키는가?

① 정상 : 4~8V,
  단선 : 0V
② 정상 : 20~24V,
  단선 : 1V
③ 정상 : 40~48V,
  단선 : 0V
④ 정상 : 48~54V,
  단선 : 1V

해설 회로도통시험

정 상	단 선
4~8V	0V

정답 ①

02 자동화재탐지설비(P형 수신기)의 점검방법

1 P형 수신기의 동작시험(로터리방식) 교재 2권 P.113

동작시험 순서	동작시험 복구순서
① 동작시험스위치 누름	① 회로시험스위치 돌림
② 자동복구스위치 누름	② 동작시험스위치 누름
③ 회로시험스위치 돌림	③ 자동복구스위치 누름

‖ P형 수신기 동작시험 순서 ‖

기출문제 ●

＊ 동작시험 복구순서
① 회로시험스위치
② 동작시험스위치
　문16 보기④
③ 자동복구스위치

16

교재 2권
P.113

다음은 자동화재탐지설비 P형 수신기의 그림이다. 동작시험을 한 후 복구를 하려고 한다. 동작시험 복구순서로서 다음 중 회로시험스위치를 돌린 후 눌러야 할 버튼은?

① ㉠ 예비전원시험　　　　　② ㉡ 지구경종
③ ㉢ 자동복구　　　　　　　④ ㉣ 동작시험

 해설

④ 동작시험 복구 : 회로시험스위치 → 동작시험스위치 → 자동복구스위치

정답 ④

2 동작시험 vs 회로도통시험

동작시험 순서 교재 2권 P.113	회로도통시험 순서 문17 보기① 교재 2권 PP.115-116
동작(화재)시험스위치 및 자동복구스위치를 누름 → 각 회로(경계구역) 버튼 누름	도통시험스위치를 누름 → 회로시험스위치를 각 경계구역별로 차례로 회전 (각 경계구역 동작버튼을 차례로 누름)

 기출문제

17 자동화재탐지설비의 점검 중 회로도통시험의 작동순서로 알맞은 것은?

교재 2권
PP.115
-116

① 도통시험스위치를 누른다. → 회로시험스위치를 각 경계구역별로 차례로 회전한다.
② 도통시험스위치를 누른다. → 자동복구스위치를 누른다. → 회로시험스위치를 각 경계구역별로 차례로 회전한다.
③ 회로시험스위치를 각 경계구역별로 차례로 회전한다. → 도통시험스위치를 누른다.
④ 회로시험스위치를 각 경계구역별로 차례로 회전한다. → 자동복구스위치를 누른다. → 도통시험스위치를 누른다.

해설
① 회로도통시험 : 도통시험스위치를 누름 → 회로시험스위치를 각 경계구역별로 차례로 회전(각 경계구역 동작버튼을 차례로 누름)

정답 ①

3 회로도통시험 vs 예비전원시험

회로도통시험 순서 문18 보기③ 교재 2권 PP.115-116	예비전원시험 순서 교재 2권 P.117
도통시험스위치 누름 → 회로시험스위치 돌림	예비전원시험스위치 누름 → 예비전원 결과 확인

Key Point

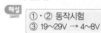
유사 기출문제

18 ★★ 　교재 2권 | PP.115-116

다음 수신기 점검 중 회로도통시험에 대한 설명으로 옳은 것은?

① 수신기에 화재신호를 수동으로 입력하여 수신기가 정상적으로 동작되는지를 확인하기 위한 시험이다.

② 축적·비축적 선택스위치를 비축적 위치에 놓고 시험하여야 한다.

③ 전압계로 측정시 19~29V가 나오면 정상이다.

④ 로터리방식과 버튼방식이 있다.

해설
① · ② 동작시험
③ 19~29V → 4~8V

정답 ④

18 ★★
교재 2권
P.116

그림과 같이 자동화재탐지설비 P형 수신기에 회로도통시험을 하려고 한다. 가장 처음으로 눌러야 하는 스위치는?

① ㉠ 자동복구 　　　② ㉡ 복구

③ ㉢ 도통시험 　　　④ ㉣ 동작시험

해설
③ 회로도통시험 : 도통시험스위치 누름 → 회로시험스위치 돌림

정답 ③

4 평상시 점등상태를 유지하여야 하는 표시등　문19 보기①　교재 2권 | P.116

① 교류전원

② 전압지시(정상) 　전압지시
높음
정상
낮음

‖P형 수신기‖

Key Point

기출문제

★★★
19 P형 수신기가 정상이라면, 평상시 점등상태를 유지하여야 하는 표시등은 몇 개소이고 어디인가?

교재 2권
P.116

	교류전원	예비전원감시	발신기
화재 FIRE	○	○	○

	전압지시	축적	스위치주의
○ 회로시험 ○	○ 높음 ○ 정상 ○ 낮음	점등 축적 소등 비축적	○

	도통시험	주경종	전화
○ 회로시험 ○	○ 정상 ○ 단선	○	

	주경종	지구경종	예비전원
○ 회로시험 ○	○	○	○

	복구	축적	유도등
○ 회로시험 ○	○	○	○

	도통시험	화재시험	자동복구
○ 회로시험 ○	○	○	○

① 2개소 : 교류전원, 전압지시(정상)
② 2개소 : 교류전원, 축적
③ 3개소 : 교류전원, 전압지시(정상), 축적
④ 3개소 : 교류전원, 전압지시(정상), 스위치주의

해설

① 평상시 점등 2개소 : 교류전원, 전압지시(정상)

정답 ①

* 평상시 점등상태 유지 표시등
① 교류전원
② 전압지시(정상)

5 예비전원시험 교재 2권 P.117

전압계인 경우 정상	램프방식인 경우 정상 문21 보기③
19~29V	녹색

적색 ── 26V 이상
녹색 ── 24V 정상
황색 ── 22V 이하
문20 보기④ 전압표시

교류전원

전화

예비전원시험

∥ 예비전원시험 ∥

Key Point

✳ 수신기 동작시험기준
① 1회선마다 복구하면서
모든 회선을 시험
문20 보기②
② 축적·비축적 선택스위
치를 비축적 위치로 놓
고 시험 문20 보기①

기출문제

★★★
20 다음 수신기의 점검에 대한 설명으로 틀린 것은?

교재 2권
P.112,
P.115,
P.117

① 동작시험을 위해 축적·비축적 선택스위치를 비축적 위치로 놓고
시험한다.
② 동작시험의 경우 모든 회선을 동시에 작동시키면서 시험한다.
③ 회로도통시험시 전압계 측정 결과 0V를 지시하면 단선을 의미
한다.
④ 예비전원시험 결과 황색이 점등되면 전압이 22V 이하이다.

 해설

② 모든 회선을 동시에 작동시키면서 → 1회선마다 복구하면서 모든
회선을

정답 ②

★★★
21 다음 수신기의 점검방식으로 옳은 것은?

교재 2권
P.112,
P.115,
PP.116
-117

① 동작시험을 하기 전에 축적·비축적 스위치를 비축적 위치에 놓고
시험한다.
② 회로도통시험 결과 19~29V의 값이 표시되면 정상이다.
③ 예비전원시험 결과 적색이 표시되면 정상이다.
④ 예비전원감시등이 소등된 경우는 예비전원 연결 소켓이 분리되었거
나 예비전원이 원인이다.

**✳ 예비전원감시등이 점등
된 경우** 문21 보기④
교재 2권 P.118
① 예비전원 연결 소켓이
분리
② 예비전원 원인

 해설

② 19~29V → 4~8V
③ 적색 → 녹색
④ 소등 → 점등

정답 ①

6 비화재보의 원인과 대책 교재 2권 PP.124-125

주요 원인	대 책 문22 보기③
주방에 '**비적응성 감지기**'가 설치된 경우	적응성 감지기(정온식 감지기 등)로 교체
'**천장형 온풍기**'에 밀접하게 설치된 경우	기류흐름 방향 외 이격설치
담배연기로 인한 연기감지기 동작	흡연구역에 환풍기 등 설치

기출문제 ●

22 다음은 비화재보의 주요 원인과 대책을 나타낸 표이다. 빈칸에 들어
갈 말로 옳은 것은?

교재 2권
PP.124
-125

주요 원인	대 책
주방에 비적응성 감지기가 설치된 경우	적응성 감지기[(㉠)식 감지기 등]로 교체
천장형 온풍기에 밀접하게 설치된 경우	기류흐름 방향 외 (㉡) 설치
(㉢)로 인한 연기감지기 동작	흡연구역에 환풍기 등 설치

① ㉠ 차동, ㉡ 이격, ㉢ 담배연기
② ㉠ 차동, ㉡ 근접, ㉢ 습기
③ ㉠ 정온, ㉡ 이격, ㉢ 담배연기
④ ㉠ 정온, ㉡ 근접, ㉢ 습기

★ 주방
정온식 감지기 설치

★ 천장형 온풍기
감지기 이격 설치

해설
③ 주방 : 정온식 감지기, 천장형 온풍기 : 이격설치, 담배연기 : 환풍기
설치

정답 ③

Key Point

7 자동화재탐지설비의 비화재보시 조치방법 | 교재 2권 PP.125-126

단 계	대처법
1단계	수신기 확인(화재표시등, 지구표시등 확인)
2단계	실제 화재 여부 확인
3단계	음향장치 정지
4단계	비화재보 원인 제거
5단계	수신기 복구
6단계	음향장치 복구
7단계	스위치주의등 확인

기출문제

23 ★ | 교재 2권 PP.125-126

다음 중 자동화재탐지설비의 비화재보시 조치방법으로 옳은 것은?

① 1단계 수신기 확인 - 2단계 실제 화재 여부 확인 - 3단계 음향장치 정지 - 4단계 비화재보 원인 제거
② 1단계 실제 화재 여부 확인 - 2단계 수신기 확인 - 3단계 음향장치 정지 - 4단계 비화재보 원인 제거
③ 1단계 음향장치 정지 - 2단계 실제 화재 여부 확인 - 3단계 수신기 확인 - 4단계 비화재보 원인 제거
④ 1단계 음향장치 정지 - 2단계 수신기 확인 - 3단계 실제 화재 여부 확인 - 4단계 비화재보 원인 제거

해설

① 비화재보 조치방법 : 1단계 수신기 확인 - 2단계 실제 화재 여부 확인 - 3단계 음향장치 정지 - 4단계 비화재보 원인 제거

정답 ①

8 발신기 작동시 점등되어야 하는 것 | 교재 2권 P.111, PP.125-126

(1) 화재표시등
(2) 지구표시등(해당 회로)
(3) 발신기등

기출문제 ●

24

교재 2권
P.111,
PP.125
-126

건물의 5층(5회로)에서 발신기를 작동시켰을 때 수신기에서 정상적으로 화재신호를 수신하였다면 점등되어야 하는 것을 모두 고른 것은?

✱ 발신기 작동시 점등램프
① 화재표시등
② 지구표시등
③ 발신기등

① ㉠, ㉡

② ㉠, ㉡, ㉢

③ ㉠, ㉢, ㉣

④ ㉠, ㉡, ㉢, ㉣, ㉤

해설

③ ㉠ 화재표시등
   ㉢ 지구표시등(5회로)
   ㉣ 발신기등

정답 ③

Key Point

＊ 경종이 울리지 않는 경우
① 주경종 정지스위치 :
  ON
② 지구경종 정지스위치 :
  ON

★★★
25 수신기 점검시 1F 발신기를 눌렀을 때 건물 어디에서도 경종(음향장치)이 울리지 않았다. 이때 수신기의 스위치 상태로 옳은 것은?

교재 2권
P.126

▌P형 수신기▐

① ㉠ 스위치가 눌러져 있다.
② ㉡ 스위치가 눌러져 있다.
③ ㉠, ㉡ 스위치가 눌러져 있다.
④ 스위치가 눌러져 있지 않다.

해설

③ ㉠ 주경종 정지스위치, ㉡ 지구경종 정지스위치를 누르면 경종(음향장치)이 울리지 않는다.

정답 ③

Key Point

＊ 비화재보
'오작동'을 의미한다.

★★★
26 그림의 수신기가 비화재보인 경우 화재를 복구하는 순서로 옳은 것은?

교재 2권
PP.125
-126

ⓐ 수신기 확인
ⓑ 수신반 복구
ⓒ 음향장치 정지
ⓓ 실제 화재 여부 확인
ⓔ 발신기 복구
ⓕ 음향장치 복구

① ㄱ – ㄹ – ㄷ – ㅁ – ㅂ – ㄴ
② ㄱ – ㄹ – ㄷ – ㅁ – ㄴ – ㅂ
③ ㄹ – ㄱ – ㅁ – ㄷ – ㄴ – ㅂ
④ ㄹ – ㄱ – ㄷ – ㅁ – ㄴ – ㅂ

해설 비화재보 복구순서
ㄱ 수신기 확인 – ㄹ 실제 화재 여부 확인 – ㄷ 음향장치 정지 – ㅁ 발신기 복구 – ㄴ 수신반 복구 – ㅂ 음향장치 복구 – 스위치주의등 확인

정답 ②

★★★
27 그림과 같이 감지기 점검시 점등되는 표시등으로 옳은 것은?

교재 2권
P.110,
P.125

① ㄱ, ㄴ
② ㄴ, ㄹ
② ㄴ, ㄷ
④ ㄱ, ㄴ, ㄷ, ㄹ

Key Point

교재 2권
P.114

해설
> 왼쪽그림은 2층 감지기 동작시험을 하는 그림임
> 2층 감지기가 동작되면 ㉠ 화재표시등, ㉡ 2층 지구표시등이 점등된다.

정답 ①

* 화재신호기기 : 감지기
① 화재표시등 점등
② 지구표시등 점등

* 화재신호기기 : 발신기
① 화재표시등 점등
② 지구표시등 점등
③ 발신기표시등 점등

28 그림은 화재발생시 수신기 상태이다. 이에 대한 설명으로 옳지 않은 것은?

① 2층에서 화재가 발생하였다. ② 경종이 울리고 있다.
③ 화재 신호기기는 발신기이다. ④ 화재 신호기기는 감지기이다.

해설
> ③ 발신기 램프가 점등되어 있지 않으므로 화재신호기기는 발신기가 아니라 감지기로 추정할 수 있다.

발신기 램프가 점등되어 있지 않음

정답 ③

Key Point

29

교재 2권
P.114

건물 내 2F에서 발신기 오작동이 발생하였다. 수신기의 상태로 볼 수 있는 것으로 옳은 것은? (단, 건물은 직상 4개층 경보방식이다.)

* 화재신호기기 : 발신기

① 화재표시등 점등
② 지구표시등 점등
③ 발신기표시등 점등

①

②

②

④

해설

2F(2층)에서 발신기 오동작이 발생하였으므로 2층이 발화층이 되어 지구 표시등은 2층에만 점등된다. 경보층은 발화층(2층), 직상 4개층(3~6층) 이므로 경종은 2~6층이 울린다.

자동화재탐지설비의 직상 4개층 우선경보방식 적용대상물
11층(공동주택 **16층**) 이상의 특정소방대상물의 경보

┃ 자동화재탐지설비 직상 4개층 우선경보방식 ┃

발화층	경보층	
	11층(공동주택 16층) 미만	11층(공동주택 16층) 이상
2층 이상 발화	전층 일제경보	• 발화층 • 직상 4개층
1층 발화		• 발화층 • 직상 4개층 • 지하층
지하층 발화		• 발화층 • 직상층 • 기타의 지하층

정답 ①

＊ 연기감지기 동작시험 기기
① 감지기 시험기
② 연기스프레이

30

교재 2권
P.110

다음은 감지기 시험장비를 활용한 경보설비 점검 그림이다. 그림의 내용 중 옳지 않은 것은?

감지기

감지기 시험기

① 감지기 작동상태 확인이 가능하다.
② 감지기 작동 확인은 수신기에서 불가능하다.
③ 수신기에서 해당 경계구역 확인이 가능하다.
④ 감지기 동작시 지구경종 확인이 가능하다.

해설
② 불가능하다. → 가능하다.
감지기 시험장비를 사용하여 감지기 동작시험을 하는 그림으로 감지기 작동 확인은 수신기에서 반드시 가능해야 한다.

정답 ②

31

교재 2권
P.110

(a)와 (b)에 대한 설명으로 옳지 않은 것은?

2F 연기감지기

LED

SMOKE CHECK

(a)

(b)

① (a)의 감지기는 할로겐열시험기로 작동시킬 수 없다.
② (a)의 감지기는 2층에 설치되어 있다.
③ 2층에 화재가 발생했기 때문에 (b)의 발신기 표시등에도 램프가 점등되어야 한다.
④ (a)의 상태에서 (b)의 상태는 정상이다.

③ 점등되어야 한다. → 점등되지 않아야 한다.

(a)가 연기감지기 시험기이므로 감지기가 작동되기 때문에 발신기 램프는 점등되지 않아야 한다.

① 연기감지기 시험기이므로 열감지기시험기로 작동시킬 수 없다. (○)

② (a)에서 2F(2층)이라고 했으므로 옳다. (○)

④ (a)에서 2F(2층) 연기감지기 시험이므로 (b)에서 2층 램프가 점등되었으므로 정상이다. (○)

2층   연기감지기 시험기   2층 지구표시등

정답 ③

32 화재감지기가 (a), (b)와 같은 방식의 배선으로 설치되어 있다. (a), (b)에 대한 설명으로 옳지 않은 것은?

교재 2권
PP.106
-107

① (a)방식으로 설치된 선로를 도통시험할 경우 정상인지 단선인지 알 수 있다.

② (a)방식의 배선방식 목적은 독립된 실에 설치하는 감지기 사이의 단선 여부를 확인하기 위함이다.

③ (b)방식의 배선방식은 독립된 실내감지기 선로단선시 도통시험을 통하여 감지기 단선여부를 확인할 수 없다.

④ (b)방식의 배선방식을 송배선방식이라 한다.

④ (a)방식 : 송배선식 (○), (b)방식 : 송배선식 (×)

① 송배선식이므로 도통시험으로 정상인지 단선인지 알 수 있다. (○)

② 송배선식이므로 감지기 사이의 단선여부를 확인할 수 있다. (○)

③ 송배선식이 아니므로 감지기 단선여부를 확인할 수 없다. (○)

정답 ④

* 도통시험

수신기에서 감지기 사이 회로의 단선 유무와 기기 등의 접속상황을 확인하기 위한 시험

* 도통시험
'회로도통시험'이 정식 명칭
이다.

용어 **송배선식** 교재 2권 P.106

도통시험(선로의 정상연결 유무확인)을 원활히 하기 위한 배선방식

★★★
33 다음은 수신기의 일부분이다. 그림과 관련된 설명 중 옳은 것은?

교재 2권
PP.117
-118

① 수신기 스위치 상태는 정상이다.

② 예비전원을 확인하여 교체한다.

③ 수신기 교류전원에 문제가 발생했다.

④ 예비전원이 정상상태임을 표시한다.

해설

① 정상 → 비정상
   스위치주의등이 점멸하고 있으므로 수신기 스위치 상태는 비정상
   이다.

② 예비전원감시램프가 점등되어 있으므로 예비전원을 확인하여 교체
   한다.

③ 교류전원램프가 점등되어 있고 전압지시 정상램프가 점등되어 있
으므로 수신기 교류전원에 문제가 없다.

④ 예비전원감시램프가 점등되어 있으므로 예비전원이 정상상태가 아
니다.

정답 ②

★★★
34

교재 2권
PP.117
-118

수신기의 예비전원시험을 진행한 결과 다음과 같이 수신기의 표시
등이 점등되었을 때 조치사항으로 옳은 것은?

✱ 예비전원감시램프 점등
예비전원 불량여부를 확인
한다.

① 축적스위치를 누름
② 복구스위치를 누름
③ 예비전원 시험스위치 불량여부 확인
④ 예비전원 불량여부 확인

해설
④ 예비전원감시램프가 점등되어 있으므로 예비전원 불량여부를 확인해
야 한다.

정답 ④

제 4 장   피난구조설비

Key Point

01 피난기구

1 피난기구의 종류   교재 2권 PP.130-132

★ 피난기구의 종류
교재 2권 PP.130-132
① 피난사다리
② 완강기
③ 간이완강기
④ 구조대
⑤ 공기안전매트
⑥ 피난교
⑦ 미끄럼대
⑧ 다수인 피난장비
⑨ 기타 피난기구(피난용 트랩, 승강식 피난기 등)

구 분	설 명
피난사다리 문02 보기②	건축물화재시 안전한 장소로 피난하기 위해서 건축물의 개구부에 설치하는 기구로서 고정식 사다리, 올림식 사다리, 내림식 사다리로 분류된다. 문01 보기③ ‖피난사다리‖
완강기 문02 보기③	사용자의 몸무게에 의하여 자동적으로 내려올 수 있는 기구 중 사용자가 교대하여 **연속적**으로 **사용할 수 있는 것** 속도조절기 로프 — 연결금속구 벨트 ‖완강기‖

★ 완강기 구성요소
교재 2권 P.131
① 속도**조**절기
② **로**프
③ **벨**트
④ **연**결금속구

공하성 기억법
조로벨연

구 분	설 명
간이완강기	사용자의 몸무게에 의하여 자동적으로 내려올 수 있는 기구 중 사용자가 **연속적**으로 **사용할 수 없는 것** 문01 보기④
구조대 문02 보기①	**포**지 등을 사용하여 자루형태로 만든 것으로서 화재시 사용자가 그 내부에 들어가서 내려옴으로써 대피할 수 있는 피난기구 공하성 기억법 **구포**(부산에 있는 **구포**) ‖구조대‖
공기안전매트	화재발생시 사람이 건축물 내에서 외부로 긴급히 뛰어내릴 때 충격을 흡수하여 안전하게 지상에 도달할 수 있도록 포지에 공기 등을 주입하는 구조로 되어 있는 것 ‖공기안전매트‖
피난교 문02 보기④	건축물의 옥상층 또는 그 이하의 층에서 화재발생시 옆 건축물로 피난하기 위해 설치하는 피난기구 ‖피난교‖

Key Point

＊ 구조대
포대 사용

구 분	설 명
미끄럼대	화재발생시 신속하게 지상으로 피난할 수 있도록 제조된 피난기구로서 **장애인복지시설, 노약자수용시설** 및 **병원** 등에 적합 문어 보기② ‖ 미끄럼대 ‖
다수인 피난장비	화재시 **2인 이상**의 피난자가 동시에 해당층에서 지상 또는 피난층으로 하강하는 피난기구 — 다수인 피난장비 ‖ 다수인 피난장비 ‖
기타 피난기구	피난용 트랩, 승강식 피난기 등 ‖ 승강식 피난기 ‖

* 다수인 피난장비
2인 이상 동시 사용 가능

기출문제

01 다음 중 피난구조설비에 대한 설명으로 옳은 것은?

교재 2권
PP.130
-132

① 화재시 발생하는 열과 연기로부터 인명의 안전한 피난을 위한 기구이다.

② 미끄럼대는 장애인 복지시설, 노약자 수용시설 및 병원 등에 적합하다.

③ 다수인 피난장비는 고정식, 올림식, 내림식으로 분류된다.

④ 간이완강기는 사용자가 연속적으로 사용할 수 있는 것을 말한다.

해설
① 인명구조기구에 대한 설명
③ 다수인 피난장비 → 피난사다리
④ 사용할 수 있는 것을 → 사용할 수 없는 일회용의 것을

정답 ②

★ **인명구조기구** 문01 보기①
화재시 발생하는 열과 연기로부터 인명의 안전한 피난을 위한 기구

★ **미끄럼대 사용처**
교재 2권 P.132
① 장애인 복지시설
② 노약자 수용시설
③ 병원

02 피난기구의 종류 중 구조대에 대한 설명으로 옳은 것은?

교재 2권
PP.130
-132

① 비상시 건물의 창, 발코니 등에서 지상까지 포지를 사용하여 그 포지 속을 활강하는 피난기구이다.

② 건축물화재시 안전한 장소로 피난하기 위해서 건축물의 개구부에 설치하는 기구이다.

③ 사용자의 몸무게에 의하여 자동적으로 내려올 수 있는 기구 중 사용자가 교대하여 연속적으로 사용할 수 있는 것이다.

④ 건축물의 옥상층 또는 그 이하의 층에서 화재발생시 옆 건축물로 피난하기 위해 설치하는 피난기구이다.

해설
① 구조대에 대한 설명
② 피난사다리에 대한 설명
③ 완강기에 대한 설명
④ 피난교에 대한 설명

정답 ①

유사 기출문제

02 ★ 교재 2권 PP.130-132
다음 중 피난기구에 해당되지 않는 것은?
① 완강기
② 유도등
③ 구조대
④ 피난사다리
해설
② 유도등 : 피난구조설비의 종류
정답 ②

2 완강기 구성 요소

(1) 속도**조**절기 문03 보기㉠

(2) **로**프 문03 보기㉡

Key Point

(3) **벨**트 문03 보기ㄹ

(4) **연**결금속구 문03 보기ㅂ

공하성 **기억법** 조로벨연

기출문제 ●------------------------

03 다음 보기에서 완강기의 구성 요소를 모두 고른 것은?

교재 2권
P.131

ㄱ 속도조절기	ㄴ 사다리
ㄷ 로프	ㄹ 벨트
ㅁ 안전모	ㅂ 연결금속구

① ㄱ, ㄴ, ㄹ   ② ㄴ, ㄷ, ㅁ

③ ㄱ, ㄷ, ㄹ, ㅂ   ④ ㄴ, ㄹ, ㅁ

 ③ ㄱ 속도조절기, ㄷ 로프, ㄹ 벨트, ㅂ 연결금속구

정답 ③

3 피난기구의 적응성 교재 2권 P.135

* 노유자시설
교재 2권 P.135
간이완강기는 부적합하다.

층 별 설치 장소별 구분	1층	2층	3층	4층 이상 10층 이하
노유자시설	● 미끄럼대 ● 구조대 ● 피난교 ● 다수인 피난장비 ● 승강식 피난기	● 미끄럼대 ● 구조대 ● 피난교 ● 다수인 피난장비 ● 승강식 피난기	● 미끄럼대 문04 보기① ● 구조대 ● 피난교 ● 다수인 피난장비 ● 승강식 피난기	● 구조대[1] ● 피난교 ● 다수인 피난장비 ● 승강식 피난기
의료시설· 입원실이 있는 의원·접골 원·조산원	–	–	● 미끄럼대 ● 구조대 문04 보기④ ● 피난교 문04 보기② ● 피난용 트랩 ● 다수인 피난장비 ● 승강식 피난기	● 구조대 ● 피난교 ● 피난용 트랩 ● 다수인 피난장비 ● 승강식 피난기

Key Point

설치 장소별 구분 \ 층별	1층	2층	3층	4층 이상 10층 이하
영업장의 위치가 4층 이하인 다중이용업소	–	• 미끄럼대 • 피난사다리 • 구조대 • 완강기 • 다수인 피난장비 • 승강식 피난기	• 미끄럼대 • 피난사다리 • 구조대 • 완강기 • 다수인 피난장비 • 승강식 피난기	• 미끄럼대 • 피난사다리 • 구조대 • 완강기 • 다수인 피난장비 • 승강식 피난기
그 밖의 것	–	–	• 미끄럼대 • 피난사다리 • 구조대 • 완강기 • 피난교 • 피난용 트랩 • 간이완강기[2)] • 공기안전매트[2)] • 다수인 피난장비 • 승강식 피난기	• 피난사다리 • 구조대 • 완강기 • 피난교 • 간이완강기[2)] • 공기안전매트[2)] • 다수인 피난장비 • 승강식 피난기

1) **구조대**의 적응성은 장애인관련시설로서 주된 사용자 중 스스로 피난이 불가한 자가 있는 경우 추가로 설치하는 경우에 한한다.
2) 간이완강기의 적응성은 **숙박시설**의 **3층 이상**에 있는 객실에, **공기안전매트**의 적응성은 **공동주택**에 추가로 설치하는 경우에 한한다.

기출문제 ●

04 소방대상물의 설치장소별 피난기구의 적응성으로 옳지 않은 것은?

교재 2권 P.135

① 노유자시설 3층에 미끄럼대를 설치하였다.
② 근린생활시설 중 조산원의 3층에 피난교를 설치하였다.
③ 「다중이용업소의 안전관리에 관한 특별법 시행령」 제2조에 따른 다중이용업소로서 영업장의 위치 3층에 피난용 트랩을 설치하였다.
④ 의료시설의 3층에 구조대를 설치하였다.

해설
• ③ 피난용 트랩은 해당없음
• 4층 이하 다중이용업소 3층 : 미끄럼대, 피난사다리, 구조대, 완강기, 다수인 피난장비, 승강식 피난기

 정답 ③

＊ 간이완강기 vs 공기안전매트 교재 2권 P.135

간이완강기	공기안전매트
숙박시설의 3층 이상에 있는 객실	공동주택

유사 기출문제

04-1 ★★★ 교재 2권 P.135
노유자시설의 5층에 피난기구를 설치하고자 한다. 소방대상물의 설치장소별 피난기구의 적응성으로 틀린 것은?

① 피난교
② 다수인 피난장비
③ 승강식 피난기
④ 피난용 트랩

해설 ④ 피난용 트랩은 해당없음

정답 ④

04-2 ★★★ 교재 2권 P.135
의료시설의 4, 5, 6층 건물에 피난기구를 설치하고자 한다. 적응성이 없는 것은?

① 피난교
② 다수인 피난장비
③ 승강식 피난기
④ 미끄럼대

해설 ④ 미끄럼대는 해당없음

정답 ④

04-3 ★ 교재 2권 P.135
소방대상물의 설치장소별 피난기구의 적응성으로 틀린 것은?

① 노유자시설 3층에 간이완강기 설치
② 공동주택에 공기안전매트 설치
③ 다중이용업소 4층 이하인 건물의 2층에 미끄럼대 설치
④ 의료시설의 3층에 미끄럼대 설치

해설 ① 간이완강기는 **그 밖의 것**에만 해당

정답 ①

05 ★★ 교재 2권 P.135

다음 중 소방대상물의 설치장소별 피난기구의 적응성으로 옳은 것은?

① 의료시설의 3층에 간이완강기는 적응성이 있다.
② 구조대는 의료시설의 2층에 적응성이 있다.
③ 4층 이하의 다중이용업소에 피난용 트랩은 적응성이 없다.
④ 공동주택과 다중이용업소에는 공기안전매트가 적응성이 있다.

 해설
① 있다. → 없다.
② 있다. → 없다.
④ 다중이용업소는 공기안전매트의 적응성이 없다.

정답 ③

06 ★★★ 교재 2권 P.135

다음 중 피난구조설비 설치기준에 따라 소방대상물의 설치장소별 피난기구의 적응성에 대한 설명으로 옳은 것은?

① 공동주택에 공기안전매트는 적응성이 없다.
② 4층에 위치한 다중이용업소에는 피난교가 적응성이 있다.
③ 2층 이상 4층 이하의 다중이용업소에는 피난사다리와 다수인 피난장비가 적응성이 있다.
④ 피난용 트랩은 조산원의 3층에서 적응성이 없다.

해설
① 없다. → 있다.
② 있다. → 없다.
④ 없다. → 있다.

정답 ③

02 인명구조기구 교재 2권 P.136

(1) **방열**복 문07 보기①
(2) 방**화**복(안전모, 보호장갑, 안전화 포함) 문07 보기③
(3) **공**기호흡기
(4) **인**공소생기 문07 보기②

공하성 기억법 방열화공인

Key Point

기출문제

07 인명구조기구로 옳지 않은 것은?

교재 2권
P.136

① 방열복
② 인공소생기
③ 방화복
④ AED(자동제세동기)

해설
④ AED : 인명구조기구 아님

정답 ④

03 비상조명등

1 비상조명등의 조도 교재 2권 P.142

각 부분의 바닥에서 **1 lx** 이상

▌비상조명등 ▌

2 유효작동시간 교재 2권 PP.142-143

비상조명등	휴대용 비상조명등
20분 이상	20분 이상

공하성 기억법 조2(Joy)

* 비상조명등의 유효작동
시간 교재 2권 P.142
20분 이상

* 휴대용 비상조명등
교재 2권 P.143
상시 충전되는 구조일 것

04 유도등 및 유도표지

1 비상전원의 용량 교재 2권 P.142

구 분	용 량
유도등	20분 이상
유도등(지하상가 및 11층 이상)	60분 이상

2 특정소방대상물별 유도등의 종류 교재 2권 P.144

* 유도등의 종류
교재 2권 pp.143~144
① 피난구유도등
② 통로유도등
③ 객석유도등

공하성 기억법
피통객

설치장소	유도등 및 유도표지의 종류
• **공**연장 · **집**회장 · **관**람장 · **운**동시설 • 유흥주점 영업시설(카바레, 나이트클럽) 공하성 기억법 **공집관운객**	• 대형피난구유도등 • 통로유도등 • **객**석유도등
• 위락시설 · 판매시설 · 운수시설 · 장례식장 • 관광숙박업 · 의료시설 · 방송통신시설 • 전시장 · 지하상가 · 지하철역사	• 대형피난구유도등 • 통로유도등
• 숙박시설 · 오피스텔 • 지하층 · 무창층 및 11층 이상인 특정소방대상물	• 중형피난구유도등 • 통로유도등
• 근린생활시설 · 노유자시설 · 업무시설 · 발전시설 • 종교시설 · 교육연구시설 · 공장 · 수련시설 • 창고시설 · 교정 및 군사시설 · 기숙사 • 자동차정비공장 · 운전학원 및 정비학원 • 다중이용업소 · 복합건축물 · 아파트	• 소형피난구유도등 • 통로유도등
• 그 밖의 것	• 피난구유도표지 • 통로유도표지

Key Point

기출문제

08 다음 중 대형피난구유도등을 설치하지 않아도 되는 장소는?

교재 2권
P.144

① 공연장   ② 집회장

③ 오피스텔   ④ 운동시설

해설

③ 중형피난구유도등 설치장소

정답 ③

09 지하층·무창층 또는 층수가 11층 이상인 특정소방대상물에 설치해야 하는 유도등 및 유도표지 종류로 옳은 것은?

교재 2권
P.144

① 대형피난구유도등, 통로유도등, 객석유도등

② 대형피난구유도등, 통로유도등

③ 중형피난구유도등, 통로유도등

④ 소형피난구유도등, 통로유도등

* 지하층·무창층·11층
이상 설치대상
① 중형피난구유도등
② 통로유도등

해설

③ 지하층·무창층·11층 이상 : 중형피난구유도등, 통로유도등

정답 ③

3 객석유도등의 설치장소   교재 2권 P.144

(1) **공**연장 문10 보기①

(2) **집**회장(종교집회장 포함)

(3) **관**람장 문10 보기②

(4) **운**동시설 문10 보기③

▌객석유도등▐

공하성 기억법   공집관운객

기출문제

10 객석유도등의 설치장소로 틀린 곳은?

교재 2권
P.144

① 공연장   ② 관람장

③ 운동시설   ④ 위락시설

해설

④ 위락시설 : 대형피난구유도등, 통로유도등 설치

정답 ④

4 유도등의 설치높이 [교재 2권] PP.144~147

* 계단통로유도등
[교재 2권] PP.146~147
① 각 층의 경사로참 또는 계단참(1개층에 경사로참 또는 계단참이 2 이상 있는 경우 2개의 계단참마다) 설치할 것
② 바닥으로부터 높이 1m 이하의 위치에 설치할 것

* 피난구유도등의 설치장소 [교재 2권] PP.144~145
① **옥내**로부터 직접 지상으로 통하는 출입구 및 그 부속실의 출입구
② **직통계단·직통계단의 계단실** 및 그 부속실의 출입구
③ 출입구에 이르는 **복도** 또는 **통로**로 통하는 출입구
④ **안전구획**된 **거실**로 통하는 출입구

복도통로유도등, 계단통로유도등	피난구유도등, 거실통로유도등
바닥으로부터 높이 **1m** 이하 [문11 보기②] 공하성 기억법 1복(일복 터졌다.)	피난구의 바닥으로부터 높이 **1.5m 이상** [문11 보기③] 공하성 기억법 피유15상

기출문제 ●

11 ★★★
[교재 2권] PP.144 -146

다음 중 유도등에 대한 설명으로 옳은 것은?
① 오피스텔에는 중형피난구유도등, 통로유도등을 설치한다.
② 복도통로유도등은 바닥으로부터 높이 1.5m 이하에 설치한다.
③ 거실통로유도등은 거실, 주차장 등의 거실통로에 설치하며 바닥으로부터 높이 1m 이상의 위치에 설치한다.
④ 다중이용업소에는 대형피난구유도등을 설치한다.

해설
② 1.5m → 1m
③ 1m → 1.5m
④ 대형피난구유도등 → 소형피난구유도등, 통로유도등

정답 ①

5 객석유도등 산정식 [교재 2권] P.147

$$객석유도등\ 설치개수 = \frac{객석통로의\ 직선부분의\ 길이[m]}{4} - 1(소수점\ 올림)$$

공하성 기억법 객4

기출문제

12 객석통로의 직선부분의 길이가 30m일 때, 객석유도등의 최소 설치개수는?

교재 2권
P.147

① 4개　　　　　　　② 6개
③ 7개　　　　　　　④ 10개

해설
$$\frac{30}{4} - 1 = 6.5 ≒ 7개(소수점 올림)$$

정답 ③

Key Point

유사 기출문제

12★★★ 교재 2권 P.147
객석통로의 직선부분의 길이가 13m일 때, 객석유도등의 최소 설치개수는?

① 2개　　② 3개
③ 5개　　④ 6개

해설 $\frac{13}{4} - 1 = 2.25 ≒ 3개$
(소수점 올림)

정답 ②

6 객석유도등의 설치장소 교재 2권 P.147

객석의 **통로, 바닥, 벽**

 기억법 통바벽

 기출문제

13 다음 중 객석유도등의 설치장소로서 옳지 않은 것은?

교재 2권
P.147

① 객석의 통로　　　② 객석의 바닥
③ 객석의 천장　　　④ 객석의 벽

해설 ③ 해당없음

정답 ③

* 객석유도등을 천장에 설치하지 않는 이유
교재 2권 P.147
연기는 공기보다 가벼워 위로 올라가는데, 천장에 연기의 농도가 짙기 때문에 객석유도등을 설치해도 보이지 않을 가능성이 높다.

14 유도등에 관한 설명으로 옳은 것은?

교재 2권
PP.144
-147

① 운동시설에는 중형피난구유도등을 설치한다.
② 피난구유도등은 바닥으로부터 높이 1.5m 이상에 설치한다.
③ 복도통로유도등은 바닥으로부터 높이 1.5m 이하에 설치한다.
④ 계단통로유도등은 바닥으로부터 높이 1m 이상에 설치한다.

해설
① 중형피난구유도등 → 대형피난구유도등
③ 1.5m 이하 → 1m 이하
④ 1m 이상 → 1m 이하

정답 ②

Key Point

교재 2권
P.144,
P.147

★★★
15 다음은 관람장의 시설 규모를 나타낸다. (㉠)에 들어갈 유도등의 종류와 객석유도등의 설치개수로 옳은 것은?

규 모	유도등 및 유도표지의 종류
• 연면적 50000m² • 객석통로의 직선길이 77m	• (㉠)피난구유도등 • 통로유도등 • 객석유도등

* **관람장의 유도등 종류**
① 대형피난구유도등
② 통로유도등
③ 객석유도등

① ㉠ 중형, 객석유도등 설치 개수 : 18개
② ㉠ 중형, 객석유도등 설치 개수 : 19개
③ ㉠ 대형, 객석유도등 설치 개수 : 18개
④ ㉠ 대형, 객석유도등 설치 개수 : 19개

> **해설**
> ④ ㉠ 대형피난구유도등, $\dfrac{77}{4} - 1 = 18.2$(소수점 올림) ≒ 19개

정답 ④

★★★
16 다음 중 유도등 및 유도표지에 관한 설명으로 틀린 것은?

교재 2권
P.146

① 객석유도등은 주차장, 도서관 등에 설치한다.
② 피난구유도등과 거실통로유도등의 설치높이는 동일하다.
③ 복합건축물에는 소형피난구유도등과 통로유도등을 설치한다.
④ 유흥주점 영업시설에는 객석유도등도 설치하여야 한다.

* **객석유도등 설치장소**
문16 보기①
① 공연장
② 극장

> **해설**
> ① 주차장, 도서관 등 → 공연장, 극장 등

정답 ①

7 유도등의 3선식 배선시 점등되는 경우(점멸기 설치시) 교재 2권 P.149

(1) **자동화재탐지설비**의 감지기 또는 발신기가 작동되는 때
　　자동화재속보설비 ✕
(2) **비상경보설비**의 발신기가 작동되는 때
(3) **상**용전원이 정전되거나 전원선이 단선되는 때
(4) **방**재업무를 통제하는 곳 또는 전기실의 배전반에서 **수**동적으로 점등하는 때
(5) **자**동소화설비가 작동되는 때

> **공하성 기억법** 3탐경상 방수자

8 유도등 3선식 배선에 따라 상시 충전되는 구조가 가능한 경우 교재 2권 P.148

(1) **외부**의 빛에 의해 피난구 또는 피난방향을 쉽게 식별할 수 있는 장소 문17 보기①
(2) **공연장**, **암실** 등으로서 어두워야 할 필요가 있는 장소 문17 보기②
(3) 특정소방대상물의 **관계인** 또는 **종사원**이 주로 사용하는 장소 문17 보기③

공하성 기억법 충외공관

중요 3선식 유도등 점검 교재 2권 P.149

수신기에서 수동으로 점등스위치를 **ON**하고 건물 내의 점등이 **안** 되는 유도등을 확인한다.

수 동	자 동
유도등 절환스위치 수동전환 → 유도등 점등 확인	유도등 절환스위치 자동전환 → 감지기, 발신기 동작 → 유도등 점등 확인

기출문제

17 ★★
교재 2권 P.148

유도등은 항상 점등상태를 유지하는 2선식 배선을 하는 것이 원칙이다. 다만, 어떤 장소에는 3선식 배선으로도 가능하다. 다음 중 상시 충전되는 3선식 배선으로 가능한 장소에 해당되지 않는 것은?
① 외부의 빛에 의해 피난구 또는 피난방향을 쉽게 식별할 수 있는 장소
② 공연장, 암실 등으로서 어두워야 할 필요가 있는 장소
③ 특정소방대상물의 관계인 또는 종사원이 주로 사용하는 장소
④ 방재업무를 통제하는 곳 또는 전기실의 배전반에서 수동으로 점등하는 장소

해설
④ 유도등의 3선식 배선시 점등되는 경우

정답 ④

유사 기출문제

17 ★★★ 교재 2권 P.148
다음 3선식 배선을 사용하는 유도등에 대한 설명으로 틀린 것은?
① 자동화재속보설비의 감지기 또는 발신기가 작동되는 때 자동으로 점등된다.
② 공연장, 암실 등으로서 어두워야 할 필요가 있는 장소에 설치 가능하다.
③ 외부광에 따라 피난구 또는 피난방향을 쉽게 식별할 수 있는 장소에 설치 가능하다.
④ 비상경보설비의 발신기가 작동되는 때 자동으로 점등한다.

해설

① 자동화재속보설비 → 자동화재탐지설비

정답 ①

Key Point

기출문제

* 3선식 유도등 점검내용
유도등 절환스위치
→ 유도등 점등 확인

18 다음 중 3선식 유도등의 점검내용으로 올바른 것을 모두 고른 것은?

교재 2권
P.149

㉠ 유도등 절환스위치 수동전환 → 유도등 점등 확인
㉡ 유도등 절환스위치 자동전환 → 유도등 점등 확인
㉢ 유도등 절환스위치 수동전환 → 감지기, 발신기 동작 → 유도등 점등 확인
㉣ 유도등 절환스위치 자동전환 → 감지기, 발신기 동작 → 유도등 점등 확인

① ㉠
② ㉠, ㉡
③ ㉠, ㉣
④ ㉡, ㉢

해설
③ ㉠ 유도등 절환스위치 수동전환 → 유도등 점등 확인
㉣ 유도등 절환스위치 자동전환 → 감지기, 발신기 동작 → 유도등 점등 확인

정답 ③

9 예비전원(배터리)점검 문19 보기① 교재 2권 P.150

외부에 있는 **점검스위치**(배터리상태 점검스위치)를 **당겨보는 방법** 또는 **점검버튼**을 눌러서 점등상태 확인

∥ 예비전원 점검스위치 ∥

∥ 예비전원 점검버튼 ∥

Key Point

★★
19 다음 사진은 유도등의 점검내용 중 어떤 점검에 해당되는가?

교재 2권
P.150

① 예비전원(배터리)점검   ② 3선식 유도등점검
③ 2선식 유도등점검   ④ 상용전원점검

해설
① 예비전원(배터리)점검 : 당기거나 눌러서 점검

정답 ①

＊예비전원(배터리)점검
교재 2권 P.150
① 점검스위치를 당기는
    방법
② 점검버튼을 누르는 방법

---

10 **2선식 유도등점검** 교재 2권 P.149

유도등이 **평상시 점등**되어 있는지 확인

┃ 평상시 점등이면 정상 ┃   ┃ 평상시 소등이면 비정상 ┃

---

11 **유도등의 점검내용**

(1) **3선식**은 유도등 절환스위치를 **수동**으로 전환하고 **유도등**의 **점등**을 확인
한다. 또한 수신기에서 수동으로 점등스위치를 <u>ON</u>하고 건물 내의 점등
                                           OFF ×
이 <u>안</u> 되는 유도등을 확인한다. 문20 보기①
    되는 ×
(2) **3선식**은 유도등 절환스위치를 **자동**으로 전환하고 **감지기**, **발신기** 동작
후 **유도등 점등**을 확인한다. 문20 보기②
(3) **2선식**은 유도등이 **평상시 점등**되어 있는지 확인한다. 문20 보기③
(4) **예비전원**은 **상시 충전**되어 있어야 한다. 문20 보기④

Key Point

* 3선식 유도등

교재 2권 P.149

수 동	자 동
점등스위치 ON 후 점등 안 되는 유도등 확인	감지기 발신기 동작 후 유도등 점등 확인

기출문제

★★★
20 유도등의 점검내용으로 틀린 것은?

교재 2권
PP.149
-150

① 3선식은 유도등 절환스위치를 수동으로 전환하고 유도등의 점등을 확인한다. 또한 수신기에서 수동으로 점등스위치를 OFF하고 건물 내의 점등이 되는 유도등을 확인한다.

② 3선식은 유도등 절환스위치를 자동으로 전환하고 감지기, 발신기 동작 후 유도등 점등을 확인한다.

③ 2선식은 유도등이 평상시 점등되어 있는지 확인한다.

④ 예비전원은 상시 충전되어 있어야 한다.

해설

① OFF → ON, 되는 → 안 되는

정답 ①

제 5 장 소방용수설비·소화활동설비

Key Point

01 소화용수설비의 설치기준 교재 2권 P.154

(1) 소화수조의 깊이가 **4.5m** 이상인 지하에 있는 경우 가압송수장치를 설치할 것

(2) 소화수조는 소방차가 **2m** 이내의 지점까지 접근할 수 있는 위치에 설치할 것

(3) 소화전은 소방대상물의 수평투영면의 각 부분으로부터 **140m** 이하가 되도록 설치할 것

* **소화수조** 교재 2권 P.154
소방차가 2m 이내의 지점까지 접근 가능할 것

02 소화수조·저수조 교재 2권 P.155

1 흡수관 투입구

한 변이 **0.6m 이상**이거나 직경이 **0.6m 이상**인 것

* **흡수관 투입구의 기준**
교재 2권 P.155
❖ 꼭 기억하세요 ❖

┃흡수관 투입구 원형┃

┃흡수관 투입구 사각형┃

┃흡수관 투입구┃

소요수량	80m³ 미만	80m³ 이상
흡수관 투입구의 수	**1개** 이상	**2개** 이상

② 채수구

소요수량	$20 \sim 40m^3$ 미만	$40 \sim 100m^3$ 미만	$100m^3$ 이상
채수구의 수	1개	2개	3개

중요 소화수조 · 저수조의 저수량 교재 2권 P.155

$$저수량 = \frac{연면적}{기준면적}(절상) \times 20m^3$$

‖소화수조의 저수량 산출기준‖

구 분	기준면적
지상 1층 및 2층 바닥면적 합계 15000m² 이상	7500m²
기 타	12500m²

기출문제 ●

01 소화용수설비를 설치하는 지하 2층, 지상 3층의 특정소방대상물의 연면적이 32500m²이다. 각 층의 바닥면적은 지하 2층 2500m², 지하 1층 2500m², 지상 1층 13500m², 지상 2층 13500m², 지상 3층 500m²일 때, 저수조에 설치하여야 할 흡수관 투입구, 채수구의 최소 설치 수량은?

교재 2권 P.155

① 흡수관 투입구수 : 1개, 채수구수 : 2개
② 흡수관 투입구수 : 1개, 채수구수 : 3개
③ 흡수관 투입구수 : 2개, 채수구수 : 3개
④ 흡수관 투입구수 : 3개, 채수구수 : 4개

해설 소화수조 · 저수조
(1) 흡수관 투입구 : 한 변이 **0.6m 이상**이거나 직경이 **0.6m 이상**인 것

 비교

개구부	흡수관 투입구
지름 0.5m 이상	직경 0.6m 이상

‖흡수관 투입구 원형‖ ‖흡수관 투입구 사각형‖

* 개구부 vs 흡수관 투입구

교재 2권 P.155

개구부	흡수관 투입구
지름 0.5m (50cm) 이상	지름 0.6m (60cm) 이상

‖소화수조 또는 저수조의 저수량 산출‖

특정소방대상물의 구분	기준면적(m²)
지상 1층 및 2층의 바닥면적 합계 15000m² 이상	→ 7500
기 타	12500

지상 1·2층의 바닥면적 합계 $= 13500\text{m}^2 + 13500\text{m}^2 = 27000\text{m}^2$

∴ 15000m² 이상이므로 기준면적은 7500m²이다.

소화수조의 양(저수량, 소요수량)

$$Q = \frac{\text{연면적}}{\text{기준면적}} (\text{소수점 올림}) \times 20\text{m}^3$$

$$= \frac{32500\text{m}^2}{7500\text{m}^2} (\text{소수점 올림}) \times 20\text{m}^3 = 100\text{m}^3$$

● 지상 1·2층의 바닥면적 합계가 27000m²로서 15000m² 이상이므로 기준면적은 **7500m²**이다.

● 저수량을 구할 때 $\frac{32500\text{m}^2}{7500\text{m}^2} = 4.3 ≒ 5$로 먼저 소수점을 올린 후 **20m³**를 곱한다는 것을 기억하라!

‖흡수관 투입구‖

소요수량	80m³ 미만	80m³ 이상
흡수관 투입구의 수	1개 이상	2개 이상 보기 ③

(2) 채수구

소요수량	20~40m³ 미만	40~100m³ 미만	100m³ 이상
채수구의 수	1개	2개	3개 보기 ③

정답 ③

02

교재 2권
P.155

소화용수설비를 설치하는 지하 1층, 지상 3층의 특정소방대상물이 있다. 각 층의 바닥면적은 지하 1층 5000m², 지상 1층 10000m², 지상 2층 10000m², 지상 3층 1000m²일 때, 저수조에 설치하여야 할 흡수관 투입구, 채수구의 최소 설치수량은?

① 흡수관 투입구수 : 1개, 채수구수 : 1개
② 흡수관 투입구수 : 2개, 채수구수 : 2개
③ 흡수관 투입구수 : 3개, 채수구수 : 3개
④ 흡수관 투입구수 : 4개, 채수구수 : 4개

해설 기준면적

지상 1·2층의 바닥면적 합계＝$10000m^2 + 10000m^2 = 20000m^2$
∴ **15000m² 이상**이므로 기준면적은 **7500m²**이다.

‖소화수조 또는 저수조의 저수량 산출‖

특정소방대상물의 구분	기준면적(m²)
지상 1층 및 2층의 바닥면적 합계 15000m² 이상 →	7500
기 타	12500

소화수조의 **양**(저수량, 소요수량)

$$Q = \frac{연면적}{기준면적}(소수점\ 올림) \times 20m^3$$

연면적＝지하 1층＋지상 1층＋지상 2층＋지상 3층
　　　＝$5000m^2 + 10000m^2 + 10000m^2 + 1000m^2$
　　　＝$26000m^2$

$\dfrac{26000m^2}{7500m^2} = 3.4 ≒ 4(소수점\ 올림)$

$4 \times 20m^3 = 80m^3$

- 지상 1·2층의 바닥면적 합계가 20000m²로서 15000m² 이상이므로 기준면적은 7500m²이다.
- 저수량을 구할 때 $\dfrac{26000m^2}{7500m^2} = 3.4 ≒ 4$로 먼저 소수점을 올린 후 20m³를 곱한다는 것을 기억하라!

‖흡수관 투입구‖

소요수량	80m³ 미만	80m³ 이상
흡수관 투입구의 수	1개 이상	2개 이상 보기 ②

‖채수구‖

소요수량	20~40m³ 미만	40~100m³ 미만	100m³ 이상
채수구의 수	1개	2개 보기 ②	3개

＊ 채수구 교재 2권 P.155
소방대상물의 펌프에 의하여 양수된 물을 소방차가 흡입하는 구멍

정답 ②

03 연결송수관설비 및 연결살수설비

1 정의   교재 2권 P.155, P.157

연결송수관설비	연결살수설비
넓은 면적의 **고층** 또는 **지하건축물**에 설치하며, 화재시 **소방관**이 소화하는 데 사용하는 설비	연결살수용 송수구를 통한 소방펌프차의 송수 또는 펌프 등의 가압수를 공급받아 사용하도록 되어 있으며 소방대가 현장에 도착하여 송수구를 통하여 **물**을 **송수**하여 화재를 진압하는 소화활동설비

✱ 연결송수관설비
교재 2권 P.155, P.157
넓은 면적의 **고층** 또는 **지하건축물**에 설치

2 연결송수관설비를 습식 설비로 하여야 하는 경우   교재 2권 P.156

(1) 높이 **31m** 이상
(2) **11층** 이상

유사 기출문제

03★★★   교재 2권 P.156

그림은 연결송수관설비의 습식 시스템이다. 설치대상으로 옳은 것은?

기출문제

03 ★★
교재 2권 P.156

연결송수관설비의 습식 설치대상으로 옳은 것은?

① 지면으로부터 높이가 11m 이상인 특정소방대상물 또는 지상 31층 이상인 특정소방대상물에 설치한다.
② 지면으로부터 높이가 31m 이상인 특정소방대상물 또는 지상 11층 이상인 특정소방대상물에 설치한다.
③ 지면으로부터 높이가 31m 이상인 특정소방대상물 또는 지상 30층 이상인 특정소방대상물에 설치한다.
④ 지면으로부터 높이가 31m 이상인 특정소방대상물 또는 지상 50층 이상인 특정소방대상물에 설치한다.

해설 **연결송수관설비(습식)**

높 이	층 수
31m 이상	11층 이상

정답 ②

① 지면으로부터 높이가 11m 이상인 특정소방대상물 또는 지상 31층 이상인 특정소방대상물에 설치한다.
② 지면으로부터 높이가 31m 이상인 특정소방대상물 또는 지상 11층 이상인 특정소방대상물에 설치한다.
③ 지면으로부터 높이가 31m 이상인 특정소방대상물 또는 지상 30층 이상인 특정소방대상물에 설치한다.
④ 지면으로부터 높이가 31m 이상인 특정소방대상물 또는 지상 50층 이상인 특정소방대상물에 설치한다.

 ③ 습식 : 높이 31m 이상, 지상 11층 이상

정답 ②

Key Point

* 한쪽 가지배관의 헤드개수
교재 2권 P.157

8개 이하

3 연결살수설비 한쪽 가지배관의 헤드개수 교재 2권 P.157

한쪽 가지배관에 설치되는 헤드의 개수는 **8개** 이하로 한다.

┃ 가지배관의 헤드개수 ┃

공하성 **기억법** 한8(한팔)

04 제연설비의 제연구역 선정과 제연설비의 차압

1 제연구역 선정 교재 2권 P.159

(1) **계단실** 및 **부속실**을 **동시**에 **제연**하는 것

(2) **부속실만**을 단독으로 **제연**하는 것

(3) **계단실만**을 단독으로 **제연**하는 것

(4) **비상용 승강기 승강장만**을 단독으로 **제연**하는 것

2 제연설비의 차압 교재 2권 P.159

(1) 제연구역과 옥내와의 사이에 유지해야 하는 최소차압은 **40Pa**(옥내에 **스프링클러설비**가 설치된 경우는 **12.5Pa**) **이상**

* 출입문의 개방력
교재 2권 P.159

110N 이하

(2) 제연설비가 가동되었을 경우 출입문의 개방에 필요한 힘은 **110N 이하**

(3) 계단실 및 그 부속실을 동시에 제연하는 것 또는 계단실만 제연할 때의 방연풍속은 **0.5m/s 이상**

Key Point

❸ 방연풍속　교재 2권 P.159

제연구역		방연풍속
계단실 및 그 부속실을 동시에 제연하는 것 또는 계단실만 단독으로 제연하는 것		0.5m/s 이상 문04 보기①②
부속실만 단독으로 제연하는 것 또는 비상용 승강기의 승강장만 단독으로 제연하는 것	부속실 또는 승강장이 면하는 옥내가 거실인 경우	0.7m/s 이상 문04 보기③
	부속실 또는 승강장이 면하는 옥내가 복도로서 그 구조가 방화구조(내화시간이 **30분** 이상인 구조 포함)인 것	0.5m/s 이상 문04 보기④

기출문제 ●

★★★
04 다음 중 부속실 제연설비의 방연풍속의 기준이 다른 하나는 무엇인가?

교재 2권 P.159

① 계단실 및 부속실을 동시에 제연하는 경우
② 계단실만 단독으로 제연하는 경우
③ 부속실이 면하는 옥내가 거실인 경우
④ 부속실이 면하는 옥내가 복도로 그 구조가 방화구조인 경우

해설
① · ② · ④ 0.5m/s 이상
③ 0.7m/s 이상

정답 ③

❹ 거실제연설비의 점검방법　교재 2권 P.162

(1) 감지기(또는 수동기동장치의 스위치) 작동
(2) 작동상태의 확인할 내용
　① 화재경보가 발생하는지 확인 문05 보기①
　② 제연커튼이 설치된 장소에는 제연커튼이 작동(내려오는지)되는지 확인 문05 보기②
　③ 배기 · 급기댐퍼가 작동하여 **개방**되는지 확인 문05 보기③
　④ 배풍기(배기팬) · 송풍기(급기팬)이 작동하여 송풍 및 배풍이 정상적으로 되는지 확인 문05 보기④

유사 기출문제

★
04 　교재 2권 P.159
제연설비에서 방연풍속이 다른 하나는?

① 계단실 및 그 부속실을 동시 제연하는 것
② 부속실 또는 승강장이 면하는 옥내가 거실인 경우
③ 부속실 또는 승강장이 면하는 옥내가 복도로서 그 구조가 방화구조인 것
④ 계단실만 단독으로 제연하는 것

해설
① · ③ · ④ 0.5m/s 이상
② 0.7m/s 이상

정답 ②

Key Point

유사 기출문제

05 ★ 교재 2권 P.162

거실제연설비의 점검방법으로 틀린 것은?

① 화재경보가 발생하는지 확인한다.
② 제연커튼이 설치된 장소에는 제연커튼이 작동(내려오는지)되는지 확인한다.
③ 배기·급기댐퍼가 작동하여 폐쇄되는지 확인한다.
④ 배풍기(배기팬)·송풍기(급기팬)이 작동하여 송풍 및 배풍이 정상적으로 되는지 확인한다.

 해설 ③ 폐쇄 → 개방

정답 ③

05 교재 2권 P.162

거실제연설비의 점검방법으로 틀린 것은?

① 화재경보가 발생하는지 확인한다.
② 제연커튼이 설치된 장소에는 제연커튼이 작동(내려오는지)되는지 확인한다.
③ 배기·급기댐퍼가 작동하여 폐쇄되는지 확인한다.
④ 배풍기(배기팬)·송풍기(급기팬)이 작동하여 송풍 및 배풍이 정상적으로 되는지 확인한다.

해설 ③ 폐쇄 → 개방

정답 ③

06 교재 2권 P.162

급기댐퍼 수동기동장치를 작동시켰을 경우 감시제어반에서 확인되는 결과로 옳지 않은 것만 〈보기〉에서 있는 대로 고른 것은? (단, 모든 설비는 정상 상태이다.)

〈보기〉

구 분	감시제어반 표시등	작동상태
㉠	감지기	점등
㉡	댐퍼 확인	소등
㉢	댐퍼수동기동	점등
㉣	송풍기 확인	소등

① ㉠, ㉢
② ㉡, ㉢
③ ㉠, ㉡, ㉣
④ ㉢, ㉣

해설 수동기동장치 작동시

구 분	감시제어반 표시등	작동상태
㉠	감지기	소등
㉡	댐퍼 확인	점등
㉢	댐퍼수동기동	점등
㉣	송풍기 확인	점등

감지기 작동시 점등되는 것	급기댐퍼 수동기동장치 작동시 점등하는 것
① 감지기램프 ② 댐퍼확인램프 ③ 송풍기확인램프	① 댐퍼수동기동램프 ② 댐퍼확인램프 ③ 송풍기확인램프

Key Point

＊ 감지기 작동시 점등되는 것
① 감지기램프
② 댐퍼확인램프
③ 송풍기확인램프

정답 ③

★★★
07 제연설비 점검시 감지기를 작동시켜 정상 동작을 하기 위한 각 제어반의 스위치 위치로 옳은 것은? (제시된 조건을 제외한 나머지 조건은 무시한다.)

교재 2권
P.162

‖ 감시제어반 ‖

‖ 동력제어반 ‖

	감시제어반				동력제어반	
	스위치	상태	스위치	상태	스위치	상태
①	급기송풍기	수동	급기댐퍼	수동	동력제어반 수동/자동	자동
②	급기송풍기	자동	급기댐퍼	자동	동력제어반 수동/자동	자동
③	급기송풍기	자동	급기댐퍼	자동	동력제어반 수동/자동	수동
④	급기송풍기	수동	급기댐퍼	수동	동력제어반 수동/자동	수동

해설 **감지기 작동**은 **자동**으로 작동시키는 경우이므로 모든 스위치를 **자동**으로 놓으면 된다.

비교 **수동조작시 상태**

조작	상태
급기송풍기 : **수동**	급기송풍기 **작동**
급기댐퍼 : **수동**	급기댐퍼 **개방**

정답 ②

05 비상콘센트설비 교재 2권 PP.163-164

(1) 비상콘센트의 규격

* 비상콘센트설비의 공급
  용량 교재 2권 P.164
  1.5kVA 이상

구 분	전 압	용 량	극 수
단상교류	220V	1.5kVA 이상	2극

(2) 설치높이

0.8~1.5m 이하

(3) 수평거리

50m 이하(지하상가 또는 지하층의 바닥면적 합계가 **3000m²** 이상은 **수평거리 25m** 이하)

유사 기출문제

08★ 교재 2권 PP.163-164
비상콘센트설비의 전원회로의 용량은 최소 몇 kVA 이상인 것으로 설치해야 하는가?
① 1.5   ② 2
③ 2.5   ④ 3
해설 비상콘센트설비의 용량 : 1.5kVA 이상
정답 ①

기출문제 ●

08 교재 2권 PP.163 -164
비상콘센트설비의 전원회로에 대한 전압과 용량으로 옳은 것은?
① 전압 : 단상교류 110V, 용량 : 1.5kVA 이상
② 전압 : 단상교류 220V, 용량 : 1.5kVA 이상
③ 전압 : 단상교류 110V, 용량 : 3kVA 이상
④ 전압 : 단상교류 220V, 용량 : 3kVA 이상

해설
② 비상콘센트설비 : 단상교류 220V, 용량 : 1.5kVA 이상

정답 ②

---

06 연소방지설비 교재 2권 P.167

1 구성요소

(1) 송수구
(2) 배관
(3) 방수헤드

기출문제

09 다음 중 연소방지설비의 구성요소가 아닌 것은?

교재 2권
P.167

① 감지기   ② 송수구
③ 배관   ④ 방수헤드

해설

> ① 감지기 : 자동화재탐지설비의 구성요소

정답 ①

2 연소방지도료의 도포

지하구 안에 설치된 케이블·전선 등에는 연소방지용 도료를 도포하여야 한
다(단, 케이블·전선 등을 규정에 의한 **내화배선**방법으로 설치한 경우와 이
와 동등 이상의 **내화성능**이 있도록 한 경우는 **제외**).

＊ **연소방지도료의 도포**
교재 2권 P.167
내화배선 제외

소방계획 수립

성공을 위한 10가지 충고 Ⅱ

1. 도전하라. 그리고 또 도전하라.

2. 감동할 줄 알라.

3. 걱정·근심으로 자신을 억누르지 말라.

4. 신념으로 곤란을 이겨라.

5. 성공에는 방법이 있다. 그 방법을 배워라.

6. 곁눈질하지 말고 묵묵히 전진하라.

7. 의지하지 말고 스스로 일어서라.

8. 찬스를 붙잡으라.

9. 오늘 실패했으면 내일은 성공하라.

10. 게으름에 빠지지 말라.

– 김형모의 「마음의 고통을 돕기 위한 10가지 충고」 중에서 –

01 소방안전관리대상물의 소방계획의 주요 내용 교재 2권 PP.175-176

(1) 소방안전관리대상물의 위치·구조·연면적·용도 및 수용인원 등 일반 현황

(2) 소방안전관리대상물에 설치한 소방시설·방화시설·전기시설·가스시설 및 위험물시설의 현황

(3) <u>화재예방</u>을 위한 **자체점검계획** 및 **대응대책** 문01 보기①

(4) **소방시설**·피난시설 및 방화시설의 **점검·정비계획**

(5) 피난층 및 피난시설의 위치와 피난경로의 설정, 화재안전취약자의 피난 계획 등을 포함한 피난계획

(6) **방화구획**, 제연구획, 건축물의 내부 마감재료 및 방염물품의 사용현황 과 그 밖의 방화구조 및 설비의 유지·관리계획

(7) **소방훈련** 및 **교육**에 관한 계획 문01 보기②

(8) 소방안전관리대상물 근무자 및 거주자의 **자위소방대** 조직과 대원의 임무 (화재안전취약자의 피난보조임무를 포함)에 관한 사항

(9) **화기취급작업**에 대한 사전 안전조치 및 감독 등 공사 중 소방안전관리 에 관한 사항

(10) **소화**와 **연소 방지**에 관한 사항

(11) 위험물의 저장·취급에 관한 사항 문01 보기④

(12) 소방안전관리에 대한 업무수행기록 및 유지에 관한 사항

(13) 화재발생시 화재경보, 초기소화 및 피난유도 등 초기대응에 관한 사항

(14) 그 밖에 소방안전관리를 위하여 **소방본부장** 또는 **소방서장**이 소방안전 관리대상물의 위치·구조·설비 또는 관리상황 등을 고려하여 소방안전 관리에 필요하여 요청하는 사항

기출문제

01 소방계획의 주요 내용이 아닌 것은?

교재 2권 PP.175 -176

① 화재예방을 위한 자체점검계획 및 대응대책

② 소방훈련 및 교육에 관한 계획

③ 화재안전조사에 관한 사항

④ 위험물의 저장·취급에 관한 사항

＊ 소방계획의 개념

교재 2권 P.175

① 화재로 인한 재난발생 사전예방·대비

② 화재시 신속하고 효율 적인 대응·복구

③ 인명·재산 피해 최소화

해설
③ 화재안전조사는 소방계획과 관계없음

정답 ③

★ 소방계획의 수립절차 중
2단계(위험환경분석)
교재 2권 P.178
위험환경식별 → 위험환경
분석·평가 → 위험경감대책
수립

02 소방계획의 주요 원리 [교재 2권 P.176]

(1) **종**합적 위험관리
(2) **통**합적 안전관리
(3) **지**속적 발전모델

종합성 기억법 계종 통지(개종하도록 통지)

| 종합적 안전관리 | 통합적 안전관리 | | 지속적 발전모델 [문02 보기④] |
	내 부	외 부	
• 모든 형태의 위험을 포괄 [문02 보기②] • 재난의 전주기적(예방·대비 → 대응 → 복구) 단계의 위험성 평가 [문02 보기①]	협력 및 파트너십 구축, 전원 참여	거버넌스(정부–대상처–전문기관) 및 안전관리 네트워크 구축 [문02 보기③]	PDCA Cycle(계획 : Plan, 이행/운영 : Do, 모니터링 Check, 개선 : Act)

기출문제

02 다음 소방계획의 주요 원리 및 설명으로 틀린 것은?

교재 2권
P.176

① 종합적 안전관리 : 예방·대비, 대응, 복구 단계의 위험성 평가
② 포괄적 안전관리 : 모든 형태의 위험을 포괄
③ 통합적 안전관리 : 정부와 대상처, 전문기관 및 안전관리 네트워크 구축
④ 지속적 발전모델 : 계획, 이행/운영, 모니터링, 개선 4단계의 PDCA Cycle

해설
② 포괄적 안전관리 → 종합적 안전관리

정답 ②

03 **소방계획의 작성원칙** 교재 2권 PP.176-177

작성원칙	설 명
실현가능한 계획	① 소방계획의 작성에서 가장 핵심적인 측면은 위험관리 ② 소방계획은 대상물의 위험요인을 체계적으로 관리하기 위한 일련의 활동 ③ 위험요인의 관리는 반드시 **실현가능한 계획**으로 **구성**되어야 한다. 문03 보기①
관계인의 참여	소방계획의 수립 및 시행과정에 소방안전관리대상물의 관계인, 재실자 및 방문자 등 **전원**이 **참여**하도록 수립 문03 보기④
계획수립의 구조화	체계적이고 전략적인 계획의 수립을 위해 **작성-검토-승인**의 3단계의 구조화된 절차를 거쳐야 한다. 문03 보기③
실행 우선	① 소방계획의 궁극적 목적은 비상상황 발생시 신속하고 효율적인 대응 및 복구로 피해를 최소화하는 것 ② 문서로 작성된 계획만으로는 소방계획이 완료되었다고 보기 힘듦 문03 보기② ③ **교육 훈련** 및 **평가** 등 **이행**의 과정이 있어야 함

 기출문제

03 다음 중 소방계획의 작성원칙으로 옳은 것은?

교재 2권 PP.176 -177

① 위험요인의 관리는 실현가능한 계획만을 구성하면 안 된다.
② 문서로 작성된 계획만으로 소방계획이 완료되었다고 볼 수 있다.
③ 체계적이고 전략적인 계획의 수립을 위해 작성-검토-승인 3단계의 구조화된 절차를 거쳐야 한다.
④ 소방계획의 수립 및 시행과정에 소방안전관리대상물의 관계인만 참여하도록 수립하여야 한다.

 해설

① 실현가능한 계획만은 구성하면 안 된다 → 반드시 실현가능한 계획으로 구성되어야 한다.
② 볼 수 있다 → 보기 어렵다.
④ 소방안전관리대상물의 관계인만 → 소방안전관리 대상물의 관계인, 재실자 및 방문자 등 전원이

정답 ③

유사 기출문제

03★★★ 교재 2권 PP.176-177
다음은 소방계획의 작성원칙에 관한 사항이다. ( )에 들어갈 말로 옳은 것은?

• 실현가능한 계획이어야 한다.
• (㉠) 우선이어야 한다.
• 작성-(㉡)-승인의 3단계의 구조화된 절차를 거쳐야 한다.
• 소방계획의 수립 및 시행과정에 소방안전관리대상물의 (㉢), 재실자 및 방문자 등 전원이 참여하도록 수립하여야 한다.

① ㉠ : 계획, ㉡ : 회의, ㉢ : 관계인
② ㉠ : 계획, ㉡ : 검토, ㉢ : 관계인
③ ㉠ : 실행, ㉡ : 회의, ㉢ : 관계인
④ ㉠ : 실행, ㉡ : 검토, ㉢ : 관계인

해설
④ ㉠ 실행
㉡ 검토 ㉢ 관계인

정답 ④

04 소방계획의 수립절차

1 소방계획의 수립절차 및 내용 교재 2권 PP.177-178

수립절차	내 용
사전기획(1단계) 문04 보기①	소방계획 수립을 위한 **임시조직**을 구성하거나 위원회 등을 개최하여 법적 요구사항은 물론 **이해관계자**의 의견을 수렴하고 세부 작성계획 수립
위험환경분석(2단계) 문04 보기②	대상물 내 물리적 및 인적 위험요인 등에 대한 **위험요인**을 식별하고, 이에 대한 분석 및 평가를 정성적·정량적으로 실시한 후 이에 대한 대책 수립
설계 및 개발(3단계) 문04 보기③	대상물의 **환경** 등을 바탕으로 소방계획 수립의 목표와 전략을 수립하고 세부 실행계획 수립
시행 및 유지관리(4단계) 문04 보기④	**구체적인** 소방계획을 수립하고 **이해관계자**의 소방서장 ✕ **검토**를 거쳐 최종 승인을 받은 후 소방계획을 이행하고 지속적인 개선 실시

* 소방계획의 수립절차 4단계(시행-유지관리)
이해관계자의 검토

2 소방계획의 수립절차 요약 교재 2권 PP.177-178

1단계 (사전기획)	2단계 (위험환경분석)	3단계 (설계/개발)	4단계 (시행/유지관리)
작성준비	위험환경 식별	목표/전략수립	수립/시행
↓	↓	↓	↓
요구사항 검토	위험환경 분석/평가	실행계획 설계 및 개발	운영/유지관리
↓	↓		
작성계획 수립	위험경감대책 수립		

기출문제

04 소방계획의 절차에 대한 설명 중 틀린 것은?

교재 2권
PP.177
-178

① 사전기획 : 소방계획 수립을 위한 임시조직을 구성하거나 위원회 등을 개최하여 의견수렴
② 위험환경분석 : 위험요인을 식별하고 이에 대한 분석 및 평가 실시 후 대책 수립
③ 설계 및 개발 : 환경을 바탕으로 소방계획 수립의 목표와 전략을 수립하고 세부 실행계획 수립
④ 시행 및 유지관리 : 구체적인 소방계획을 수립하고 소방서장의 최종 승인을 받은 후 소방계획을 이행하고 지속적인 개선 실시

해설
④ 소방서장의 → 이해관계자의 검토를 거쳐

정답 ④

유사 기출문제

04★★ 　교재 2권 P.178

소방계획의 수립절차에 관한 사항 중 2단계 위험환경 분석의 순서로 옳은 것은?

① 위험환경 식별 → 위험환경 분석·평가 → 위험경감대책 수립
② 위험환경 분석·평가 → 위험환경 식별 → 위험경감대책 수립
③ 위험환경 식별 → 위험경감대책 수립 → 위험환경 분석·평가
④ 위험경감대책 수립 → 위험환경 분석·평가 → 위험환경 식별

해설
① 2단계 : 위험환경 식별 → 위험환경 분석·평가 → 위험경감대책 수립

정답 ①

05 골든타임 　교재 2권 P.181

CPR(심폐소생술)	화재시 문05 보기③
4~6분 이내	5분

공하성 기억법 C4(가수 <u>씨스타</u>), 5골화(<u>오골</u>계만 그리는 <u>화</u>가)

✳ 화재시의 골든타임
　교재 2권 P.181
5분

기출문제

05 일반적으로 화재시의 골든타임은 몇 분 정도인가?

교재 2권
P.181

① 1분　　　　② 3분
③ 5분　　　　④ 10분

해설
③ 화재시 골든타임 : 5분

정답 ③

06 자위소방대 교재 2권 P.182

구 분	설 명
편 성	소방안전관리대상물의 규모·용도 등의 특성을 고려하여 비상연락 초기소화, 피난유도 및 응급구조, 방호안전기능 편성 문06 보기①
소방교육·훈련	연 1회 이상 문06 보기②
주요 업무	화재발생시간에 따라 필요한 기능적 특성을 포괄적으로 제시 문06 보기④

 기출문제 ●

＊ 소방훈련·교육 실시횟수
교재 2권 P.182
연 1회 이상

＊ 소방교육 실시결과 기록부
2년 보관

★★★
06 다음 자위소방대에 대한 설명으로 옳은 것은?

교재 2권 P.182

① 소방안전관리대상물의 규모·용도 등의 특성을 고려하여 비상연락, 초기소화, 피난유도 및 응급구조, 방호안전기능을 편성할 수 있다.
② 소방 교육·훈련은 최소 연 2회 이상 실시해야 한다.
③ 소방교육 실시결과를 기록부에 작성하고 3년간 보관토록 해야 한다.
④ 자위소방활동의 주요 업무는 화재진화시간에 따라 필요한 기능적 특성을 포괄적으로 제시하고 있다.

 해설
② 연 2회 → 연 1회
③ 3년 → 2년
④ 화재진화시간 → 화재발생시간

 정답 ①

07 자위소방대 초기대응체계의 인원편성 교재 2권 P.186

(1) 소방안전관리보조자, 경비(보안)근무자 또는 대상물관리인 등 **상시근무자**를 **중심**으로 구성한다. 문07 보기①

Key Point

│ 자위소방대 인력편성 │

자위소방 대장	자위소방 부대장
① 소방안전관리대상물의 소유주 ② 법인의 대표 ③ 관리기관의 책임자	소방안전관리자

(2) 소방안전관리대상물의 근무자의 **근무위치**, **근무인원** 등을 고려하여 편성한다. 이 경우 소방안전관리보조자(보조자가 없는 대상처는 선임대원)를 운영책임자로 지정한다. 문07 보기②

(3) 초기대응체계 편성시 **1명** 이상은 수신반(또는 종합방재실)에 근무해야 하며 화재상황에 대한 모니터링 또는 지휘통제가 가능해야 한다.

(4) **휴일** 및 **야간**에 **무인경비시스템**을 통해 감시하는 경우에는 무인경비회사와 비상연락체계를 구축할 수 있다. 문07 보기③

기출문제 •--------------------------------

 07 자위소방대의 초기대응체계의 인력편성에 관한 사항으로 틀린 것은?

교재 2권 P.186

① 근무자 또는 대상물관리인 등 상시근무자를 중심으로 구성한다.
② 근무자의 근무위치, 근무인원 등을 고려하여 편성한다.
③ 휴일 및 야간에 무인경비시스템을 통해 감시하는 경우에는 무인경비회사와 비상연락체계를 구축할 수 있다.
④ 소방안전관리자를 중심으로 지휘체계를 명확히 한다.

＊ 자위소방대 인력편성
소방안전관리자를 부대장으로 지정

해설

④ 해당없음

정답 ④

08 **훈**련종류 교재 2권 P.188

(1) **기**본훈련
(2) **피**난훈련
(3) **종**합훈련
(4) **합**동훈련

 기억법 종합훈기피(**종합훈**련 **기피**)

Key Point

09 화재대응 및 피난 교재 2권 PP.190-196

1 화재 대응 순서 교재 2권 PP.190-191

(1) 화재 전파 및 접수

(2) 화재신고

(3) 비상방송

(4) 대원소집 및 임무부여

(5) 관계기관 통보연락

(6) 초기소화

2 화재시 일반적 피난행동 교재 2권 PP.191-192

(1) 엘리베이터는 절대 이용하지 않도록 하며 계단을 이용해 옥외로 대피한다.

(2) 아래층으로 대피가 불가능한 때에는 옥상으로 대피한다.

(3) 아파트의 경우 세대 밖으로 나가기 어려울 경우 **세대 사이**에 설치된 **경량칸막이**를 통해 옆세대로 대피하거나 **세대 내 대피공간**으로 대피
대피공간 ✕
한다. 문08 보기③

(4) 유도등, 유도표지를 따라 대피한다. 문08 보기①

(5) 연기 발생시 최대한 **낮은 자세**로 이동하고, 코와 입을 **젖은 수건** 등으로 막아 연기를 마시지 않도록 한다.

(6) 출입문을 열기 전 문손잡이가 뜨거우면 문을 열지 말고 다른 길을 찾는다. 문08 보기②

(7) 옷에 불이 붙었을 때에는 눈과 입을 가리고 바닥에서 뒹군다.

(8) 탈출한 경우에는 절대로 다시 화재건물로 들어가지 않는다. 문08 보기④

★ 경량칸막이 vs 대피공간
교재 2권 PP.191-192

경량칸막이	대피공간
세대 사이에 설치	세대 내 설치

Key Point

08 화재시 일반적 피난행동으로 옳지 않은 것은?

교재 2권
PP.191
-192

① 유도등, 유도표지를 따라 대피한다.

② 출입문을 열기 전 손잡이가 뜨거우면 문을 열지 말고 다른 길을 찾는다.

③ 아파트의 경우 세대 밖으로 나가기 어려울 경우 세대 사이에 설치된 대피공간을 통해 옆세대로 대피한다.

④ 탈출한 경우에는 절대로 다시 화재건물로 들어가지 않는다.

해설
③ 대피공간 → 경량칸막이

정답 ③

3 **휠체어사용자** 교재 2권 P.196

평지보다 계단에서 주의가 필요하며, 많은 사람들이 보조할수록 상대적으로 쉬운 대피가 가능하다. 문09 보기①

09 화재안전취약자의 장애유형별 피난보조 예시에 관한 사항으로 옳지 않은 것은?

교재 2권
PP.195
-196

① 휠체어 사용자는 평지보다 계단에서 주의가 필요하며, 많은 사람들이 보조하면 피난에 정체현상이 발생하므로 한 명이 보조한다.

② 청각장애인은 표정이나 제스처를 사용한다.

③ 시각장애인은 서로 손을 잡고 질서 있게 피난한다.

④ 노약자는 장애인에 준하여 피난보조를 실시한다.

해설
① 많은 사람들이 보조하면 피난에 정체현상이 발생하므로 한 명이 보조한다. → 많은 사람들이 보조할수록 상대적으로 쉬운 대피가 가능하다.

유사 기출문제

08★ 교재 2권 PP.191-192

화재시 일반적 피난행동으로 틀린 것은?

① 아래층으로 대피가 불가능할 때에는 옥상으로 대피한다.

② 엘리베이터는 절대 이용하지 않도록 하며 계단을 이용해 옥외로 대피한다.

③ 연기 발생시 최대한 높은 자세로 이동한다.

④ 옷에 불이 붙었을 때에는 눈과 입을 가리고 바닥에서 뒹군다.

해설
③ 높은 자세 → 낮은 자세

정답 ③

✱ 청각장애인 vs 시각장애인 문09 보기②③

교재 2권 P.196

청각장애인	시각장애인
표정이나 제스처 사용	서로 손을 잡고 질서있게 피난

✱ 노약자 교재 2권 P.196

장애인에 준하여 피난보조 실시 문09 보기④

일반휠체어 사용자	전동휠체어 사용자
뒤쪽으로 기울여 손잡이를 잡고 뒷바퀴보다 한 계단 아래에서 무게 중심을 잡고 이동한다. 2인이 보조시 다른 1인은 장애인을 마주 보며 손잡이를 잡고 동일한 방법으로 이동	전동휠체어에 탑승한 상태에서 계단 이동시는 일반휠체어와 동일한 요령으로 보조할 수도 있으나 무거워 많은 인원과 공간이 필요하므로 전원을 끈 후 업거나 안아서 피난을 보조하는 것이 가장 효과적

정답 ①

★★ 10 다음 소방계획서의 건축물 일반현황을 참고할 때 옳은 것은?

교재 1권 P.12

교재 2권 P.186, PP.194, ~195

구 분	건축물 일반현황
명칭	ABCD 빌딩
도로명 주소	서울시 영등포구 여의도로 17
연락처	□ 관리주체 : ABC 관리 □ 책임자 : 홍길동 □ 연락처 : 2671-0001
규모/구조	□ 건축면적 : 846m² □ 연면적 : 5628m² □ 층수 : 지상 6층/지하 1층 □ 높이 : 30m □ 구조 : 철근콘크리트조 □ 지붕 : 슬리브 □ 용도 : 업무시설 □ 사용승인 : 2010/05/11
계단	□ 구분 □구역 □ 비고 피난계단 A구역 B1-5F(제연설비 □ 유 ☑ 무) 피난계단 B구역 B1-5F(제연설비 □ 유 ☑ 무)
승강기	□ 승용 5대 □ 비상용 2대
인원현황	□ 거주인원 : 9명 □ 근무인원 : 50명 □ 고령자 : 0명 □ 영유아 : 10명(어린이집) □ 어린이 : 0명 □ 장애인(아동, 시각, 청각, 언어) : 1명(이동장애) □ 임산부 : 0명

* 소방훈련·교육 실시
근무인원 10명 초과시

① ABCD 빌딩은 2급 소방안전관리대상물이다.
② 초기 대응체계의 인원편성은 상시거주자를 중심으로 구성한다.
③ 재해약자의 피난계획을 수립하지 않아도 된다.
④ 상시 근무하는 인원이 10명을 초과하므로 소방훈련·교육을 실시하여야 한다.

Key Point

 해설

① 연면적 5628m²으로서 15000m² 미만이므로 2급 소방안전관리대상물이다. 교재 1권 P.12

② 상시거주자 → 상시근무자 교재 2권 P.186

③ 장애인이 있으므로 재해약자의 피난계획을 수립하여야 한다. 교재 2권 PP.194-195

④ 해당없음

정답 ①

 10 소방계획서 작성내용 교재 2권 PP.209-210

예방 및 완화	대비	대응	복구
• 일반현황 작성 • 자체점검 및 업무대행 • 일상적 안전관리 • 화재예방 및 홍보 • 화기취급작업의 사전허가 및 감독	• 공동소방안전관리협의회 • 자위소방대 조직·운영 문11 보기① • 교육 및 훈련 문11 보기② • 자체평가 및 개선	• 비상연락 문11 보기③ • 지휘통제 • 초기대응 • 피난(유도) • 비상대응계획의 수립 및 자위소방 활동요령	• 피해 복구계획 문11 보기④ • 피해 복구(단기·장기복구) • 피해 복구 지원

기출문제

11 소방계획서 작성내용으로 잘못 짝지어진 것은?

교재 2권 PP.209-210

구 분	일반사항	세부사항
①	예 방	자위소방대 조직·운영
②	대 비	교육 및 훈련
③	대 응	비상연락
④	복 구	피해 복구계획

＊ 대비
자위소방대 조직·운영

 해설

① 예방 → 대비

정답 ①

11 소방안전관리자 현황표 기입사항 <small>교재 2권 P.237</small>

(1) 소방안전관리자 현황표의 대상명 <small>문12 보기①</small>

(2) 소방안전관리자의 이름

(3) 소방안전관리자의 연락처

(4) 소방안전관리자의 <u>선임일자</u> <small>문12 보기②</small>
　　　　　　　　　　수료일자 ×

(5) 소방안전관리대상물의 등급 <small>문12 보기③</small>

유사 기출문제

12★ <small>교재 2권 P.237</small>

다음 소방안전관리자 현황표에 포함해야 하는 내용으로 옳지 않은 것은?

① 소방안전관리자의 이름, 연락처
② 소방안전관리자의 수료일자, 등급
③ 소방안전관리자 현황표의 대상명
④ 소방안전관리대상물의 등급

해설
② 수료일자 → 선임일자

정답 ②

기출문제

12 다음 중 소방안전관리자 현황표에 기입하지 않아도 되는 사항은?
<small>교재 2권 P.237</small>
① 소방안전관리자 현황표의 대상명
② 소방안전관리자의 선임일자
③ 소방안전관리대상물의 등급
④ 관계인의 인적사항

해설
④ 해당없음

정답 ④

12 소방안전관리자 현황표의 규격 <small>교재 2권 P.237</small>

구 분	설 명
크기	A3용지(가로 420mm×세로 297mm) <small>문13 보기③</small>
재질	아트지(스티커) 또는 종이
글씨체	• 소방안전관리자 현황표 : 나눔고딕Extra Bold 46point(흰색) • 대상명 : 나눔고딕Extra Bold 35point(흰색) • 본문 제목 및 내용 : 나눔바른고딕 30point • 하단내용 : 나눔바른고딕 24point • 연락처 : 나눔고딕Extra Bold 30point(흰색)
바탕색	남색(RGB : 28,61,98), 회색(RGB : 242,242,242)

기출문제 •

13 소방안전관리자 현황표의 규격으로 옳은 것은?

교재 2권 P.237

① B4용지(가로 257mm×세로 364mm)

② B5용지(가로 182mm×세로 257mm)

③ A3용지(가로 420mm×세로 297mm)

④ A4용지(가로 297mm×세로 210mm)

정답 ③

---

 13 ▶ 화기취급 작업절차 교재 2권 P.242

화재예방 조치	화재감시인 입회 및 감독
① 가연물 이동 및 보호조치 문14 보기①	① 화재감시자 지정 및 입회
② 소화설비(소화·경보) 작동 확인 문14 보기②	② 개인보호장구 착용 문14 보기④
③ 용접·용단장비·보호구 점검 문14 보기③	③ 소화기 및 비상통신장비 비치

＊ 화재감시인 입회 및 감독
① 화재감시자 지정 및 입회
② 개인보호장구 착용
③ 소화기 및 비상통신장비 비치

기출문제 •

14 다음 중 화기취급 작업절차 중 화재예방 조치사항의 업무내용이 아닌 것은?

교재 2권 P.242

① 가연물 이동 및 보호조치

② 소화설비(소화·경보) 작동 확인

③ 용접·용단장비·보호구 점검

④ 개인보호장구 착용

해설

④ 화재감시인 입회 및 감독 사항

정답 ④

Key Point

14 화재감시인 감독수칙 교재 2권 P.270

사전확인	현장감독
① 화기취급작업 사전허가서 발급 여부	① 통신장비(무전기, 휴대전화) 및 소화기를 갖추고 감독
② 작업허가서의 안전조치 요구사항 이행 여부	② 화기취급작업 현장에 상주하며 다른 업무수행 금지 문15 보기①
③ 작업지점(반경 11m 이내) 가연물의 이동(제거)	③ 용접·용단 작업에 사용되는 장비의 안전한 사용 여부 확인
④ 이동(제거)이 불가능한 가연물의 경우 차단막 등 설치 확인	④ 화기취급작업시 불티의 비산 및 가연물 착화 여부 확인 문15 보기②
⑤ 소방시설 정상 작동 및 소화기 비치(2대 이상)	⑤ 작업현장 내 라이터 사용 및 흡연 여부 감독 문15 보기③
⑥ 비상연락체계 확인(방재실, 현장 작업책임자 등)	⑥ 작업시 위험상황이 발생하는 경우, 작업을 즉시 중단
⑦ 용접·용단장비 및 개인보호구 상태 점검 문15 보기④	⑦ 기타 작업허가서의 허가내역 및 안전요구사항 준수 확인
⑧ 작업현장의 출입제한구역 설정 및 차량 통제 등(필요시)	
⑨ 작업계획을 사전에 공지(통보, 방송 등)	
⑩ 작업허가서 및 안전수칙 현장 게시	

기출문제 ●

* 화재감시인 사전확인
  사항
용접·용단장비 및 개인 보
호구 상태 점검

15 다음 중 화재감시인 감독수칙사항 중 현장감독의 주요 내용이 아닌 것은?

교재 2권 P.270

① 화기취급 작업현장에 상주하며 다른 업무수행 금지
② 화기취급 작업시 불티의 비산 및 가연물 착화 여부 확인
③ 작업현장 내 라이터 사용 및 흡연 여부 감독
④ 용접·용단장비 및 개인보호구 상태 점검

 해설
④ 현장감독사항이 아니고 사전확인사항

정답 ④

제**3**편

소방안전교육 및 훈련

기억전략법

읽었을 때 **10%** 기억

들었을 때 **20%** 기억

보았을 때 **30%** 기억

보고 들었을 때 **50%** 기억

친구(동료)와 이야기를 통해 **70%** 기억

누군가를 가르쳤을 때 95% 기억

Key Point

* 소방교육 및 훈련의 원칙
교재 2권 PP.298-299

① **현**실성의 원칙
② **학**습자 중심의 원칙
③ **동**기부여의 원칙
④ **목**적의 원칙
⑤ **실**습의 원칙
⑥ **경**험의 원칙
⑦ **관**련성의 원칙

공하성 기억법
현학동 목실경관교

* 학습자 중심의 원칙
교재 2권 P.298

① **한** 번에 한 가지씩 습득 가능한 분량을 교육·훈련시킬 것
② 쉬운 것에서 어려운 것으로 교육을 실시하되 기능적 이해에 비중을 둘 것

공하성 기억법
학한

┃소방교육 및 훈련의 원칙┃ 교재 2권 PP.298-299

원 칙	설 명
현실성의 원칙	• **학습자**의 **능력**을 고려하지 않은 훈련은 비현실적이고 불완전하다.
학습자 중심의 교육자 중심 × 원칙	• **한 번에 한 가지씩** 습득 가능한 분량을 교육 및 훈련시킨다. 문02 보기④ • 쉬운 것에서 어려운 것으로 교육을 실시하되 기능적 이해에 비중을 둔다. • 학습자에게 감동이 있는 교육이 되어야 한다. 공하성 기억법 **학한**
동기부여의 원칙	• **교육**의 **중요성**을 전달해야 한다. 문02 보기① • 학습을 위해 적절한 **스케줄**을 적절히 배정해야 한다. • 교육은 **시기적절**하게 이루어져야 한다. • 핵심사항에 **교육**의 포커스를 맞추어야 한다. • 학습에 대한 **보상**을 제공해야 한다. • 교육에 **재미**를 부여해야 한다. 문02 보기③ • 교육에 있어 **다양성**을 활용해야 한다. • 사회적 **상호작용**을 제공해야 한다. 문02 보기② • **전문성**을 공유해야 한다. • **초기성공**에 대해 격려해야 한다.
목적의 원칙	• 어떠한 **기술**을 어느 정도까지 익혀야 하는가를 명확하게 제시한다. • 습득하여야 할 **기술**이 활동 전체에서 어느 위치에 있는가를 인식하도록 한다.
실습의 원칙	• **실습**을 통해 지식을 습득한다. • **목적**을 생각하고, 적절한 **방법**으로 정확하게 하도록 한다.
경험의 원칙	• **경험**했던 사례를 들어 현실감 있게 하도록 한다.
관련성의 원칙	• 모든 교육 및 훈련 내용은 **실무적**인 **접목**과 **현장성**이 있어야 한다.

공하성 기억법 현학동 목실경관교

기출문제

01 다음 중 소방교육 및 훈련의 원칙에 해당되지 않는 것은?

교재 2권
PP.298
-299

① 목적의 원칙
② 교육자 중심의 원칙
③ 현실성의 원칙
④ 관련성의 원칙

해설

② 교육자 중심 → 학습자 중심

정답 ②

02 소방교육 및 훈련의 원칙 중 동기부여의 원칙에 해당되지 않는 것은?

교재 2권
PP.298
-299

① 교육의 중요성을 전달해야 한다.
② 사회적 상호작용을 제공해야 한다.
③ 교육에 재미를 부여해야 한다.
④ 한 번에 한 가지씩 습득 가능한 분량을 교육해야 한다.

해설

④ 학습자 중심의 원칙

정답 ④

유사 기출문제

01★ 교재 2권 PP.298-299

다음 설명 중 잘못된 것은?

① 동기부여원칙 : 교육의 중요성을 전달
② 교육자 중심의 원칙 : 쉬운 것부터 어려운 것으로 교육
③ 실습의 원칙 : 실습을 통해 지식을 습득
④ 경험의 원칙 : 경험을 했던 사례를 들어 현실감 있게 하도록 함

 해설

② 교육자 중심 →
학습자 중심

정답 ②

작동점검표
작성 실습

인생에 있어서 가장 힘든 일은
아무것도 하지 않는 것이다.

작동점검표 작성 실습

01 작동점검 전 준비 및 현황확인 사항 　교재 2권 P.319

점검 전 준비사항	현황확인
① 협의나 협조 받을 건물 **관계인** 등 연락처를 사전확보 ② 점검의 목적과 필요성에 대하여 건물 관계인에게 사전 안내 ③ 음향장치 및 각 실별 방문점검을 미리 공지	① **건축물대장**을 이용하여 건물개요 확인 ② 도면 등을 이용하여 설비의 개요 및 설치위치 등을 파악 ③ 점검사항을 토대로 점검순서를 계획하고 점검장비 및 공구를 준비 ④ 기존의 점검자료 및 조치결과가 있다면 점검 전 참고 ⑤ 점검과 관련된 각종 법규 및 기준을 준비하고 숙지

＊ 작동점검
소방시설 등을 인위적으로 조작하여 정상적으로 작동하는지를 점검하는 것

기출문제

01 작동점검표 작성 시 점검 전 준비사항에 해당되지 않는 것은?

교재 2권 P.319

① 협의나 협조 받을 건물 관계인 등 연락처를 사전확보
② 점검의 목적과 필요성에 대하여 건물 관계인에게 사전 안내
③ 음향장치 및 각 실별 방문점검을 미리 공지
④ 도면 등을 이용하여 설비의 개요 및 설치위치 등을 파악

해설
　④ 점검 전 준비사항이 아니고 현황확인 사항

정답 ④

02 작동점검표 작성을 위한 준비물 [교재 2권 PP.319-320]

(1) 소방시설 등 자체점검 실시결과보고서
(2) 소방시설 등[작동, 종합(최초점검, 그 밖의 점검)]점검표
(3) **건축물대장**
(4) 소방도면 및 소방시설 현황
(5) **소방계획서** 등

기출문제 ●

02 다음 중 작동점검표 작성을 위한 준비물이 아닌 것은?

[교재 2권 PP.319 -320]

① 소방시설 등 자체점검 실시결과보고서
② 소방시설 등[작동, 종합(최초점검, 그 밖의 점검)]점검표
③ 토지대장
④ 소방도면 및 소방시설 현황

 해설

③ 토지대장 → 건축물대장

정답 ③

03 소화기구 및 자동소화장치 작동점검표 점검항목 [교재 2권 P.328]

(1) 소화기의 변형·손상 또는 부식 등 외관의 이상 여부
(2) 지시압력계(녹색범위)의 적정여부
(3) 수동식 분말소화기 내용연수(10년) 적정 여부

＊ 지시압력계 압력범위
0.7~0.98MPa

기출문제 ●

★★
03 소화기구 및 자동소화장치의 작동점검표의 점검항목에 해당되지 않는 것은?

교재 2권
P.328

① 소화기의 변형 · 손상 또는 부식 등 외관의 이상 여부
② 소화기 설치높이(1.5m 이하) 적정여부
③ 지시압력계(녹색범위)의 적정여부
④ 수동식 분말소화기 내용연수(10년) 적정 여부

 해설

② 해당없음

정답 ②

* **분말소화기 내용연수**
10년

내용연수 경과 후 10년 미만	내용연수 경과 후 10년 이상
3년	1년

MEMO

종목	Ⓐ Ⓑ Ⓒ Ⓓ
유형	
일자	
성명	
수검번호	

감독확인

문항	정답 (1~10)			
1	①	②	③	④
2	①	②	③	④
3	①	②	③	④
4	①	②	③	④
5	①	②	③	④
6	①	②	③	④
7	①	②	③	④
8	①	②	③	④
9	①	②	③	④
10	①	②	③	④

문항	정답 (11~20)			
11	①	②	③	④
12	①	②	③	④
13	①	②	③	④
14	①	②	③	④
15	①	②	③	④
16	①	②	③	④
17	①	②	③	④
18	①	②	③	④
19	①	②	③	④
20	①	②	③	④

문항	정답 (21~30)			
21	①	②	③	④
22	①	②	③	④
23	①	②	③	④
24	①	②	③	④
25	①	②	③	④
26	①	②	③	④
27	①	②	③	④
28	①	②	③	④
29	①	②	③	④
30	①	②	③	④

문항	정답 (31~40)			
31	①	②	③	④
32	①	②	③	④
33	①	②	③	④
34	①	②	③	④
35	①	②	③	④
36	①	②	③	④
37	①	②	③	④
38	①	②	③	④
39	①	②	③	④
40	①	②	③	④

문항	정답 (41~50)			
41	①	②	③	④
42	①	②	③	④
43	①	②	③	④
44	①	②	③	④
45	①	②	③	④
46	①	②	③	④
47	①	②	③	④
48	①	②	③	④
49	①	②	③	④
50	①	②	③	④

작성시 유의사항

- 시험종목, 시험일자, 성명, 수험번호를 정확하게 기재하여 주십시오.
- 문제지 유형과 수험번호를 검정색 수성사인펜, 볼펜 등으로 바르게 ● 표기하십시오.

  ※ 수험번호는 아래배이숫자 6자리 작성 후 표기

- 「감독확인」란은 응시자가 작성하지 않으며, 감독확인이 없는 답안지는 무효 처리합니다.
- 답안지는 구기거나 접지 마시고, 절대 낙서하지 마십시오.
- 이중 표기 등 잘못된 기재로 인한 OMR기의 인식 오류는 응시자 책임이므로 주의하시기 바랍니다.

바른 표기	잘못된 표기	
●	◑ ⊘ ⊙ ⊗	

- 응시자는 시험시간이 종료되면 즉시 답안작성을 멈춰야 하며, 감독위원이 답안지 제출지시에 불응할 때에는 당해 시험은 무효 처리됩니다.

자격시험 및 평가 답안지

한국소방안전원
KOREA FIRE SAFETY INSTITUTE

종목		
구분	Ⓐ Ⓑ Ⓒ Ⓓ	
일자		
성명		

수 험 번 호

| ⓪ ① ② ③ ④ ⑤ ⑥ ⑦ ⑧ ⑨ |
| ⓪ ① ② ③ ④ ⑤ ⑥ ⑦ ⑧ ⑨ |
| ⓪ ① ② ③ ④ ⑤ ⑥ ⑦ ⑧ ⑨ |
| ⓪ ① ② ③ ④ ⑤ ⑥ ⑦ ⑧ ⑨ |
| ⓪ ① ② ③ ④ ⑤ ⑥ ⑦ ⑧ ⑨ |
| ⓪ ① ② ③ ④ ⑤ ⑥ ⑦ ⑧ ⑨ |

감독확인

▶ 상단 바코드 훼손에 주의합니다.

문항	정 답 (1~10)				문항	정 답 (11~20)				문항	정 답 (21~30)				문항	정 답 (31~40)				문항	정 답 (41~50)			
1	①	②	③	④	11	①	②	③	④	21	①	②	③	④	31	①	②	③	④	41	①	②	③	④
2	①	②	③	④	12	①	②	③	④	22	①	②	③	④	32	①	②	③	④	42	①	②	③	④
3	①	②	③	④	13	①	②	③	④	23	①	②	③	④	33	①	②	③	④	43	①	②	③	④
4	①	②	③	④	14	①	②	③	④	24	①	②	③	④	34	①	②	③	④	44	①	②	③	④
5	①	②	③	④	15	①	②	③	④	25	①	②	③	④	35	①	②	③	④	45	①	②	③	④
6	①	②	③	④	16	①	②	③	④	26	①	②	③	④	36	①	②	③	④	46	①	②	③	④
7	①	②	③	④	17	①	②	③	④	27	①	②	③	④	37	①	②	③	④	47	①	②	③	④
8	①	②	③	④	18	①	②	③	④	28	①	②	③	④	38	①	②	③	④	48	①	②	③	④
9	①	②	③	④	19	①	②	③	④	29	①	②	③	④	39	①	②	③	④	49	①	②	③	④
10	①	②	③	④	20	①	②	③	④	30	①	②	③	④	40	①	②	③	④	50	①	②	③	④

작성시 유의사항

- 시험종목, 시험일자, 성명, 수험번호를 정확하게 기재하여 주십시오.
- 문제지 유형과 수험번호를 검정색 수성사인펜, 볼펜 등으로 바르게 ● 표기하십시오.

※ 수험번호는 아래비어있숫자 6자리 작성 후 표기

- 감독확인란은 응시자가 작성하지 않으며, 감독확인이 없는 답안지는 무효 처리합니다.
- 답안지는 구기거나 접지 마시고, 절대 낙서하지 마십시오.
- 이중 표기 등 잘못된 기재로 인한 OMR기의 인식 오류는 응시자 책임이므로 주의하시기 바랍니다.

바른 표기	잘못된 표기
●	⊘ ⊘ ⊗

- 응시자는 시험시간이 종료되면 즉시 답안작성을 멈추어 하며, 감독위원이 답안지 제출지시에 불응할 때에는 당해 시험은 무효 처리됩니다.

2024 NEW 소방안전관리자 1급 기출문제 총집합 무료강의

2023. 5. 3. 초 판 1쇄 발행
2023. 6. 28. 초 판 2쇄 발행
2024. 1. 3. 1차 개정증보 1판 1쇄 발행

지은이 │ 공하성
펴낸이 │ 이종춘
펴낸곳 │ BM ㈜도서출판 **성안당**

주소 │ 04032 서울시 마포구 양화로 127 첨단빌딩 3층(출판기획 R&D 센터)
│ 10881 경기도 파주시 문발로 112 파주 출판 문화도시(제작 및 물류)

전화 │ 02) 3142-0036
│ 031) 950-6300

팩스 │ 031) 955-0510
등록 │ 1973. 2. 1. 제406-2005-000046호
출판사 홈페이지 │ www.cyber.co.kr
ISBN │ 978-89-315-2892-3 (13530)
정가 │ 23,800원

이 책을 만든 사람들

기획 │ 최옥현
진행 │ 박경희
교정·교열 │ 최주연
전산편집 │ 이지연
표지 디자인 │ 박현정
홍보 │ 김계향, 유미나, 정단비, 김주승
국제부 │ 이선민, 조혜란
마케팅 │ 구본철, 차정욱, 오영일, 나진호, 강호묵
마케팅 지원 │ 장상범
제작 │ 김유석

www.cyber.co.kr
성안당 Web 사이트